高等教育学校教材

工 程 力 学

主　编　付明春　张　力　张　雷
副主编　李　彪　刘　颖　姜俊颖
主　审　刘文顺

U0222736

哈尔滨工业大学出版社

内 容 提 要

工程力学是土木工程、机械工程等诸多工科专业的专业基础课,内容涵盖静力学、力系的简化与平衡、质点运动动力学、刚体运动动力学、轴向拉伸与压缩变形、剪切变形、圆轴的扭转变形、弯曲变形、组合变形、压杆稳定、动荷载等内容。本书在编写过程中,注重结合高等职业院校学生的专业需求,本着理论与实践兼顾的原则,对过度烦琐的理论推导进行了适当删减,例题的选择也更贴近工程实际,便于学生的理解和学习。

本书适合高等职业院校的学生选择适用,专本通用,建议授课学时为 70 ~ 80 学时,各高校也可以结合学生实际确定授课学时数。

图书在版编目(CIP)数据

工程力学/付明春,张力,张雷主编. —哈尔滨:
哈尔滨工业大学出版社,2024.6. —ISBN 978 - 7 - 5767
- 1480 - 7

Ⅰ. TB12

中国国家版本馆 CIP 数据核字第 2024Q9N424 号

策划编辑　王桂芝
责任编辑　马毓聪
出版发行　哈尔滨工业大学出版社
社　　址　哈尔滨市南岗区复华四道街 10 号　邮编 150006
传　　真　0451 - 86414749
网　　址　http://hitpress.hit.edu.cn
印　　刷　哈尔滨博奇印刷有限公司
开　　本　787 mm×1 092 mm　1/16　印张 16.75　字数 393 千字
版　　次　2024 年 6 月第 1 版　2024 年 6 月第 1 次印刷
书　　号　ISBN 978 - 7 - 5767 - 1480 - 7
定　　价　59.00 元

(如因印装质量问题影响阅读,我社负责调换)

前　言

随着我国经济的快速发展,企业对培养机电、土木行业生产一线的技能型、复合型工程技术人才需求越来越多。因此,高等职业院校的教育教学改革也必须开拓创新、与时俱进,而教材建设是教育教学改革重中之重的环节。

工程力学是机电、土木类专业的一门非常重要的基础课,主要介绍基本的力学知识和计算方法,是后续学习相关专业知识、专业技能的基础。高等职业院校为培养出适应"三个面向"的新型人才,应该把最新的科学知识和理念传授给学生,以达到培养复合型人才的目标。

本书编写团队经过对现有教材的调研,结合多年的教学经验,努力使本书的编写满足高等职业院校学生学习多层次需求。本书系校企合作开发教材,由中国二十二冶集团有限公司石家庄分公司李彪(工程师)执笔参编,注重实践能力培养。学生学完本书内容后,能顺利进行后续专业课程的学习,并具备一定的专业素养。本书吸取了国内外高职院校同类教材的优点,结合教学改革的实践经验,在编写过程中,按照实用、够用的原则,注重能力素质的培养。以满足后续专业课程学习要求为主,适当降低了对深度和难度的要求,突出基本理论、基本方法和基本计算的介绍和强化训练,减少了部分理论性较强的推导过程,例题编写注重与实践相结合,习题训练在难度上也注重选择,删减了偏题、难题。本书在编写风格上追求简单明了、通俗易懂、深入浅出。本书结合工程实际编写例题和习题,突出基本概念和结论的应用,重视培养学生的工程意识和独立思考问题的能力,体现高等职业教育的时代特色与行业特色,特点鲜明。

本书由大连海洋大学付明春、张力和福建农业职业技术学院张雷任主编,中国二十二冶集团有限公司石家庄分公司李彪、大连海洋大学刘颖和姜俊颖任副主编,大连海洋大学刘文顺任主审。其中第1～4章由付明春负责编写,合计约8.6万字;第5、6章由张力负责编写,合计约5.5万字;第7、8章由张雷负责编写,合计约8.6万字;第9、10章由李彪负责编写,合计约3.9万字;第11、12章由刘颖负责编写,合计约4.9万字;第13章及辅文由姜俊颖负责编写,合计约7.8万字。学生朱浩、朱厚琪参与了本书的图片整理及绘制工作,在此表示感谢。

由于编者水平所有限,书中难免有疏漏和不足之处,望广大读者不吝指正。

编　者
2024 年 5 月于大连

目　　录

第1章　绪论 ………………………………………………………………………… 1

　1.1　工程力学的研究对象及主要内容 ………………………………………… 1

　1.2　工程力学在工程技术中的地位和作用 …………………………………… 1

　1.3　学习工程力学的要求和方法 ……………………………………………… 2

　1.4　刚体、理想变形固体及其基本假设 ………………………………………… 2

第2章　静力学基础 ……………………………………………………………… 4

　2.1　力与静力学公理 …………………………………………………………… 4

　2.2　力的投影 …………………………………………………………………… 7

　2.3　力矩 ………………………………………………………………………… 8

　2.4　力偶 ………………………………………………………………………… 10

　2.5　约束反力 …………………………………………………………………… 12

　2.6　受力分析 …………………………………………………………………… 15

　思考与练习 ……………………………………………………………………… 17

第3章　平面力系 ………………………………………………………………… 21

　3.1　力系分类与力的平移定理 ………………………………………………… 21

　3.2　平面力系的简化 …………………………………………………………… 22

　3.3　重心与形心 ………………………………………………………………… 26

　3.4　平面汇交力系的平衡 ……………………………………………………… 30

　3.5　平面任意力系的平衡 ……………………………………………………… 32

　思考与练习 ……………………………………………………………………… 38

第4章　空间力系 ………………………………………………………………… 42

　4.1　力在空间直角坐标轴上的投影 …………………………………………… 42

　4.2　空间汇交力系的合成与平衡 ……………………………………………… 44

　4.3　力对轴之矩 ………………………………………………………………… 46

　4.4　空间平行力系的平衡 ……………………………………………………… 48

　4.5　空间任意力系 ……………………………………………………………… 48

　4.6　摩擦 ………………………………………………………………………… 50

　思考与练习 ……………………………………………………………………… 56

第 5 章　轴向拉伸和压缩 ·· 59

　5.1　材料力学基本知识 ·· 59

　5.2　轴向拉(压)杆的内力 ·· 62

　5.3　轴向拉(压)杆截面上的应力 ·· 66

　5.4　轴向拉(压)杆的变形 ·· 71

　5.5　材料在拉(压)时的力学性能 ·· 73

　5.6　拉(压)杆件的强度计算 ·· 79

　5.7　应力集中 ·· 83

　　思考与联系 ·· 84

第 6 章　剪切与挤压 ·· 87

　6.1　剪切变形与挤压变形 ·· 87

　6.2　剪切、挤压构件的实用计算 ·· 88

　　思考与练习 ·· 93

第 7 章　圆轴的扭转变形 ·· 96

　7.1　概述 ·· 96

　7.2　扭矩与扭矩图 ·· 96

　7.3　扭转轴横截面上的应力和变形 ·· 99

　7.4　圆轴扭转强度条件和刚度条件及其应用 ·· 104

　　思考与练习 ·· 106

第 8 章　平面弯曲 ·· 109

　8.1　平面弯曲概述 ·· 109

　8.2　梁弯曲的内力 ·· 111

　8.3　剪力图和弯矩图 ·· 114

　8.4　平面弯曲梁横截面上的应力 ·· 126

　8.5　梁弯曲时的变形 ·· 134

　8.6　梁弯曲强度条件和刚度条件及应用 ·· 140

　8.7　提高梁承载能力的措施 ·· 145

　　思考与练习 ·· 148

第 9 章　组合变形 ·· 154

　9.1　组合变形的概念 ·· 154

　9.2　拉(压)与弯曲组合变形及其强度计算 ·· 155

　9.3　斜弯曲 ·· 160

　9.4　弯扭组合变形及其强度计算 ·· 162

　　思考与练习 ……………………………………………………………… 165

第10章　压杆稳定 ………………………………………………………… 168

　10.1　压杆稳定的概念及压杆稳定性分析 ………………………………… 168

　10.2　临界力和临界应力 …………………………………………………… 169

　10.3　压杆稳定条件及计算 ………………………………………………… 173

　10.4　提高压杆稳定性的措施 ……………………………………………… 175

　　思考与练习 ……………………………………………………………… 177

第11章　动荷应力 ………………………………………………………… 180

　11.1　构件受冲击时的应力计算 …………………………………………… 180

　11.2　交变应力与循环特征 ………………………………………………… 183

　11.3　材料的疲劳极限 ……………………………………………………… 184

　11.4　影响构件疲劳极限的主要因素 ……………………………………… 185

　　思考与练习 ……………………………………………………………… 187

第12章　质点运动力学 …………………………………………………… 189

　12.1　点的运动方程、速度、加速度 ……………………………………… 189

　12.2　点的复合运动 ………………………………………………………… 196

　12.3　质点动力学基本定律 ………………………………………………… 200

　12.4　动静法 ………………………………………………………………… 205

　　思考与练习 ……………………………………………………………… 208

第13章　刚体运动力学 …………………………………………………… 213

　13.1　刚体的平动 …………………………………………………………… 213

　13.2　刚体绕定轴转动 ……………………………………………………… 215

　13.3　刚体的平面运动 ……………………………………………………… 223

　　思考与练习 ……………………………………………………………… 228

附录Ⅰ　工程力学试验 …………………………………………………… 232

　试验1　材料的拉伸和压缩试验 …………………………………………… 232

　试验2　测 E 值 …………………………………………………………… 235

　试验3　扭转试验 ………………………………………………………… 237

　试验4　纯弯曲正应力试验 ……………………………………………… 239

附录Ⅱ　型钢规格表 ……………………………………………………… 242

参考文献 …………………………………………………………………… 257

第1章 绪 论

1.1 工程力学的研究对象及主要内容

工程力学是一门研究物体机械运动和构件承载能力的科学。所谓机械运动是指物体在空间的位置随时间的变化,而构件承载能力则指机械零件和结构部件在工作时安全可靠地承担外载负荷的能力。

例如工程中常见的起重机,设计时要对各构件在静力平衡状态下进行受力分析,确定构件的受力情况,研究作用力必须满足的条件。当起重机工作时,各构件处于运动状态,对构件进行运动和动力分析,这些问题属于研究物体机械运动所涉及的内容。为保证起重机安全正常工作,要求各构件不发生断裂或产生过大变形,则必须根据构件的受力情况,为构件选择适当的材料、设计合理的截面形状和尺寸,这些问题则属于研究构件承载能力所涉及的内容。

工程力学有其自身的科学系统,本书包括静力分析,强度、刚度及稳定性分析,运动和动力分析三部分。

(1) 静力分析主要研究力系的简化及物体在力系作用下的平衡规律。

(2) 强度、刚度及稳定性分析主要研究构件在外力作用下的强度、刚度及稳定性等基本理论和计算方法。

(3) 运动和动力分析主要研究物体运动的规律,以及物体的运动与其所受力之间的关系。

1.2 工程力学在工程技术中的地位和作用

工程力学是各类工科专业必不可少的一门专业基础课,在基础课和专业课中起着承前启后的作用,是基础科学与工程技术的综合。掌握工程力学知识,不仅是为了学习后继课程,具备设计或验算构件承载的初步能力,还有助于从事设备安装、运行和检修等方面的实际工作。因此,工程力学在应用型专业技术教育中有着极其重要的地位和作用。

力学理论的建立来源于实践,以对自然现象的观察和生产实践经验为主要依据,揭示了唯物辩证法的基本规律。因此,工程力学对于研究问题、分析问题、解决问题有很大帮助,有助于学会用辩证的观点考察问题,用唯物主义的认识观去理解世界。

1.3　学习工程力学的要求和方法

工程力学来源于实践又服务于实践,在研究工程力学时,现场观察和试验是认识力学规律的重要的实践环节。在学习工程力学时,要观察实际生活中的力学现象,学会用力学的基本知识去解释这些现象;通过试验验证理论的正确性,并提供测试数据资料作为理论分析、简化计算的依据。

工程实际问题往往比较复杂,为了使研究的问题简单化,通常抓住问题的本质,忽略次要因素,将所研究的对象抽象化为力学模型。如研究物体平衡时,用抽象化的刚体这一理想模型取代实际物体;研究物体的受力与变形规律时,用理想变形固体取代实际物体;对构件进行计算时,将实际问题抽象化为计算简图等。因此,根据不同的研究目的,将实际物体抽象化为不同的力学模型是工程力学研究中的一种重要方法。

工程力学有较强的系统性,各部分内容之间联系较紧密,学习要循序渐进,要认真理解基本概念、基本理论和基本方法。要注意所学概念的来源、含义、力学意义及其应用;要注意有关公式的根据、适用条件;要注意分析问题的思路和解决问题的方法。在学习中,一定要认真研究,独立完成一定数量的思考题和习题,以巩固和加深对所学概念、理论、公式的理解、记忆和应用。

1.4　刚体、理想变形固体及其基本假设

工程力学中将物体抽象化为两种计算模型:刚体和理想变形固体。

1. 刚体

刚体是在外力作用下形状和尺寸都不改变的物体。实际上,任何物体受到力的作用后都会发生一定的变形,但在一些力学问题中,物体变形这一因素与所研究的问题无关或对其影响甚微,这时可将物体视为刚体,从而使研究的问题得到简化。

2. 理想变形固体

理想变形固体是对实际变形固体的材料理想化,可做出以下假设。

(1)连续性假设。认为物体的材料结构是密实的,物体内材料是无空隙的连续分布。

(2)均匀性假设。认为材料的力学性质是均匀的,从物体上任取或大或小一部分,材料的力学性质均相同。

(3)各向同性假设。认为材料的力学性质是各向同性的,材料沿不同方向具有相同的力学性质,而各方向力学性质不同的材料称为各向异性材料。本书仅研究各向同性材料。

按照上述假设,理想化的一般变形固体称为理想变形固体,简称变形固体。

刚体和变形固体都是工程力学中必不可少的理想化的力学模型。

变形固体受荷载作用时将产生变形。当荷载撤去后，可完全消失的变形称为弹性变形，不能恢复的变形称为塑性变形或残余变形。在多数工程问题中，要求构件只发生弹性变形。工程中，大多数构件在荷载的作用下产生的变形量若与其原始尺寸相比很微小，称为小变形。小变形构件的计算，可采取变形前的原始尺寸并可略去某些高阶无穷小量，这可大大简化计算。

综上所述，工程力学把所研究的结构和构件看作连续、均匀、各向同性的理想变形固体，在弹性范围内和小变形情况下研究其承载能力。

第 2 章　　静力学基础

【学习目标】

（1）掌握静力学基本公理和推论。
（2）熟练掌握力在平面直角坐标系坐标轴上的投影计算方法。
（3）掌握平面力内力对点之矩的概念和计算方法。
（4）掌握力偶的概念和力偶系的平衡计算。
（5）熟练掌握约束和约束反力的概念。
（6）掌握工程中常见约束的受力分析方法。

2.1　力与静力学公理

2.1.1　力的相关概念

1. 力

力是物体间的相互作用,其作用效果是使物体运动状态发生改变或产生形变。使物体运动状态发生改变的效应称为力的运动效应或外效应;使物体产生形变的效应称为力的变形效应或内效应。

实践表明,力对一般物体的作用效应取决于力的三要素,即力的大小、方向、作用点。

力是矢量,可以用一个带箭头的线段表示力的三要素。线段的起点或终点表示力的作用点,线段的长度按一定的比例尺画出以表示力的大小,线段的方位和箭头的指向表示力的方向,这一表示方法称为力的图示。常用的表示力的方法称为力的示意图,即过力的作用点沿力的方向画一带箭头的线段表示力,对线段的长度没有要求。本书中,用黑体字母表示力矢量,用普通字母表示力的大小。

在国际单位制中,力的单位是牛顿(N)或千牛顿(kN);在工程中,力的常用单位还有千克力(kgf)。两种单位的换算关系为 $1 \text{ kgf} \approx 9.8 \text{ N}$。

2. 力系、等效力系和平衡力系

（1）力系。

力系是作用在物体上的一群力的集合。

（2）等效力系。

对同一物体产生相同作用效果的两个力系互为等效力系。互为等效力系的两个力系间可以互相代替。如果一个力系和一个力等效,则这个力是该力系的合力,而该力系中各力是此力的分力。

（3）平衡力系。

作用在物体上使物体处于平衡状态的力系称为平衡力系。

3. 刚体

所谓刚体,是指在力的作用下,物体内任意两点之间的距离始终保持不变的物体,即在力的作用下,其几何形状和尺寸保持不变。工程实际中,刚体是不存在的,它是一种理想化的力学模型。当物体的变形十分微小,或对所研究的问题影响很小时,便可将物体简化为刚体,从而使问题得到简化,并能够满足工程需要。在本部分中,由于工程实际中的变形非常微小,对所研究的平衡问题几乎不产生影响,因此,忽略构件所发生的变形,即把构件简化为刚体,以简化问题的研究。

2.1.2　静力学公理

力这一现象在自然界中是普遍存在的,人们在长期的生产实践和科学试验中,概括总结了力在作用时所遵循的一些客观规律,并将其归纳为静力学公理,它们是静力学的理论基础。

1. 二力平衡公理

刚体在两个力的作用下处于平衡的充要条件是此二力等值、反向、共线,这就是二力平衡公理。

"二力等值、反向、共线"对于二力作用下的刚体平衡是必要且充分条件,但是对于变形体的平衡却只是必要条件,而不是充分条件。例如,一条绳子在沿轴线方向的一对等值反向的压力作用下是不能平衡的。

工程上,把在两个力作用下平衡的物体称为二力体或二力构件,根据二力平衡公理可知:与物体的形状无关,二力构件所受的两个力的作用线必沿两力作用点的连线。可根据二力构件的这一受力特点进行受力分析,确定其所受力的作用线的方位。如图 2.1 所示的起重支架中的 CD 杆,在不计自重的情况下,它只在 C、D 两点受力,是二力体,两力必沿作用点的连线且等值、反向。

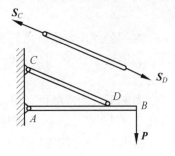

图 2.1

2. 加减平衡力系公理

在刚体上增加或减去任意平衡力系,不会改变原力系对刚体的作用效果,这就是加减平衡力系公理。

平衡力系对刚体的作用总效应为零,它不会改变刚体所处的状态。这一公理可以用来对力系进行简化,是力系等效代换的重要理论依据。应注意的是,加减平衡力系公理只适用于刚体。对变形体,无论是增加还是减去平衡力系,都将改变其变形状态,但其运动状态不变。

3. 力的可传性原理

作用在刚体内任一点的力,可在刚体内沿其作用线任意移动而不会改变它对刚体的作用效果,这就是力的可传性原理。

这一原理是由加减平衡力系公理推导出来的。如图 2.2 所示的刚体,在 A 点受到一个力 F 的作用,根据加减平衡力系公理,可在其作用线上任取一点 B,并加一平衡力系 F_1、F_2,且使 $F = -F_1 = F_2$,则刚体在这三个力共同作用下的状态与在力 F 的作用下相同;从另一角度看,F 与 F_1 可构成一平衡力系,将此力系去掉,即只剩下作用于 B 点的力 F_2。F_2 与 F 大小相等、作用线和方向相同,对刚体的作用效果相同,只是作用点不同。由此可知,将 F 从 A 点沿作用线移到 B 点,力的作用效果不改变。即对于刚体而言,力的作用效果与作用点的位置无关,而取决于作用线的方位。简而言之,刚体上力的三要素为力的大小、方向、作用线。

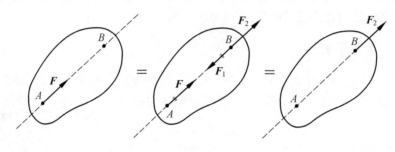

图 2.2

4. 力的平行四边形公理

作用在物体上同一点的两个力 F_1 和 F_2,其合力 R 的作用点仍在该点,合力的大小和方向由以此二力为邻边所作的平行四边形的对角线确定,这就是力的平行四边形公理,也称力的平行四边形法则。如图 2.3(a) 所示,矢量等式为

$$R = F_1 + F_2 \qquad\qquad (2.1)$$

这一公理是力系简化与合成的基本法则,所画出的平行四边形称为力的平行四边形。利用这一公理,可以求得作用在同一点的两个力的合力,也可以将一个力分解,求得其分力。

力的平行四边形也可简化成力的三角形,利用它可更简便地确定合力的大小和方向,如图 2.3(b) 所示,这一法则称为力的三角形法则,所画的三角形称为力的三角形。画力的三角形时,对力的先后次序没有要求,如图 2.3(c) 所示即为 F_1、F_2 合成时力的三角形的另一画法。

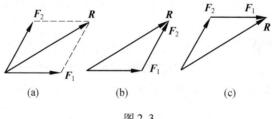

图 2.3

平行四边形法则是矢量合成的基本法则,不仅适用于力的合成或分解,其他矢量的合成也遵从该法则。

5. 作用和反作用公理

两物体间的相互作用力总是等值、反向、沿同一直线分别作用在这两个物体上,这就是作用和反作用公理。

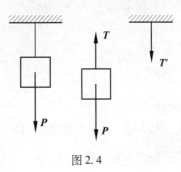

这一公理概括了物体间相互作用力的关系,表明物体间的作用力和反作用力总是成对出现,相互依存,互为因果。作用力和反作用力与一对平衡力都是等值、反向、共线的,但它们的区别是:前者两个力分别作用在相互作用的两个物体上,而后者两个力作用于同一物体上。如图 2.4 所示,其中 T 与 T' 是作用力和反作用力的关系 $T = T' = P$,而 T 与 P 则是一对平衡力。

图 2.4

2.2　力 的 投 影

力是矢量,计算时既要考虑力的大小,又要考虑其方向。在实际分析计算中,常常将力向坐标轴上投影,把力矢量转化为标量,以方便计算。

2.2.1　力在坐标轴上的投影

如图 2.5 所示,将力 F 向 x 轴投影:分别从力矢的始末两端向 x 轴作垂线,得到的垂足 a、b 间的线段就是力 F 在 x 轴上的投影,常用 X 或 F_x 表示。力的投影是代数量,当 ab 的指向与轴的正向一致时,投影为正,反之为负。图 2.5(a) 中的力 F 向两个坐标轴的投影都是正值,而图 2.5(b) 中的力 F 向两个坐标轴的投影都是负值。投影的单位与力的单位一致。

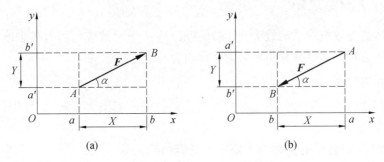

(a)　　　　　　　　　(b)

图 2.5

若已知图 2.5 中力的大小 F 和其与坐标轴(x 轴)的夹角 α,则可算出该力在两个坐标轴上的投影 F_x、F_y 分别为

$$\begin{cases} F_x = \pm F\cos \alpha \\ F_y = \pm F\sin \alpha \end{cases} \tag{2.2}$$

2.2.2 由投影确定力

如果已知力 F 在两个坐标轴上的投影 F_x、F_y，则可求出力 F。

力的大小为

$$F = \sqrt{F_x^2 + F_y^2} \tag{2.3}$$

力的方向为

$$\tan \alpha = \left| \frac{F_y}{F_x} \right| \tag{2.4}$$

2.2.3 合力投影定理

设一平面力系由 $F_1, F_2, \cdots, F_n$ 组成，对应的合力为 R。根据矢量合成法则有

$$R = F_1 + F_2 + \cdots + F_n = \sum F_i \tag{2.5}$$

其中合力 R 在两个坐标轴上的投影分别为 R_x、R_y，它们与各分力在两个坐标轴上的投影满足

$$\begin{cases} R_x = F_{1x} + F_{2x} + \cdots + F_{nx} = \sum F_{ix} \\ R_y = F_{1y} + F_{2y} + \cdots + F_{ny} = \sum F_{iy} \end{cases} \tag{2.6}$$

即合力在某一轴上的投影，等于各分力在同一轴上的投影的代数和，这一定理称为合力投影定理。

2.3 力 矩

2.3.1 力对点之矩

力对物体的外效应除平动效应外还有转动效应。平动效应可由力矢来度量，而转动效应则取决于力矩。本节只分析和讨论平面内力对点之矩。

1. 力对点的力矩

以扳手拧紧螺丝为例来分析力对物体的转动效应。如图 2.6 所示，作用于扳手一端的力 F 使扳手绕 O 点转动。

矩心：物体绕着转动的点称为力矩中心，简称矩心，如图 2.6 中的 O 点。

力臂：从矩心 O 到力 F 作用线的距离 d 称为力臂。

力矩作用面：由力的作用线和矩心 O 所确定的平面称为力矩作用面。

力矩：在力学中用 F 的大小与 d 的乘积来度量力使物体绕矩心转动的效应，称为力 F 对 O 点之矩，以符号 $M_O(F)$ 表示，即

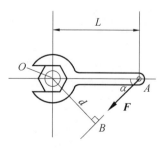

图 2.6

$$M_O(\boldsymbol{F}) = \pm Fd \qquad (2.7)$$

乘积 Fd 的大小只表示物体绕矩心转动的强弱,而力的方向不同,物体绕矩心转动的方向也不同。因此,要完整地将力对物体的转动效应表示出来,还须考虑物体的转向。在平面问题中,将力矩规定为代数量:力使物体绕矩心逆时针转动时,力矩取正值;反之取负值。力矩的单位是力的单位和长度的单位的乘积,常用单位为牛顿·米(N·m)、牛顿·毫米(N·mm)等。

2. 力矩的性质

(1) 力矩的大小和转向与矩心的位置有关,同一力对不同的矩心的力矩不同。

(2) 力的大小等于零或力的作用线过矩心时,力矩为零。

(3) 力的作用点沿其作用线移动时,力对点之矩不变。

(4) 相互平衡的两个力对同一点之矩的代数和为零。

2.3.2　合力矩定理

合力矩定理:合力对平面内任意一点的力矩等于各分力对同一点的力矩的代数和,即

$$M_O(\boldsymbol{R}) = \sum M_O(\boldsymbol{F}_i) \qquad (2.8)$$

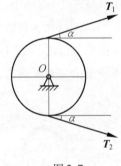

对合力矩定理要根据实际问题灵活运用。利用合力矩定理,可以由分力的力矩求出合力的力矩。当直接求某个力的力矩困难时,也可以将该力正交分解成容易求力矩的分力,先求出各分力的力矩,再利用合力矩定理求出此力的力矩。

图 2.7

【例 2.1】　如图 2.7 所示的皮带轮,轮的直径 $D = 100$ mm,皮带的拉力大小分别为 $T_1 = 1\ 000$ N,$T_2 = 500$ N,分别求皮带拉力 $\boldsymbol{T}_1$、$\boldsymbol{T}_2$ 对轮子中心的力矩。

解　由于皮带的拉力沿轮子的切线方向,因此皮带轮的半径就是拉力的力臂。

$$M_O(\boldsymbol{T}_1) = -T_1 \times \frac{D}{2} = -1\ 000 \times \frac{100}{2} = -50\ 000\ (\text{N·mm}) = -50\ (\text{kN·mm})$$

$$M_O(\boldsymbol{T}_2) = -T_2 \times \frac{D}{2} = -500 \times \frac{100}{2} = -25\ 000\ (\text{N·mm}) = -25\ (\text{kN·mm})$$

【例 2.2】　已知支架上的 A 点处作用一个力 $P = 10$ kN,支架的各部分的尺寸如图 2.8 所示,求力 $\boldsymbol{P}$ 对 O 点的力矩。

解　此题可根据力矩的定义求解,但力臂是未知的,且求解非常麻烦。可将力 $\boldsymbol{P}$ 分解为两个分力,分别求出每个分力的力矩,再利用合力矩定理求出力 $\boldsymbol{P}$ 的力矩。即

$$\begin{aligned} M_O(\boldsymbol{P}) &= M_O(\boldsymbol{P}_x) + M_O(\boldsymbol{P}_y) = P_x d_x + P_y d_y \\ &= 10 \times \cos 60° \times (10 - 2) - 10 \times \sin 60° \times 8 \\ &= -29.28\ (\text{kN·cm}) \end{aligned}$$

可见,用合力矩定理求解这类问题要比直接用力矩公式简单。

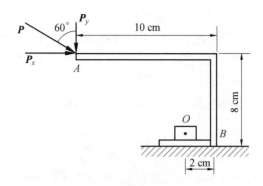

图 2.8

2.4　力　偶

2.4.1　力偶的概念

在日常生产、生活中,常会看到物体同时受到大小相等、方向相反、作用线平行的两个力的作用。如汽车司机转动方向盘时加在方向盘上的两个力(图 2.9);钳工师傅用双手转动丝锥攻螺纹时,两手作用于丝锥扳手上的两个力(图 2.10)等。这样的两个力显然不是前面所讲的一对平衡力,它们作用在物体上将使物体产生转动效应。

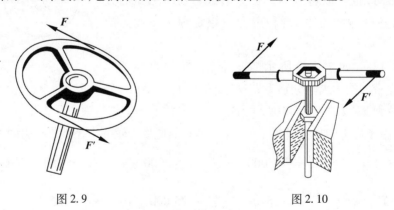

图 2.9　　　　　　　　　　　　图 2.10

力偶:在力学中把大小相等、方向相反、作用线平行的两个力所组成的力系称为力偶,记为(F,F'),如图 2.11(a)所示。

力偶臂:力偶中两力作用线间的距离 d 称为力偶臂。

力偶作用面:力偶所在的平面称为力偶作用面。

力偶矩:力偶中的一个力的大小与力偶臂的乘积称为力偶矩,用符号 m 表示。在平面问题中

$$m = \pm Fd \qquad (2.9)$$

式中,正负号表示力偶的转向。

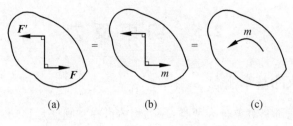

图 2.11

通常规定使物体产生逆时针转动效应的力偶矩为正,反之为负。

力偶矩的单位同力矩的单位,常用单位有牛顿·米(N·m)、牛顿·毫米(N·mm)等。在画图时常用图 2.11 中(b)、(c)所示的符号来表示力偶。

2.4.2 力偶的性质

(1)组成力偶的两个力向任意轴的投影的代数和为零,因此力偶无合力;力偶作用在物体上不产生平动效应,只产生转动效应;力偶不能与一个力等效。

(2)力偶的两个力对其作用面内的任意一点的力矩的代数和恒等于其力偶矩,而与矩心的位置无关,因此,力偶的转动效应只取决于力偶矩的大小和转向。

(3)力偶只能与力偶等效,当两个力偶的力偶矩大小相等、转向相同、力偶作用面共面或平行时,两力偶互为等效力偶。

(4)在不改变力偶矩的大小和转向时,可同时改变力和力偶臂的大小,而不会改变其对物体的转动效应。

(5)力偶可在其作用面内任意搬移、旋转,也可以从一个平面平行移到另一平面,而不会改变其对刚体的作用效应。

由力偶的性质可知,力偶对物体的作用效应取决于力偶矩的大小、力偶的转向和力偶作用面,称之为力偶三要素。

2.4.3 力偶系的合成与平衡

作用在同一物体上的多个力偶组成的体系称为力偶系。若力偶系中各力偶都作用在同一平面上,则该力偶系称为平面力偶系,否则为空间力偶系。在力偶系的作用下,物体同在力偶的作用下一样,只产生转动效应。即力偶系的合成结果仍为一力偶,平面力偶系的合力偶的力偶矩等于各力偶的力偶矩的代数和,即

$$M = m_1 + m_2 + \cdots + m_n = \sum m_i \tag{2.10}$$

当力偶系的合力偶的力偶矩等于零时,即 $M = 0$ 时,原力偶系对物体不产生转动效应,物体处于平衡状态。在力偶系作用下物体处于平衡状态的条件为

$$M = \sum m_i = 0 \tag{2.11}$$

2.5　约束反力

2.5.1　约束的基本概念

在力学中,常把研究对象分为两类:一类物体可在空间任意移动,称为自由体,如在空中飞行的飞机、炮弹、火箭等。另一类物体在空间的移动受到一定的限制,称为非自由体,如门、窗只能绕合叶轴转动;火车只能沿轨道运行,不能在垂直钢轨的方向上移动;建筑结构不能产生任何方向的移动等。

非自由体之所以在某些方向上的运动受到限制,是因为其以一定的方式与其他物体联系在一起,它的运动受到了其他物体的限制。这种限制物体运动的其他物体称为约束,如上述例子中的合叶、钢轨、地球等。

约束限制其他物体的运动,实际上是通过约束对其他物体施加力的作用来实现的。在力学中,将约束对物体施加的力称为约束反力,简称约束力或约反力。约束反力的方向必与物体的运动方向或运动趋势方向相反。主动作用在物体上使物体运动或产生运动趋势的力称为主动力。约束反力的产生,除了要有约束作为施力物体存在外,非自由体还要受到主动力的作用。当非自由体受到的主动力不同时,同一约束对其施加的约束反力也不同。

2.5.2　常见约束及约束反力

工程中约束的种类很多,可根据其特性将它们归纳为几种典型的约束。

1. 柔性约束

由皮带、绳索、链条等柔性物体构成的约束称为柔性约束。这类约束的特点是易变形,只能承受拉力却不能承受压力或弯曲。因此,这类约束只能限制物体沿约束伸长方向的运动而不能限制物体其他方向的运动。柔性约束对物体的约束反力,只能是过接触点沿约束的伸长方向的拉力。图 2.12 所示的拉力 T 就是绳索对物体的约束反力。

2. 理想光滑面约束

当两物体的接触面上的摩擦很小,对所研究问题的影响可以忽略不计时,将该接触面称为理想光滑面,简称光滑面。光滑面约束的约束反力只能过接触处的中心沿接触面在接触点处的公法线而指向被约束的物体,这类约束反力又常被称为法向反力。例如,圆球与平面间的接触面,约束反力如图 2.13 所示。

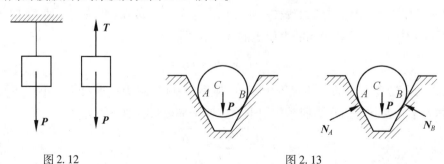

图 2.12　　　　　　　　　　　　　　　　　图 2.13

3. 光滑圆柱铰链约束

工程上这类约束通常是在两个构件的端部上钻同样大小的圆孔,中间用圆柱体连接,且各接触处的摩擦忽略不计。这类约束的特点是:两构件只能绕圆柱体的中心轴线做相对转动,而不能沿垂直于中心轴线平面内的任何方向做相对移动。因此,它们之间的约束反力必在此平面内且可沿任何方向,但主动力不同时,对应的约束反力的具体方位和指向是不同的。能够确定的是约束反力必沿圆柱体与圆孔接触处的公法线,并过圆柱体的中心。由于这种约束的约束反力的方位和指向不确定,因此常用过圆柱体的中心且垂直于圆柱体轴线的任意两个正交方向的分力对其进行表示。

以下两种约束都属于光滑圆柱铰链约束。

(1)圆柱形销钉或螺栓。

如图 2.14(a)所示,这类结构是用销钉或螺栓将两个构件连接起来,两构件可绕销钉或螺栓做相对转动,但不能产生相对移动,其简图如图 2.14(b)所示。圆柱形销钉或螺栓的约束反力作用在垂直销钉轴线的平面内,并通过销钉中心,如图 2.14(c)、(d)所示。

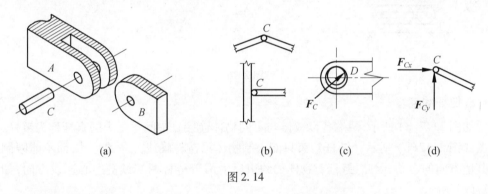

图 2.14

(2)固定铰链支座。

上述销钉连接中,如果将其中的一个构件作为支座固定在地面或机架上,便形成了对另一构件的约束,这种约束称为固定铰链支座。这一结构中的另一构件可绕支座做相对转动,而不能移动,其受到的约束反力同圆柱形销钉或螺栓,对应的简图和受力图如图 2.15 所示。在桥梁、起重机、建筑结构中,常采用固定铰链支座将结构与基础连接起来。

4. 可动铰链支座

可动铰链支座又称辊轴支座,它是在固定铰链支座的底部安装一排滚轮,使支座可沿支撑面移动。可动铰链支座只能限制构件沿支撑面法线方向的移动,对应的约束反力的作用线必沿支撑面的法线,且过铰链中心,其对应的简图和受力图如 2.16 所示。在桥梁、屋架等结构中采用这种支座可允许结构沿支撑面做稍许移动,从而避免因温度或震动等引起的结构内部的变形应力。

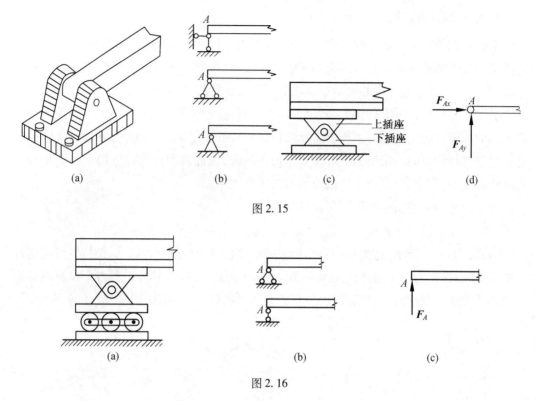

图 2.15

图 2.16

5. 链杆约束

如图 2.17(a) 所示,两端各以铰链与不同物体连接且中间不受力的直杆称为链杆,其简图如图 2.17(b) 所示。链杆约束只能限制物体沿链杆轴线方向的运动,而不能限制物体其他方向的运动,因此,链杆对物体的约束反力沿着链杆两端铰链中心连线方向,如图 2.17(c) 所示。

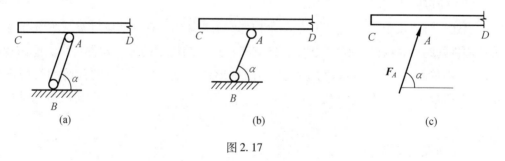

图 2.17

6. 固定端约束

将一个物体插入另一物体内形成牢固的连接,便构成固定端约束。这种约束既能限制物体向任意方向的移动,又能限制物体向任意方向的转动。其约束反力为平面内的相互垂直的两个分力和一个约束反力偶,对应的简图和受力图如图 2.18 所示。房屋的横梁、地面的电线杆、跳水的跳台等都受这种约束的作用。

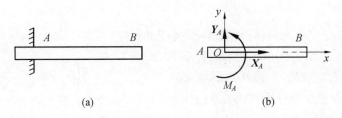

图 2.18

7. 滑动支座

滑动支座约束又称定向支座约束,这种约束的特点是:结构在支座处不能转动,也不能沿垂直于支撑面的方向移动,即只允许结构沿辊轴滚动方向移动。其简图和受力图如图 2.19 所示,其约束反力是一个力偶和一个与支撑面垂直的力。

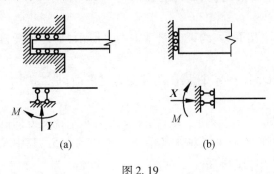

图 2.19

2.6　受力分析

实际物体所受的力既有主动力又有约束反力,主动力往往都是已知的,约束反力却是未知的。工程实际中常需对某一结构或构件进行力学计算,根据已知的主动力求出未知的约束反力,这就要求首先确定物体受到哪些力的作用,即对物体进行受力分析,画出其受力图。

在进行受力分析时,首先应明确哪些物体是需要研究的,这些需研究的构件或结构被称为研究对象。然后,将研究对象从结构系统中分离出来,单独画出该物体的简图,这一被单独分离出的研究对象称为隔离体。隔离体上已解除全部约束,它与周围物体的联系通过周围物体对隔离体的约束反力的作用来代替。将隔离体上所受的全部主动力和约束反力无一遗漏地画在隔离体上,得到的图形称为物体的受力图。

值得注意的是,无论是主动力还是约束反力,一定要根据其性质来确定其位置和方向,并按其实际作用效果来画,切忌主观臆断,凭空想象,既不能多画也不能少画。

画受力图一般可按以下步骤进行。

(1) 确定研究对象,并画其简图。

(2) 在研究对象上画出其所受的所有主动力。

(3) 在研究对象上画出其所受的所有约束反力。

（4）检查。

下面通过几个实例来具体说明物体受力图的画法。

【例2.3】　如图 2.20(a) 所示的杆重力为 G，A 端为固定铰链支座，B 端靠在光滑的墙面上，D 处受到与杆垂直的力 F 的作用，试画杆的受力图。

解　取隔离体 AB，画其简图。先画出其所受的主动力 G 和 F，再画出约束反力。其中，A 端为固定铰链支座，约束反力是相互垂直的两个分力；B 端为光滑面约束，约束反力垂直支撑面指向杆 AB，受力图如图 2.20(b) 所示。

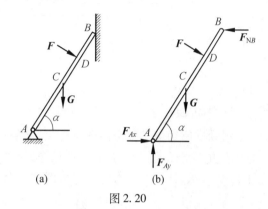

图 2.20

【例2.4】　三铰支架受力、约束如图 2.21(a) 所示，不计各杆自重，试画出各构件及支架的受力图。

解　取隔离体 AC，由于 AC 杆只在两端受力且平衡，是二力构件，所受两力作用线在 AC 两点的连线上。

取隔离体 BC，B 处为固定铰链支座，约束反力为两个正交方向的分力；右端作用一向下的集中力 P；C 处受到 AC 杆对其施加的沿 A、C 连线的力 S_C'，其中 S_C' 与 AC 杆 C 处所受的力 S_C 是作用力与反作用力的关系。

画三铰支架整体的受力图时，各处的分析同前，但 C 处的力为系统内力，相互抵消，因此 C 处不需要画力。

三铰支架及各构件受力图如图 2.21(b)、(c)、(d) 所示。此例中，也可根据 A、C 两点的实际约束特点画其约束反力，如图 2.21(b) 的 A 处。

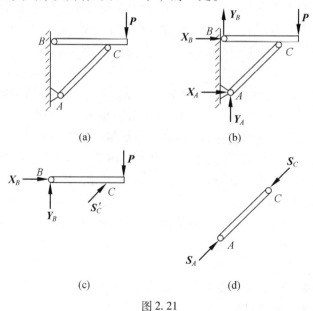

图 2.21

【例 2.5】　多跨梁受力、约束如图 2.22(a) 所示,试画出各构件的受力图。

解　(1) 分析 AB 受力。

取其隔离体,其上作用的主动荷载有 M、q。A 处的约束反力为相互垂直的两个分力和一个约束反力偶,B 处的约束反力为相互垂直的两个分力。AB 的受力图如图 2.22(b) 所示。

(2) 分析 BC 受力。

取其隔离体,其上作用的主动荷载有 F。B 处的约束反力为相互垂直的两个分力,C 处的约束反力为垂直支撑面的一个力。BC 的受力图如图 2.22(c) 所示。

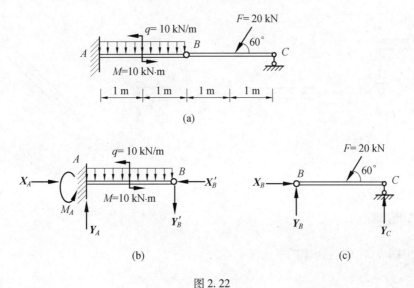

图 2.22

在分析物体受力、画受力图时,要注意内力和外力的转化问题。如此例中的 B 处为光滑圆柱铰链约束,当分析整个多跨梁的受力时,B 处的力是系统内力,相互抵消,不需要画。而将 B 处拆开,分别画每一部分的受力图时,内力转化为外力,就需要按照光滑圆柱铰链约束的特点画出约束反力。

思考与练习

一、分析简答题

1. "合力一定大于分力"的说法是否正确? 说明原因。

2. 用手拔钉子拔不出来,为什么用钉锤能拔出来?

3. 试比较力矩和力偶的异同。

4. 两个力在同一坐标轴上的投影相等,此二力是否相等?

5. 已知力 F 与 x 轴的夹角 α，与 y 轴的夹角 β，以及力 F 的大小，能否计算出力 F 在 z 轴上的投影？

6. 作用和反作用公理成立与物体的运动状态有无关系？

7. 物体在大小相等、方向相反、作用在一条直线上的两个力作用下是否一定平衡？

8. 能否用力在坐标轴上的投影代数和为零来判断力偶系平衡？

9. 力偶能否与一个力平衡？

10. 如图 2.23 所示，在三铰支架 ABC 的 C 点悬挂一重力为 G 的重物，不计结构自重，指出哪些力的关系是二力平衡，哪些力的关系是作用力与反作用力。

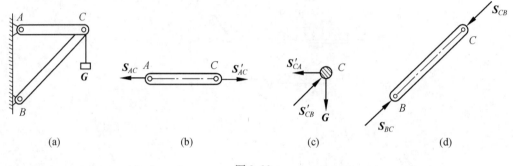

图 2.23

二、作图题

1. 画出图 2.24 中各物体的受力图。

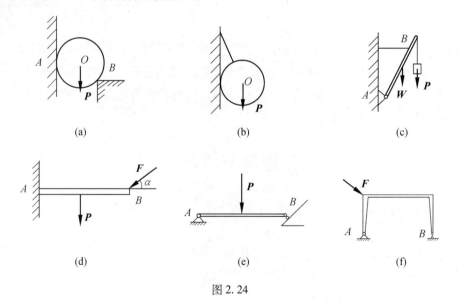

图 2.24

2. 画出图 2.25 中各构件的受力图及各支架整体的受力图。

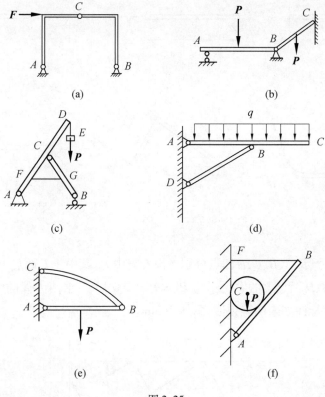

图 2.25

三、分析计算题

1. 图 2.26 中各力大小已知,求各力在 x 轴和 y 轴上的投影和对坐标原点的力矩,各力矢的作用点的坐标如图所示。

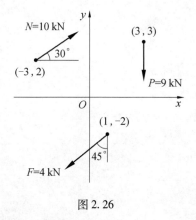

图 2.26

2. 试计算图 2.27 中力 F 对 O 点的力矩。

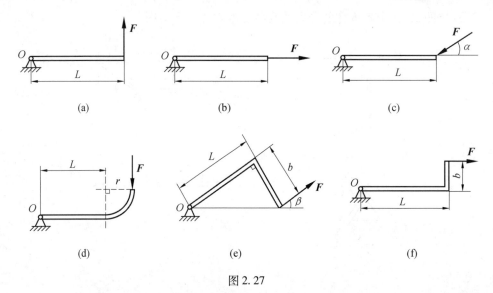

图 2. 27

3. 如图 2. 28 所示，A、B、C、D 四点分别作用着集中力，其中 A、C 两点上的力大小为 $F = F' = 100$ kN，而 B、D 两点上的力大小为 $P' = P = 200$ kN。求两力偶的力偶矩及合力偶矩。（本书的尺寸标注如未明确说明，默认为 mm。）

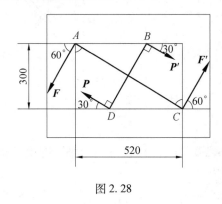

图 2. 28

第3章　平 面 力 系

【学习目标】

(1) 理解并掌握力的平移定理。
(2) 掌握平面力系简化的方法及简化结果。
(3) 能够运用组合法求平面的形心。
(4) 能够运用平衡方程求解平面力系的平衡问题。

3.1　力系的分类与力的平移定理

3.1.1　力系的分类

根据力作用线的分布情况,力系可分为平面力系与空间力系。力系中各力的作用线都作用在同一平面上,则称该力系为平面力系;力系中各力的作用线呈空间分布,则称该力系为空间力系。

平面力系又可分为平面汇交力系、平面平行力系和平面任意力系。

1. 平面汇交力系

平面汇交力系中各力的作用线在同一平面内且相交于同一点。共点力是汇交力系的一种特殊情况。

2. 平面平行力系

平面平行力系中各力的作用线在同一平面内且互相平行。

3. 平面任意力系

平面任意力系中各力的作用线共面,但既不完全平行也不完全相交。平面任意力系也可称为平面一般力系。

空间力系同样可分为空间汇交力系、空间平行力系和空间任意力系。

3.1.2　力的平移定理

如图3.1所示,在刚体上的 A 点作用一个力 F,根据加减平衡力系公理,在刚体的 B 点加上一对平衡力 F_1 和 F_2,且令 $F = F_1 = -F_2$,F 与 F_1、F_2 平行。显然,刚体上作用的新力系与力 F 单独作用的效果相同。该新力系又可看成由作用在 B 点的力 F_1 和力偶(F, F_2)组成,于是,作用于 A 点的力 F 被作用于 B 点的力 F_1 和力偶(F, F_2)代替。

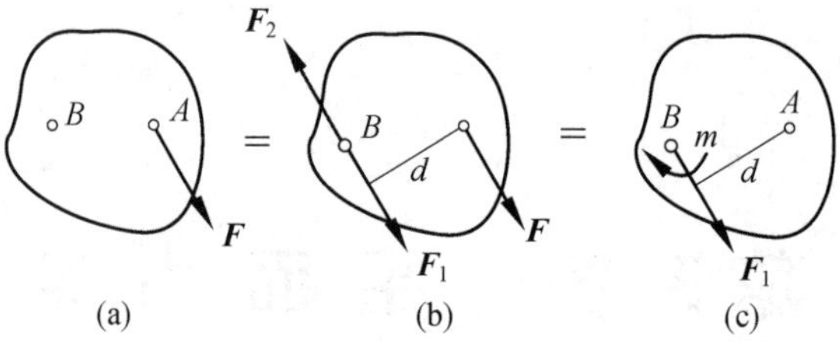

图 3.1

力偶（$\boldsymbol{F}, \boldsymbol{F_2}$）称为附加力偶，它的力偶矩为

$$m = \pm Fd$$

其正好等于原力 $\boldsymbol{F}$ 对新作用点 B 的力矩。

综上所述，对作用在刚体上某点的力，可以将它平行于其作用线移到刚体上任一新作用点，但必须同时附加一力偶，附加力偶的力偶矩等于原力对新作用点的力矩，这就是力的平移定理。

用力的平移定理可将一个力平移到另一点，得到一个力和一个力偶；也可对一个力和一个力偶组成的力系，平移其中的力，将力系简化为一个力。在后一种情况中，力的平移距离为

$$d = \frac{|m|}{F}$$

平移后力的作用线位置与力矢的大小、方向及力偶矩的大小、转向有关。

3.2　平面力系的简化

力系的简化也称为力系的合成，是在等效作用的前提下，用最简单的力系来代替原力系的作用。

3.2.1　平面汇交力系的简化

如图 3.2 所示，设一平面汇交力系由 $F_1, F_2, \cdots, F_n$ 组成，在力系的作用平面内建立平面直角坐标系 xOy，依次求出各力在两个坐标轴上的投影 $F_{1x}, F_{2x}, \cdots, F_{nx}$ 与 $F_{1y}, F_{2y}, \cdots, F_{ny}$。

设合力在两个坐标轴上的投影分别为 R_x、R_y，根据合力投影定理，它们与各分力在两个坐标轴上的投影满足

$$\begin{cases} R_x = F_{1x} + F_{2x} + \cdots + F_{nx} = \sum F_{ix} \\ R_y = F_{1y} + F_{2y} + \cdots + F_{ny} = \sum F_{iy} \end{cases}$$

由合力的投影可以求出合力的大小和方向。

$\boldsymbol{R}$ 的大小为

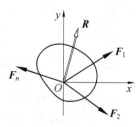

图 3.2

$$R = \sqrt{R_x^2 + R_y^2} = \sqrt{\left(\sum F_{ix}\right)^2 + \left(\sum F_{iy}\right)^2} \tag{3.1}$$

R 的方向为

$$\tan \alpha = \left|\frac{R_y}{R_x}\right| \tag{3.2}$$

式中，α 为合力 R 与坐标轴 x 所夹的锐角；$\sum F_{ix}$、$\sum F_{iy}$ 分别为原力系中各力在 x 轴和 y 轴上投影的代数和。

总之，平面汇交力系的简化结果为一合力，合力的作用线通过力系的汇交点，合力等于各分力的矢量和，即

$$R = F_1 + F_2 + \cdots + F_n = \sum F_i \tag{3.3}$$

【例3.1】 如图 3.3(a) 所示，一吊环受到三条钢丝绳的拉力作用，$F_1 = 2$ kN，水平向左；$F_2 = 2.5$ kN，与水平成 $30°$ 角；$F_3 = 1.5$ kN，垂直向下。用解析法求此力系的合力。

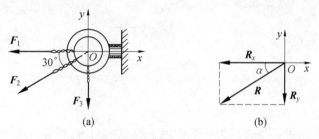

(a)　　　　　　(b)

图 3.3

解 如图 3.3 所示，以三力的汇交点为坐标原点建立坐标系。

(1) 求各力的投影。

$$F_{1x} = F_1 = -2 \text{ kN}$$
$$F_{1y} = 0$$
$$F_{2x} = -F_2\cos 30° = -2.5 \times 0.866 = -2.17 \text{ (kN)}$$
$$F_{2y} = -F_2\sin 30° = -2.5 \times 0.5 = -1.25 \text{ (kN)}$$
$$F_{3x} = 0$$
$$F_{3y} = -F_3 = -1.5 \text{ kN}$$

(2) 根据合力投影定理求合力的投影。

$$R_x = \sum F_{ix} = -4.17 \text{ kN}$$
$$R_y = \sum F_{iy} = -2.75 \text{ kN}$$

(3) 求出力系的合力。

合力大小为

$$R = \sqrt{R_x^2 + R_y^2} = \sqrt{(-4.17)^2 + (-2.75)^2} = 5.00 \text{ (kN)}$$

合力方向为

$$\tan \alpha = \left|\frac{R_y}{R_x}\right| = \frac{2.75}{4.17} = 0.659$$

$$\alpha = 33.38°$$

由于 R_x、R_y 均为负值,因此合力 $\boldsymbol{R}$ 在第三象限,α 是合力与 x 轴负半轴所夹的锐角,如图 3.3(b) 所示。

3.2.2 平面任意力系的简化

1. 平面任意力系向一点的简化

设刚体上作用一平面任意力系 $\boldsymbol{F}_1$,$\boldsymbol{F}_2$,$\cdots$,$\boldsymbol{F}_n$,如图 3.4(a) 所示,在刚体上任选一点 O,称为简化中心。利用力的平移定理,将力系中的各力向 O 点平移,得到一个作用于 O 点的平面汇交力系和一个平面力偶系,如图3.4(b) 所示。这两个力系的共同作用效果与原力系等效。

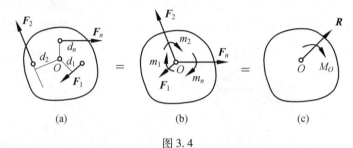

图 3.4

将平面汇交力系进一步合成为一个作用于 O 点的力 $\boldsymbol{R}$,其等于原力系中各力的矢量和,即满足式(3.3)。$\boldsymbol{R}$ 的大小、方向可根据式(3.1) 和式(3.2) 计算。$\boldsymbol{R}$ 与平面汇交力系等效,只等效于原力系的一部分作用效果,称为原力系的主矢。

平面力偶系中各力偶的力偶矩的大小等于原力系中各力对简化中心 O 的力矩,即 $m_1 = F_1 d_1$,$m_2 = F_2 d_2$,$\cdots$,$m_n = F_n d_n$。这个力偶系的合成结果是一个合力偶,合力偶的力偶矩等于各附加力偶的力偶矩的代数和,即

$$M_O = m_1 + m_2 + \cdots + m_n = M_O(\boldsymbol{F}_1) + M_O(\boldsymbol{F}_2) + \cdots + M_O(\boldsymbol{F}_n) = \sum M_O(\boldsymbol{F}_i) \quad (3.4)$$

M_O 与平面力偶系等效,称为原力系的主矩,等于原力系中的各力对简化中心的力矩的代数和。

综上所述,可以得出以下结论:平面任意力系向其作用面内任意一点简化,可得到一个力和一个力偶。该力作用于简化中心,其大小和方向等于原力系的各力的矢量和;该力偶的力偶矩等于原力系中各力对简化中心力矩的代数和。力系的主矢是由原力系中的各力的大小和方向决定的,与简化中心的位置无关;而主矩等于原力系中的各力对简化中心力矩的代数和,当简化中心的位置不同时,得到的主矩的大小和转向一般是不同的,即主矩与简化中心的位置有关。

2. 平面任意力系简化结果的分析

由前面分析可知,平面任意力系向其作用面内的任意一点简化,得到一个主矢 $\boldsymbol{R}$ 和一个主矩 M_O,但实际力系的作用情况不同时,简化的结果也不一样,具体情况包括以下几种。

（1）$R = 0, M_O = 0$。

原力系为一平衡力系，对物体既不产生移动效应，也不产生转动效应。在此力系作用下物体处于平衡状态。

（2）$R = 0, M_O \neq 0$。

原力系与一力偶等效，其力偶矩等于原力系对简化中心的主矩。原力系对物体只产生转动效应。在这种情况下，简化结果与简化中心的位置无关，即力系向作用面内的任一点简化，结果是一样的。

（3）$R \neq 0, M_O = 0$。

原力系简化为一个力，主矢 R 就是原力系的合力，其大小和方向等于原力系中各分力的矢量和。原力系对物体只产生移动效应。

（4）$R \neq 0, M_O \neq 0$。

这一结果不是最简结果，根据力的平移定理，这个力和力偶还可以向另一点 O' 简化（图 3.5），最后得到一个力 R'，平移距离 d 为

$$d = \frac{M_O}{R}$$

向简化中心的哪一侧简化由主矩的转向决定。

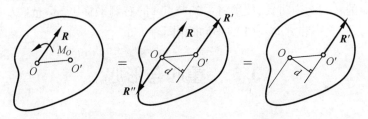

图 3.5

【例 3.2】　图 3.6（a）所示为一铆接钢板的受力图，A、B、C 为三个铆钉，其上受力为 $F_1 = 200$ N，与水平方向成 $60°$ 角，$F_2 = 150$ N，$F_3 = 100$ N，求此三力的合成结果。

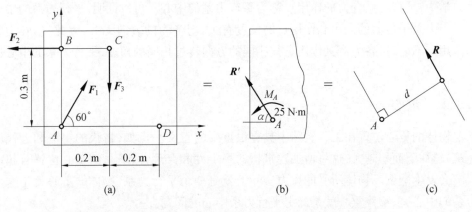

图 3.6

解　此题是求力系的最简结果。

（1）将力系向 A 点简化。

$$R_x = \sum F_{ix} = F_1 \cos 60° - F_2 = 200 × 0.5 - 150 = -50 \ (\text{N})$$

$$R_y = \sum F_{iy} = F_1 \sin 60° - F_3 = 200 × 0.866 - 100 = 73.20 \ (\text{N})$$

主矢的大小：

$$R = \sqrt{R_x^2 + R_y^2} = \sqrt{(-50)^2 + (73.20)^2} = 88.67 \ (\text{N})$$

主矢的方向：

$$\tan \alpha = \left| \frac{R_y}{R_x} \right| = \left| \frac{73.20}{50} \right| = 1.464$$

即 $\alpha = 55.66°$。

主矩：

$$M_A = \sum M_A(F_i) = F_1 d_1 + F_2 d_2 - F_3 d_3 = 0 + 150 × 0.3 - 100 × 0.2 = 25 \ (\text{N·m})$$

（2）因为主矢和主矩同时不为零，所以以上结果不是最简结果，可进一步简化为一合力，即将主矢再一次平移，平移距离为

$$d = \frac{|M_A|}{R} = \frac{25}{88.67} = 0.282 \ (\text{m})$$

因为主矩的转向为逆时针，故须将主矢向点 A 的右侧平移0.282 m。力系的最终合成结果为一合力，其大小和方向与（1）中所求相同。

3.3　重心与形心

3.3.1　平行力系的中心

平行力系是工程实际中较常见的一种力系，如风对建筑物的压力，物体受到的地球引力，水对堤坝的压力等。在研究这类问题时需要确定力系的合力及其作用点的位置。

在力学中，平行力系合力的作用点称为平行力系的中心。可以证明，平行力系的中心的位置只与力系中各力的大小和作用点的位置有关，与各力的方向无关，因此，当各力的大小和作用点不变时，各力绕其作用点往相同的方向转过相同的角度，平行力系的中心位置不变。

3.3.2　重心

确定物体的重心位置在工程实际中具有很重要的意义。例如，古代的宝塔和近代的高层建筑，越往下面积越大，这可增加建筑物的稳定性和合理性；塔吊的重心位置若超出某一范围会发生翻倒。物体所受的重力实际上就是一个平行力系，物体的重心就是这一平行力系的中心，求物体重心就是确定平行力系中心的问题。

如图3.7所示，设某物体总重力为 G，将其分成若干个微元体，第 i 个微元体的重力为 ΔG_i，在直角坐标系中其重心坐标为 $C_i(x_i, y_i, z_i)$，而该物体的重心坐标为 $C(x_C, y_C, z_C)$，分

别将物体的总重力 G 及微元体的重力 ΔG_i 对坐标轴取矩,根据合力矩定理,导出重心坐标公式为

$$\begin{cases} x_C = \dfrac{\sum \Delta G_i x_i}{G} \\[3mm] y_C = \dfrac{\sum \Delta G_i y_i}{G} \\[3mm] z_C = \dfrac{\sum \Delta G_i z_i}{G} \end{cases} \tag{3.5}$$

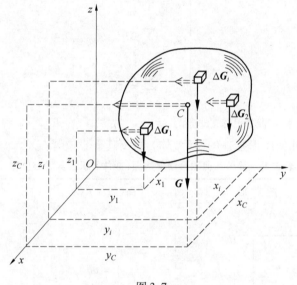

图 3.7

3.3.3　形心

在工程实际中,许多物体被视为均质的,令均质物体的密度为 γ,体积为 V,第 i 个微元体的体积为 ΔV_i,则重心坐标公式转化为

$$\begin{cases} x_C = \dfrac{\sum \Delta V_i x_i}{V} \\[3mm] y_C = \dfrac{\sum \Delta V_i y_i}{V} \\[3mm] z_C = \dfrac{\sum \Delta V_i z_i}{V} \end{cases} \tag{3.6}$$

由式(3.6)可看出,均质物体的重心与物体的自重无关,只取决于物体的几何形状和尺寸,故均质物体的重心又称为形心,即几何中心。

设均质薄板的厚度为 d,面积为 A,第 i 个微元体的面积为 ΔA_i,则其形心坐标公式为

$$\begin{cases} x_C = \dfrac{\sum \Delta A_i x_i}{A} \\[3mm] y_C = \dfrac{\sum \Delta A_i y_i}{A} \\[3mm] z_C = \dfrac{\sum \Delta A_i z_i}{A} \end{cases} \tag{3.7}$$

同理,均质细杆的形心坐标公式为

$$\begin{cases} x_C = \dfrac{\sum \Delta l_i x_i}{l} \\[3mm] y_C = \dfrac{\sum \Delta l_i y_i}{l} \\[3mm] z_C = \dfrac{\sum \Delta l_i z_i}{l} \end{cases} \tag{3.8}$$

式中,l 为杆的总长;Δl_i 为微元体的长度。

表 3.1 为简单几何图形物体的面(或体)积及其重心位置。

表 3.1　　简单几何图形物体的面(或体)积及其重心位置

名称	图　形	面(或体)积	重心位置
长方形	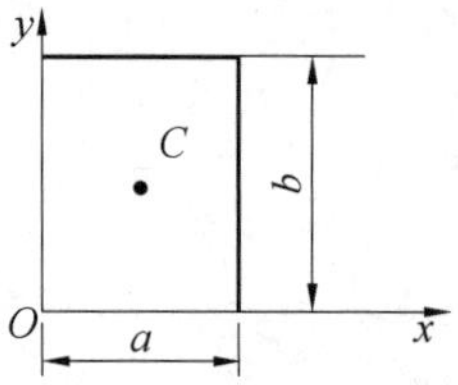	$A = ab$	$x_C = \dfrac{1}{2}a$ $y_C = \dfrac{1}{2}b$
三角形	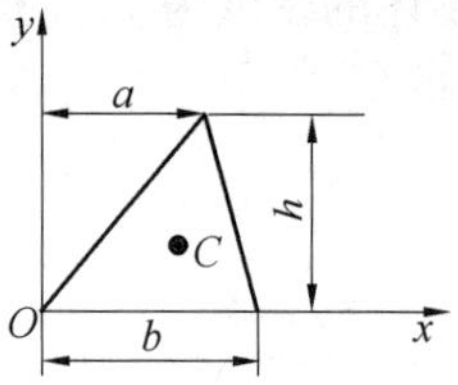	$A = \dfrac{1}{2}bh$	$x_C = \dfrac{1}{3}(a+b)$ $y_C = \dfrac{1}{3}h$
梯形	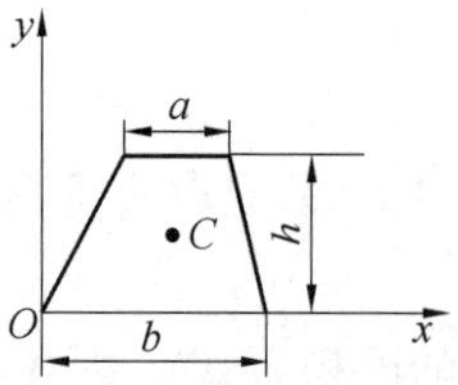	$A = \dfrac{h}{2}(a+b)$	$y_C = \dfrac{h(2a+b)}{3(a+b)}$

续表 3.1

名称	图　　形	面(或体)积	重心位置
半圆形	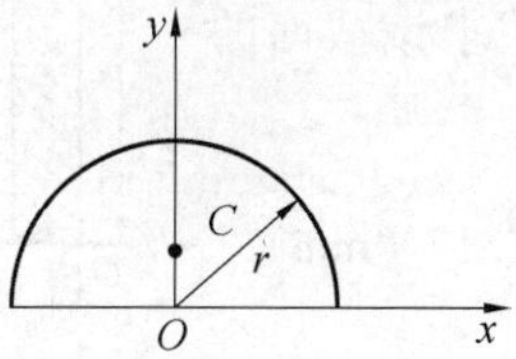	$A = \dfrac{1}{2}\pi r^2$	$x_c = 0$ $y_c = \dfrac{4r}{3\pi}$
扇形	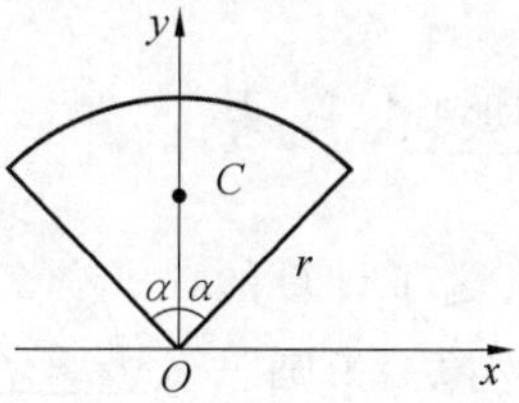	$A = 2\alpha r^2$	$x_c = 0$ $y_c = \dfrac{2r\sin\alpha}{3\alpha}$
圆弧	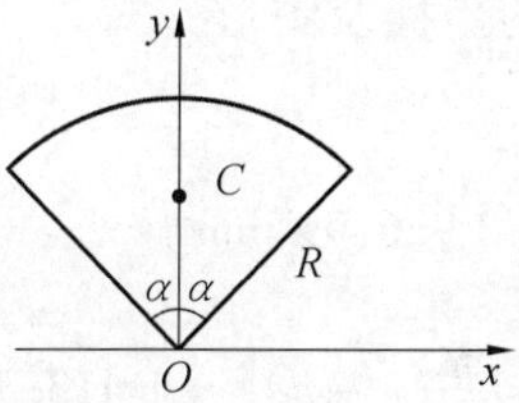	弧长 $S = 2\alpha R$	$x_c = 0$ $y_c = R\dfrac{\sin\alpha}{\alpha}$
长方体	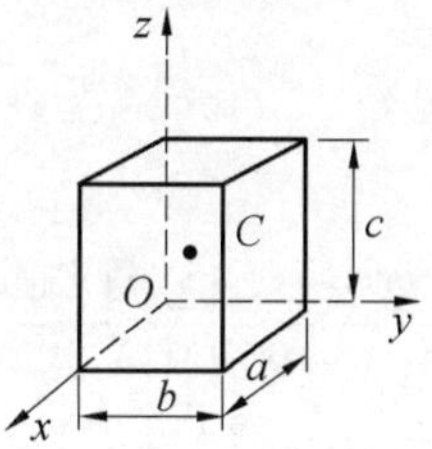	$V = abc$	$x_c = \dfrac{1}{2}a$ $y_c = \dfrac{1}{2}b$ $z_c = \dfrac{1}{2}c$
正圆柱体	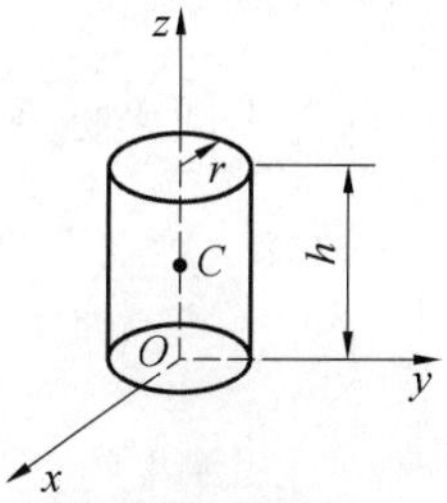	$V = \pi r^2 h$	$x_c = 0$ $y_c = 0$ $z_c = \dfrac{1}{2}h$

【例 3.3】 某 L 形截面的尺寸如图 3.8 所示。求该截面的形心位置。

解 将该截面看成由两个矩形截面组合而成,利用组合法可求出整个截面的形心位置。建立直角坐标系 xOy,如图 3.8 所示。

（1）确定每个矩形的形心在坐标系中的坐标及面积。

$$x_1 = 15 \text{ mm}, \quad y_1 = 150 \text{ mm}, \quad A_1 = 9\ 000 \text{ mm}^2$$

$$x_2 = 115 \text{ mm}, \quad y_2 = 15 \text{ mm}, \quad A_2 = 5\ 100 \text{ mm}^2$$

（2）利用前面推出的均质薄板的形心坐标公式求该截面的形心坐标。

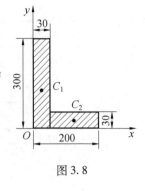

图 3.8

$$x_C = \frac{A_1 x_1 + A_2 x_2}{A_1 + A_2} = \frac{9\ 000 \times 15 + 5\ 100 \times 115}{9\ 000 + 5\ 100} = 51.17 \text{（mm）}$$

$$y_C = \frac{A_1 y_1 + A_2 y_2}{A_1 + A_2} = \frac{9\ 000 \times 150 + 5\ 100 \times 15}{9\ 000 + 5\ 100} = 101.17 \text{（mm）}$$

该截面的形心坐标为(51.17,101.17)。

【例 3.4】　求图 3.9 中阴影所示的平面图形的形心位置，其中 $R = 50$ mm，$r = 17$ mm，$d = 13$ mm。

解　图中的阴影部分是一个比较复杂的图形，为了计算的方便，可将其看成由两个半圆形图形组合后再从中挖掉一个圆。建立图示的坐标系，利用组合法求出形心位置。

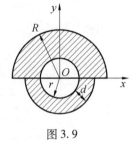

图 3.9

（1）分别确定三部分的形心在对应坐标系中的坐标及图形的面积。

$$x_1 = 0, \quad y_1 = \frac{4R}{3\pi} = 21.22 \text{ mm}, \quad A_1 = \frac{1}{2}\pi R^2 = 3\ 926.99 \text{ mm}^2$$

$$x_2 = 0, \quad y_2 = -\frac{4(r+d)}{3\pi} = -12.74 \text{ mm}, \quad A_2 = \frac{\pi}{2}(r+d)^2 = 1\ 413.72 \text{ mm}^2$$

$$x_3 = 0, \quad y_3 = 0, \quad A_3 = -\pi r^2 = -907.92 \text{ mm}^2$$

（2）求出截面形心坐标。

$$x_C = 0$$

$$y_C = \frac{y_1 A_1 + y_2 A_2 + y_3 A_3}{A_1 + A_2 + A_3} = \frac{3\ 926.99 \times 21.22 + 1\ 413.72 \times (-12.74) + 0}{3\ 926.99 + 1\ 413.72 + (-907.92)} = 14.74 \text{（mm）}$$

此图形的形心坐标为(0,14.74)。

注意：用组合法求形心时要注意以下几个问题。

（1）物体的形心坐标与所建立的坐标系有关，同一点在不同坐标系中的坐标值是不同的，因此，在求形心时必须建立坐标系。

（2）每一个组成部分的形心坐标有正负。

（3）挖掉部分的面积为负值。

3.4　平面汇交力系的平衡

工程实际中，许多结构和构件都处于平衡状态，例如：建筑物、桥梁、机器构架等处于静力平衡状态；以一定速度运转的转轴处于动平衡状态。本节研究平面汇交力系的平衡方程及其应用。

3.4.1　平面汇交力系的平衡条件

由前面的讨论可知,平面汇交力系的简化结果是一个合力。当这一合力等于零时,刚体处于平衡状态。所以,平面汇交力系平衡的充分必要条件为该力系的合力等于零。即

$$R = \sum F_i = 0 \tag{3.9}$$

3.4.2　平面汇交力系的平衡方程及应用

根据平面汇交力系的平衡条件及合力投影定理,可以得到平面汇交力系的平衡方程为

$$\begin{cases} \sum F_{ix} = 0 \\ \sum F_{iy} = 0 \end{cases} \tag{3.10}$$

式(3.10)说明,平面汇交力系的平衡方程是:力系中的各力在两个坐标轴上的投影的代数和均为零。平面汇交力系的平衡方程由两个独立的方程组成,最多只能解两个未知量,未知量包括未知力的大小和方向。另外,两个坐标轴可任取,只要不平行或共线即可。

【例3.5】　如图3.10(a)所示,物体重力大小 $W = 10$ kN,用绳子挂在支架的滑轮 A 上,绳子的另一端固结在 O 点上,设滑轮的大小、AB 与 AC 杆自重不计,求平衡时拉杆 AB 和支杆 AC 所受的力。

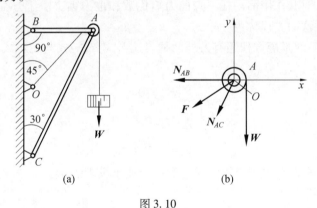

(a)　　　　　　　　　　(b)

图 3.10

解　(1)受力分析。

结构中的直杆 AB、AC 均是二力杆,所受的力及对外施加的反力汇交于定滑轮 A 上,因此,可选取定滑轮 A 为研究对象,忽略定滑轮的几何尺寸,视其为质点,画其受力图如图3.10(b)所示,A 所受的力系是一个平面汇交力系,其中 N_{AB} 和 N_{AC} 就是 AB、AC 杆所受的力。

(2)列平衡方程并求解。

$$\sum F_{ix} = 0, \quad -N_{AB} - N_{AC}\sin 30° - F\sin 45° = 0$$

$$\sum F_{iy} = 0, \quad -N_{AC}\cos 30° - F\cos 45° - W = 0$$

（3）将相关数值代入方程中，其中 $F = W = 10$ kN，解得

$$N_{AC} = -19.71 \text{ kN}, \quad N_{AB} = 2.79 \text{ kN}$$

（4）AC 杆受的力求出是负值，说明实际力的方向与图示的方向相反，即 AC 杆受压。

3.5　平面任意力系的平衡

3.5.1　平面任意力系的平衡条件及平衡方程

1. 平面任意力系的平衡条件

平面任意力系向一点简化可得到一个主矢 R 和一个主矩 M，当主矢和主矩同时为零时，力系平衡。所以，平面任意力系平衡的充分必要条件为 $R = 0$ 且 $M = 0$。

2. 平面任意力系的平衡方程

根据平面任意力系的平衡条件，可推出平面任意力系的平衡方程为

$$\begin{cases} \sum F_{ix} = 0 \\ \sum F_{iy} = 0 \\ \sum M_O(F_i) = 0 \end{cases} \tag{3.11}$$

式（3.11）说明，平面任意力系平衡时，力系中各力在两个坐标轴投影的代数和均为零，力系中的各力对其作用面内任一点的力矩代数和也为零。由于方程中含有一个关于力矩的式子，因此这一方程称为一矩式。

平面任意力系的平衡方程还有另外两种表达形式：二矩式与三矩式。

二矩式为

$$\begin{cases} \sum F_{ix} = 0 \\ \sum M_A(F_i) = 0 \\ \sum M_B(F_i) = 0 \end{cases} \tag{3.12}$$

式（3.12）中有两个关于力矩的式子和一个关于投影的式子，该式的适用条件为 x 轴与 A、B 两点的连线不垂直。

三矩式为

$$\begin{cases} \sum M_A(F_i) = 0 \\ \sum M_B(F_i) = 0 \\ \sum M_C(F_i) = 0 \end{cases} \tag{3.13}$$

式（3.13）中有三个关于力矩的式子，该式的适用条件为 A、B、C 三点不共线。

上述三个式子在解决实际问题时是等效的，可根据问题的条件选择适当的式子解题。

平面任意力系的平衡方程由三个独立的方程构成,最多能求解三个未知量。求解时,两个坐标轴可任意取,只要二者不平行即可,矩心的位置也是任意的。但为了计算的简单,在解决工程实际问题时,常把矩心选在两个未知力的汇交点上,而投影轴应尽可能与力系中多数力的作用线垂直或平行,从而使计算简单。另外,平衡方程中各方程没有因果关系,没有先后次序,也未必都用得到,可根据需要任意选取。

3.5.2 平面平行力系的平衡方程

对于平面平行力系,若投影轴垂直于各力作用线,如图 3.11 所示,力系中的各力与 x 轴垂直,无论力系是否平衡,力系中的各力向 x 轴的投影恒为零,因此平衡方程中不应含有向该轴的投影式。

平面平行力系的平衡方程为

$$\begin{cases} \sum F_{iy} = 0 \\ \sum M_O(\boldsymbol{F}_i) = 0 \end{cases} \quad (3.14)$$

平面平行力系的平衡方程由两个独立的方程组成,因此最多能求解两个未知量。

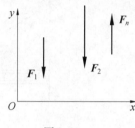

图 3.11

平面平行力系的平衡方程还有一种表达式,即二矩式,为

$$\begin{cases} \sum M_A(\boldsymbol{F}_i) = 0 \\ \sum M_B(\boldsymbol{F}_i) = 0 \end{cases} \quad (3.15)$$

式(3.15)的适用条件为 A、B 两点连线与力的作用线不平行。

【例3.6】 如图 3.12(a)所示,水平横梁 AB 的 A 端为固定铰链支座,B 端为活动铰链支座,设梁长为 $2L = 4$ m,梁重力大小为 $P = 20$ kN,重心在梁的中点 C,在梁的 AC 段上受均布荷载的作用,$q = 8$ kN/m,在梁的 BC 段上受力偶 $M = 40$ kN·m 作用。求 A、B 处的支座反力。

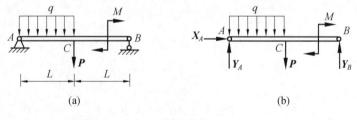

图 3.12

解 受力分析:取梁为研究对象,画受力图如图 3.12(b)所示,力系为平面一般力系。

建立坐标系,列平衡方程并求解:

$$\sum M_A(\boldsymbol{F}_i) = 0$$

$$Y_B \cdot 2L - M - PL - qL \cdot \frac{L}{2} = 0$$

$$\sum F_{iy} = 0$$

$$Y_A + Y_B - qL - P = 0$$

$$\sum F_{ix} = 0$$

$$X_A = 0$$

解得 $Y_A = 12$ kN，$Y_B = 24$ kN，$X_A = 0$。

【例3.7】　如图3.13(a)所示，一悬臂式起重机，梁 AB 的 A 端用铰链固定于墙面上，B 端用拉杆 BC 拉住，梁的自重 $G = 8$ kN，荷载重力大小 $P = 20$ kN，梁的尺寸如图所示。求拉杆 BC 所受的拉力及铰链 A 处的约束反力。

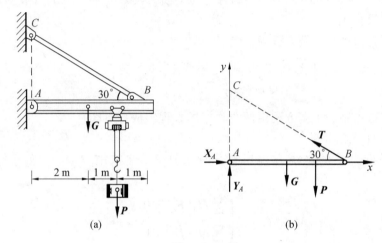

图 3.13

解　(1)受力分析：取梁 AB 为研究对象，画受力图如图3.13(b)所示，其所受的力系为平面任意力系。此题可用一矩式解，也可用二矩式解。

(2)建立坐标系如图3.13(b)所示，列一矩式：

$$\sum M_A(\boldsymbol{F}_i) = 0, \quad T \times 4 \times \sin 30° - P \times 3 - G \times 2 = 0$$

$$\sum F_{ix} = 0, \quad X_A T\cos 30° = 0$$

$$\sum F_{iy} = 0, \quad Y_A + T\sin 30° - P - G = 0$$

解得 $T = 38$ kN，$X_A = 32.91$ kN，$Y_A = 9$ kN。

列二矩式：

$$\sum M_A(\boldsymbol{F}_i) = 0, \quad T \times 4 \times \sin 30° - P \times 3 - G \times 2 = 0$$

$$\sum M_B(\boldsymbol{F}_i) = 0, \quad P \times 1 + G \times 2 - Y_A \times 4 = 0$$

$$\sum F_{ix} = 0, \quad X_A T\cos 30° = 0$$

解得 $T = 38$ kN，$X_A = 32.91$ kN，$Y_A = 9$ kN。

通过对本题的求解可知，对于平面一般力系平衡问题，一矩式和二矩式在解题时是等效的，可任意选择其一求解问题。

【例3.8】　塔式起重机的结构简图如图3.14所示。设机架自重为 W，且 W 的作用线距右轨 B 的距离为 e；起吊重物的重力为 P，距右轨 B 的最远距离为 L；机架平衡时平衡块重力为 Q，距左轨 A 的距离为 a；AB 间的距离为 b。欲使起重机在空载和满载且荷载 P 在最远处时均不翻倒，平衡块重力 Q 应为多少？

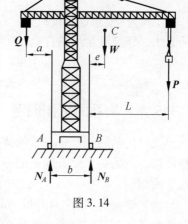

图 3.14

解　（1）受力分析。

取起重机整体为研究对象，画受力图如图3.14所示。起重机所受的力系为一个平行力系，在该力系的作用下起重机处于平衡状态。

（2）空载情况。

空载时，$P=0$，如整机翻倒，只能以 A 为矩心，向左翻倒，此时右轨 B 上所受的压力为零。因此，要保证起重机不翻倒，必须满足 $N_B \geqslant 0$。

列平衡方程：

$$\sum M_A(\boldsymbol{F}_i) = 0, \quad N_B b + Qa - W(b+e) = 0$$

得

$$N_B = \frac{1}{b}\left[W(b+e) - Qa\right]$$

根据起重机不翻倒的条件 $N_B \geqslant 0$，有

$$\frac{1}{b}\left[W(b+e) - Qa\right] \geqslant 0$$

得

$$Q \leqslant \frac{W(b+e)}{a}$$

（3）满载情况。

满载时，若起吊重物，起重机将向右翻倒，左轨 A 将不受力。若使起重机在满载且荷载处于最远端的情况下不翻倒，左轨 A 必然要承受压力，即要使满载且荷载处于最远端时起重机不翻倒的条件为 $N_A \geqslant 0$。

列平衡方程：

$$\sum M_B(\boldsymbol{F}_i) = 0, \quad Q(a+b) - We - PL - N_A b = 0$$

得

$$N_A = -\frac{1}{b}\left[We + PL - Q(b+a)\right]$$

按满载且荷载处于最远端时起重机不翻倒的条件 $N_A \geqslant 0$ 有

$$-\frac{1}{b}\left[We + PL - Q(b+a)\right] \geqslant 0$$

得

$$Q \geqslant \frac{We + PL}{a + b}$$

综上所述,要想让起重机无论在空载还是在满载且荷载处于最远端时都不翻倒,平衡块的重力必须要满足的条件是

$$\frac{We + PL}{a + b} \leqslant Q \leqslant \frac{W(b + e)}{a}$$

3.5.3　物系的平衡问题

前文讨论的问题都是一个物体的平衡问题,而在工程实际中,许多机构和结构是由若干构件以一定的约束结合而成的系统,称为物体系统,简称物系。物系的平衡问题也是比较常见的问题。

当物系平衡时,系统内的每一部分都处于平衡状态。求解物系的平衡问题,思路、方法和选择的方程与求解单个物体的平衡问题完全相同,关键在于研究对象的确定。由于物系的平衡问题中往往不仅有外部的约束反力,还有系统内各物体间的相互作用力,因此只选择一个研究对象不能求出全部的未知力,需选择两个或更多的研究对象。在解决实际问题时,可以先以整体为研究对象,解出一部分未知力,再以单个物体或小系统为研究对象,求出剩下的未知力;也可以分别以系统中的单个物体为研究对象求解问题。选择研究对象时,以选择已知力和未知力共同作用的物体为好,还要尽量使计算过程简单,尽可能避免解联立方程组。另外还应注意一点,在以整体为研究对象时,系统内各物体间的相互作用力是内力,相互抵消,不体现出来;而以单个物体为研究对象时,内力转化成外力,必须考虑。

【例3.9】　如图 3.15(a) 所示的组合梁,AC 和 CD 在 C 点铰接,已知 $q = 5$ kN/m,$M = 10$ kN · m,$a = 2$ m,$P = 20$ kN,不计梁的自重,求支座 A、D 及铰 C 处的约束反力。

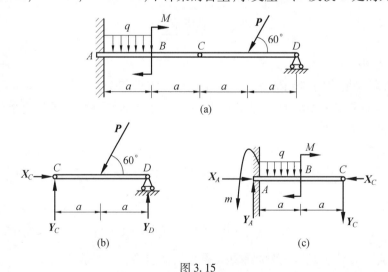

图 3.15

解　此题要求解的未知量共有六个,最少需要选择两个研究对象。

(1) 本例将梁在 C 点假想地拆成两部分,由于 AC 部分的未知力较多,而 CD 部分只有

三个未知力,因此先以 *CD* 部分为研究对象,画受力图如图 3.15(b) 所示,列平衡方程:

$$\sum F_{ix} = 0, \quad X_C - P\cos 60° = 0$$

$$\sum F_{iy} = 0, \quad Y_C + Y_D - P\sin 60° = 0$$

$$\sum M_C(\boldsymbol{F}_i) = 0, \quad 2aY_D - Pa\sin 60° = 0$$

得 $X_C = 10$ kN,$Y_C = Y_D = 5\sqrt{3} = 8.66$ kN。

(2) 以 *AC* 部分为研究对象,画受力图如图 3.15(c) 所示,列平衡方程,解出其余的未知力。

$$\sum F_{ix} = 0, \quad X_A - X_C = 0$$

$$\sum M_A(\boldsymbol{F}_i) = 0, \quad m - 2aY_C - M - \frac{1}{2}qa^2 = 0$$

$$\sum F_{iy} = 0, \quad Y_A - Y_C - qa = 0$$

得 $X_A = 10$ kN,$Y_A = 18.66$ kN,$M_A = 54.64$ kN·m。

【例 3.10】 在图 3.16(a) 所示的三铰拱中,均布荷载作用在拱顶,不计结构的自重,求 *A*、*B* 处的支座反力。

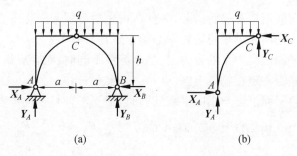

图 3.16

解 本题中的均布荷载作用在梁的两跨上,当梁被拆开时,荷载也被分成两部分,当取其中的一部分为研究对象时,就只考虑作用在其上的均布荷载,而不考虑整个均布荷载。

(1) 先以整个拱为研究对象,画受力图如图 3.16(a) 所示,列平衡方程,有

$$\sum F_{ix} = 0, \quad X_A - X_B = 0$$

$$\sum M_A(\boldsymbol{F}_i) = 0, \quad 2aY_B - q \cdot 2a \cdot a = 0$$

$$\sum M_B(\boldsymbol{F}_i) = 0, \quad -2aY_A + q \cdot 2a \cdot a = 0$$

得 $X_A = X_B$,$Y_A = qa$,$Y_B = qa$。

(2) 再以左半拱为研究对象,画受力图如图 3.16(b) 所示,列平衡方程,有

$$\sum M_C(\boldsymbol{F}_i) = 0, \quad hX_A - aY_A + q \cdot a \cdot \frac{a}{2} = 0$$

得 $X_A = X_B = \dfrac{qa^2}{2h}$。

即有 A 处支座反力 $X_A = \dfrac{qa^2}{2h}$，$Y_A = qa$；B 处支座反力 $X_B = \dfrac{qa^2}{2h}$，$Y_B = qa$。

【注意】　通过前面的学习，可总结出应用平衡方程求解问题的步骤。

（1）确定研究对象，且画出其隔离体。

（2）对研究对象进行受力分析并画受力图。

（3）根据力系的类型及特点确定坐标系及矩心位置。坐标轴最好与力的作用线平行或垂直；矩心最好选在未知量作用的点。

（4）列平衡方程求解未知量。

（5）校核。

思考与练习

一、分析简答题

1. 设平面任意力系向一点简化得到一个合力，如果适当选取另一点为简化中心，力系能否简化成一个力偶？

2. 力偶可在作用面内任意移转，那又为什么说主矩一般与简化中心的位置有关？

3. 平面任意力系的简化结果与简化中心的位置是否有关？

4. 用解析法求平面汇交力系的合力时，当坐标系不同时，对合成结果有无影响？

5. 物体的重心是否一定在物体上？

6. 用解析法求解平面汇交力系的平衡问题时，两投影轴是否一定要互相垂直？

7. 当两投影轴不互相垂直时，建立的平衡方程 $\sum F_{ix} = 0$，$\sum F_{iy} = 0$ 能否满足力系的平衡条件？

8. 若平面汇交力系的各力在任意两个互相不平行的轴上的投影代数和均为零，试说明该力系一定平衡。

9. 用解析法求平面汇交力系的合力时，若选取不同的直角坐标系，计算出的合力的大小有无变化？计算出的合力与坐标轴的夹角有无变化？

10. 图 3.17 所示的平面汇交力系的力多边形中，哪个力系是平衡的？哪个力系有合力？对于后者，指出合力。

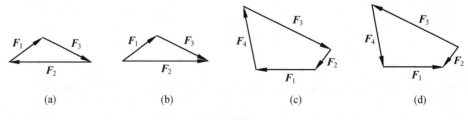

图 3.17

二、分析计算题

1. 如图 3.18 所示的立柱受到偏心力 P 的作用,偏心距为 $e = 5$ mm,将其向中心线平移后得到一个力,以及一个力偶矩为 1 000 N·m 的附加力偶。求原力 P 的大小。

2. 如图 3.19 所示,$F_1 = 10$ kN,如 F_1、F_2 的合力沿 x 轴的正方向,求 F_2 的大小。

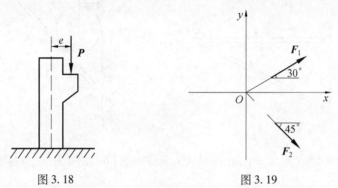

图 3.18　　　　　　　　　　　图 3.19

3. 如图 3.20 所示,在工件上的三点同时作用三个力,其中,$F_1 = 10$ kN,$F_2 = 5$ kN,$F_3 = 2$ kN,图中尺寸单位为 m。求此力系向点 O 简化的结果。

4. 如图 3.21 所示,一半径为 R 的绞盘有三个等长的柄,长度均为 l,相邻柄间夹角均为 120°,每个柄上各作用一垂直于柄的力 F。试求:

(1) 该力系向中心 O 简化的结果;

(2) 该力系向 BC 连线中点 D 简化的结果。

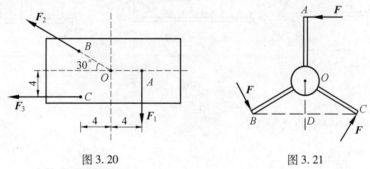

图 3.20　　　　　　　　　　　图 3.21

5. 求图 3.22 中各图形的形心。

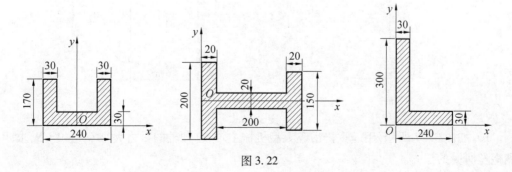

图 3.22

6. 如图3.23所示,重力大小为 $P = 10$ kN 的物体放在水平梁的中央,梁的 A 端用铰链固定于墙上,另一端用 BC 杆支撑,若梁和撑杆的自重不计,求 BC 杆受力及 A 处的约束反力。

7. 如图3.24所示, $\alpha = 45°$,圆球重力大小为 $P = 1$ kN ,且与杆 AB 的中点接触,求缆绳 BC 的拉力及 A 处的约束反力。

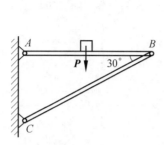

图 3.23　　　　　　　　图 3.24

8. 已知 $m = 4$ kN·m, $a = 1$ m, $q = 1$ kN/m, $F = 5$ kN ,求图3.25中各梁的支座反力。

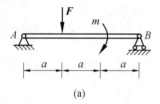 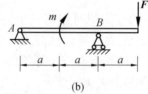 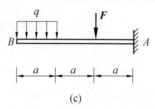

(a)　　　　　　　(b)　　　　　　　(c)

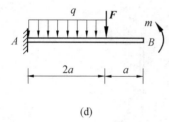 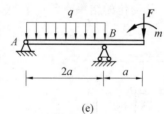

(d)　　　　　　　(e)　　　　　　　(f)

图 3.25

9. 求图3.26中钢架的支座反力。

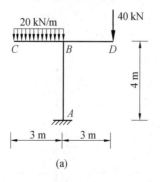 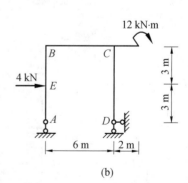

(a)　　　　　　　　　　(b)

图 3.26

10. 如图3.27所示,用起重机吊起大型机械主轴,已知轴的重力大小 $Q = 40$ kN ,求两侧钢丝所受的拉力。

11. 如图 3.28 所示的支架由 AB、AC 杆组成，A、B、C 三处均为铰链连接，如悬挂的重物重力大小 W 已知，求 AB 杆和 AC 杆所受的力。

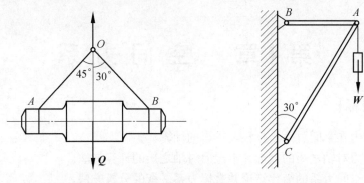

图 3.27　　　　　　　　　　　　图 3.28

12. 求图 3.29 所示组合梁的支座反力。其中 $q = 1$ kN/m，$a = 1$ m，$P = 3$ kN，$m = 5$ kN·m。

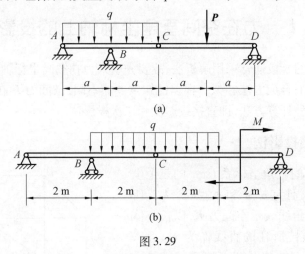

(a)

(b)

图 3.29

13. 如图 3.30 所示的机构，已知 $G = 5$ kN，AB 杆自重不计，求 BC 绳的拉力及铰 A 的约束反力。

14. 如图 3.31 所示，窗外凉台的水平梁上作用有均布荷载 $q = 2.5$ kN/m，在水平梁的外端从柱上传下荷载 $F = 10$ kN，柱的轴线到墙的距离 $a = 2$ m。求固定端约束的约束反力。

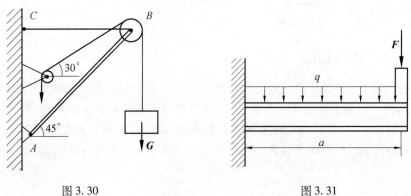

图 3.30　　　　　　　　　　　　图 3.31

第4章 空间力系

【学习目标】

(1) 掌握力在空间直角坐标轴上投影的计算。
(2) 理解力对轴之矩的概念并掌握力对轴之矩的计算方法。
(3) 理解空间力系的简化结论并掌握力系平衡的分析方法。
(4) 理解摩擦的相关概念并掌握其相关平衡计算。

4.1 力在空间直角坐标轴上的投影

空间汇交力系的合成通常采用解析法,故要先引入力在空间坐标轴上的投影的概念,这与平面汇交力系的合成方法相似。根据已知条件的不同,空间力 F 在空间直角坐标轴上的投影一般有两种计算方法,即直接投影法和二次投影法。

4.1.1 直接投影法

已知力 F 与空间直角坐标系 $Oxyz$ 的三个坐标轴的正向夹角分别为 α、β 和 γ,如图 4.1 所示。以长方体的对角线表示空间力 F,以长方体相交于一点的三条棱所在的直线作为 x、y 和 z 轴。由图可以看出,这三条棱的长度正好就是力 F 在三个坐标轴上的投影,分别记作 F_x、F_y 和 F_z,显然有

$$\begin{cases} F_x = F\cos \alpha \\ F_y = F\cos \beta \\ F_z = F\cos \gamma \end{cases} \quad (4.1)$$

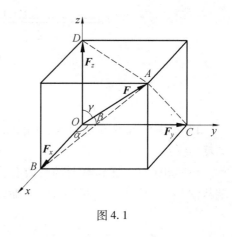

图 4.1

4.1.2 二次投影法

在有些问题中,不容易找到全部力与坐标轴的夹角,此时可以先将力投影到平面上,然后再投影到坐标轴上。如图 4.2 所示,已知力 F 与 z 轴的夹角为 γ,F 和 z 轴组成的平面与 x 轴的夹角为 φ,而 F 且与 x 轴、y 轴的夹角未知,欲求力 F 在 x、y 轴上的投影,可先将力 F 投影到 Oxy 平面上,得到分力 F_{xy},再将该分力投影到 x、y 轴上,于是投影的结果为

$$F_z = F\cos \gamma$$

$$F_{xy} = F\sin \gamma$$

$$\begin{cases} F_x = F_{xy}\cos\varphi = F\sin\gamma\cos\varphi \\ F_y = F_{xy}\sin\varphi = F\sin\gamma\sin\varphi \end{cases} \quad (4.2)$$

力在空间轴上的投影也有正负之分,符号规定与力在平面轴上的投影相同。需要注意的是:力在轴上的投影是代数量,力在平面上的投影是矢量。若已知力 $\boldsymbol{F}$ 在 x、y、z 轴上的投影分别是 F_x、F_y、F_z,则力 $\boldsymbol{F}$ 的大小和方向可以表示为

$$F = \sqrt{F_x^2 + F_y^2 + F_z^2}$$

$$\begin{cases} \cos\alpha = \dfrac{F_x}{F} \\[2mm] \cos\beta = \dfrac{F_y}{F} \\[2mm] \cos\gamma = \dfrac{F_z}{F} \end{cases} \quad (4.3)$$

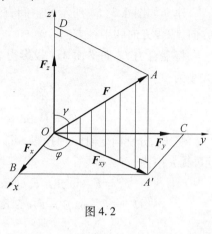

图 4.2

【例 4.1】 已知某斜齿圆柱齿轮的轮齿受到的啮合力 $F_n = 1\ 200$ N,齿轮的压力角 $\alpha = 20°$,螺旋角 $\beta = 25°$,如图 4.3(a)所示。试计算斜齿轮所受到的圆周力 $\boldsymbol{F}_\tau$、轴向力 $\boldsymbol{F}_a$ 和径向力 $\boldsymbol{F}_r$。

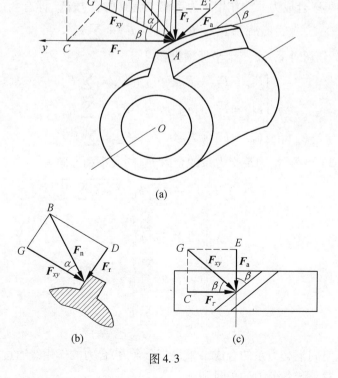

(a)

(b)   (c)

图 4.3

解　求解圆周力 F_τ、轴向力 F_a 和径向力 F_r 的大小,实质上就是求力 F 在空间三个坐标轴上的投影的大小。因为只知道 α、β,所以使用二次投影法求解。

建立如图 4.3(a) 所示的空间直角坐标系 $Axyz$,使 x 轴、y 轴和 z 轴分别沿齿轮的轴线方向、切线方向和半径方向。

将啮合力 F_n 向平面 Axy 投影得 F_{xy},向 z 轴投影得到径向力 F_r,如图 4.3(b) 所示,其大小为

$$F_{xy} = F_n \cos\alpha$$

$$F_r = F_n \sin\alpha = 1\ 200 \times \sin 20° = 410\ (\mathrm{N})$$

将 F_{xy} 分别向 x 轴、y 轴投影,可以求得轴向力 F_a 和圆周力 F_τ 的大小,如图 4.3(c) 所示,其大小为

$$F_a = F_{xy}\sin\beta = F_n \cos\alpha\sin\beta = 120\cos 20°\sin 25° = 477\ (\mathrm{N})$$

$$F_\tau = F_{xy}\cos\beta = F_n \cos\alpha\cos\beta = 120\cos 20°\cos 25° = 1\ 022\ (\mathrm{N})$$

4.2　空间汇交力系的合成与平衡

4.2.1　空间汇交力系的合成

若刚体上某一点 O 处作用有一空间汇交力系 $F_1, F_2, \cdots, F_n$,它们之中的任意两个力必然是共面的力,所以可以用力的平行四边形法则进行合成,连续应用力的平行四边形法则,该力系最终可以合成为一个作用于力系汇交点 O 的合力 F_R,即有

$$F_R = F_1 + F_2 + \cdots + F_n = \sum F_i \tag{4.4}$$

将式(4.4) 分别向 x、y、z 三个坐标轴投影可得

$$\begin{cases} F_{Rx} = F_{1x} + F_{2x} + \cdots + F_{nx} = \sum F_{ix} \\ F_{Ry} = F_{1y} + F_{2y} + \cdots + F_{ny} = \sum F_{iy} \\ F_{Rz} = F_{1z} + F_{2z} + \cdots + F_{nz} = \sum F_{iz} \end{cases} \tag{4.5}$$

根据式(4.3) 可得,空间汇交力系的合力 F_R 的大小和方向为

$$F_R = \sqrt{\left(\sum F_{ix}\right)^2 + \left(\sum F_{iy}\right)^2 + \left(\sum F_{iz}\right)^2}$$

$$\begin{cases} \cos\alpha = \dfrac{\sum F_{ix}}{F_R} \\[2mm] \cos\beta = \dfrac{\sum F_{iy}}{F_R} \\[2mm] \cos\gamma = \dfrac{\sum F_{iz}}{F_R} \end{cases} \tag{4.6}$$

由此可见,空间汇交力系的合成结果是一个合力,合力的作用线通过力系中各个力的汇交点,合力矢量等于各分力的矢量和。

4.2.2 空间汇交力系的平衡方程

由于空间汇交力系的合成结果是一个合力,因此空间汇交力系平衡的充要条件是力系的合力等于零,即

$$F_R = \sqrt{\left(\sum F_{ix}\right)^2 + \left(\sum F_{iy}\right)^2 + \left(\sum F_{iz}\right)^2} = 0$$

由此可得

$$\begin{cases} F_{Rx} = F_{1x} + F_{2x} + \cdots + F_{nx} = \sum F_{ix} = 0 \\ F_{Ry} = F_{1y} + F_{2y} + \cdots + F_{ny} = \sum F_{iy} = 0 \\ F_{Rz} = F_{1z} + F_{2z} + \cdots + F_{nz} = \sum F_{iz} = 0 \end{cases} \quad (4.7)$$

式(4.7)称为空间汇交力系的平衡方程,共有 3 个独立的方程,最多可以求解 3 个未知量。

【例 4.2】 有一个空间支架固定在相互垂直的墙上,支架由垂直于两墙的铰接二力杆 OA、OB 和钢丝绳 OC 组成。已知 $\theta = 30°$,$\varphi = 60°$,点 O 处吊起一个重物,$G = 6\ \text{kN}$,如图 4.4(a) 所示。图中 O、A、B、D 四点都在同一水平面上,杆和绳的自重忽略不计。试求两杆和钢丝绳所受的力。

解 选取铰接点 O 为研究对象,画受力图如图 4.4(b) 所示。选取坐标系 $Dxyz$。

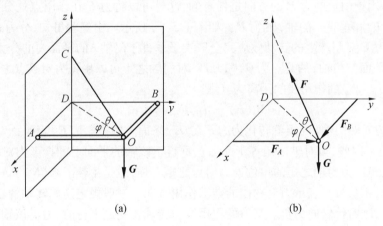

(a)   (b)

图 4.4

列平衡方程,求解未知力,有

$$\sum F_{ix} = 0, \quad F_B - F\cos\theta\sin\varphi = 0$$
$$\sum F_{iy} = 0, \quad F_A - F\cos\theta\cos\varphi = 0$$
$$\sum F_{iz} = 0, \quad F\sin\varphi - G = 0$$

解得

$$F = G/\sin\varphi = 6/\sin 30° = 12\ (\text{kN})$$
$$F_A = F\cos\theta\cos\varphi = 12 \times \cos 30°\cos 60° = 5.2\ (\text{kN})$$
$$F_B = F\cos\theta\sin\varphi = 12 \times \cos 30°\sin 60° = 9\ (\text{kN})$$

4.3　力对轴之矩

在研究平面问题时,我们讨论了力对点之矩,现在研究空间问题,就要先引入力对轴之矩的概念。如图 4.5 所示,在推门时,门会绕铅垂的门轴转动。如果推力的作用线与门轴平行或相交,显然无论用多大的力,门都不会转动;如果推力在垂直于门轴的平面内且不与门轴相交,就可以把门推开。

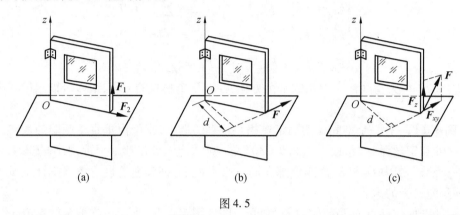

图 4.5

假设作用于门上的力 F 的方向是任意的,这时可以将力 F 在作用点处分解为平行于门轴 z 的力 F_z 和垂直于门轴 z 的力 F_{xy},如图 4.5(c) 所示。由经验可知,分力 F_z 不能使门转动,所以力 F 对门产生的转动效应完全取决于垂直于门轴 z 的平面内的分力 F_{xy}。若分力 F_{xy} 所在平面与门轴 z 的交点为 O,则力 F_{xy} 对门轴之矩可以用该力对 O 点之矩来计算。假设 O 点到力 F_{xy} 的作用线的距离为 d,则

$$M_z(F) = M_O(F_{xy}) = \pm F_{xy} d \tag{4.8}$$

这时,力 F 对门轴 z 的矩就转化为力 F 在 Oxy 平面上的投影力 F_{xy} 对平面 Oxy 与 z 轴的交点 O 之矩。因此,力对轴之矩等于此力在垂直于该轴的平面上的投影力对该轴与此平面的交点之矩。力对轴之矩的单位与力对点之矩一样,也是牛顿·米(N·m)。力对轴之矩是代数量,正负号只表示力对物体的转动作用方向。一般规定逆着转轴的正向看,逆时针转向为正,顺时针转向为负。当力的作用线与转轴相交或平行时,力对该轴之矩为零。平面内力对点的合力矩定理也可以应用到力对轴之矩上,即合力对某轴之矩等于它的分力对该轴之矩的代数和,这就是力对轴之矩的合力矩定理。

【例 4.3】　如图 4.6(a) 所示,某托架套在转轴 z 上,在 C 点作用一个力 $F = 200$ N,其他几何关系如图中所示,试求力 F 对 z 轴之矩。

解　如图 4.6(b) 所示,将力 F 沿坐标轴方向分解为三个分力 F_x、F_y、F_z,其大小分别为

$$F_x = F\cos\theta\sin\varphi = \frac{10F}{\sqrt{10^2 + 30^2 + 50^2}} = 200 \times 0.169 = 33.8 \ (\text{N})$$

$$F_y = F\cos\theta\cos\varphi = \frac{30F}{\sqrt{10^2 + 30^2 + 50^2}} = 200 \times 0.507\,1 = 101.42 \ (\text{N})$$

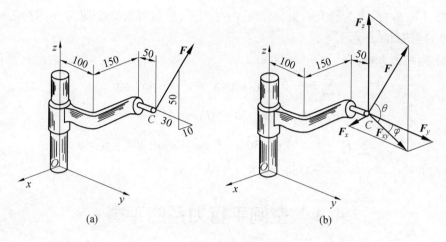

图 4.6

$$F_z = F\sin\theta = \frac{50F}{\sqrt{10^2 + 30^2 + 50^2}} = 200 \times 0.845\,2 = 169.04\ (\text{N})$$

由合力矩定理得

$$M_z(\boldsymbol{F}) = M_z(\boldsymbol{F}_x) + M_z(\boldsymbol{F}_y) + M_z(\boldsymbol{F}_z)$$
$$= -F_x \times (0.1 + 0.05) - F_y \times 0.15 + 0$$
$$= 20.28\ (\text{N} \cdot \text{m})$$

【例4.4】 如图4.7所示,用起重杆吊起重物。起重杆的A端通过固定铰链支座连接在地面上,B端用分别固定在墙上C和D点的绳CB和DB拉住,CD连线平行于x轴。已知$CE = EB = DE, \alpha = 30°, G = 10$ kN。如果起重杆的重力不计,试求起重杆所受到的压力和绳子的拉力。

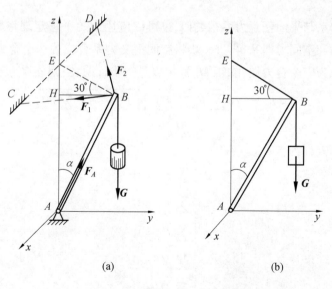

图 4.7

解　（1）取杆 AB 为研究对象，画出它的受力图；根据力系特点，建立空间直角坐标系 $Axyz$，如图 4.7（b）所示。

（2）列平衡方程，有

$$\sum F_x = 0, \quad F_1\sin 45° - F_2\sin 45° = 0$$

$$\sum F_y = 0, \quad F_A\sin 30° - F_1\cos 45°\cos 30° = 0$$

$$\sum F_z = 0, \quad F_A\cos 30° + F_1\cos 45°\sin 30° - G = 0$$

解此方程组得 $F_1 = F_2 = 3.54$ kN，$F_A = 8.66$ kN。

4.4　空间平行力系的平衡

当空间平行力系中各力的作用线与空间直角坐标系的 z 轴平行时，无论力系是否平衡，力系中各力在 x、y 轴上的投影都是零，且各力对 z 轴的力矩也是零，因此，空间平行力系的平衡方程为

$$\begin{cases} \sum M_z(\boldsymbol{F}_i) = 0 \\ \sum M_x(\boldsymbol{F}_i) = 0 \\ \sum M_y(\boldsymbol{F}_i) = 0 \end{cases} \tag{4.9}$$

可见，空间平行力系的平衡方程也由三个独立方程组成，最多只能求出三个未知量。

4.5　空间任意力系

空间任意力系与平面任意力系相类似，也可以应用力的平移定理将原力系简化为一个空间汇交力系和空间力偶系，再进一步将空间汇交力系合成为一个合力（主矢 $\boldsymbol{F}_R'$），将空间力偶系合成为一个合力偶（主矩 M_O），可以进一步证明，空间任意力系的平衡条件是

$$F_R' = F_R = \sqrt{(\sum F_{ix})^2 + (\sum F_{iy})^2 + (\sum F_{iz})^2}$$

$$M_O = 0$$

对应的平衡方程为

$$\begin{cases} \sum F_{ix} = 0 \\ \sum F_{iy} = 0 \\ \sum F_{iz} = 0 \\ \sum M_x = 0 \\ \sum M_y = 0 \\ \sum M_z = 0 \end{cases} \tag{4.10}$$

可以注意到,空间任意力系平衡方程有六个独立的方程,最多可以求出六个未知量。求解空间任意力系作用下物体的平衡问题,其步骤与求解平面任意力系的平衡问题的思路一样:首先选取研究对象,进行受力分析,画受力图;其次建立合适的坐标系,根据力系的特点选择对应的方程组,列方程,求出未知量。需要指出的是,要根据力系的特点建立坐标系,尽可能地使方程中的未知量最少,以方便计算。另外,根据实际问题的需要,方程组中的方程可以不必都列出,只要求出所有未知量即可。

【例4.5】　在图4.8所示的传动轴中,作用于齿轮上的啮合力 F_n 推动轴 AB 做匀速转动。已知力 F_n 的作用点 Q 到轴线 AB 的距离为 120 mm,且力 F_n 与过 Q 点的切线夹角为 20°。皮带轮上皮带紧边的拉力 $F_{T1} = 200$ N,松边的拉力 $F_{T2} = 100$ N,皮带轮的直径 $d = 160$ mm,其他尺寸如图4.8所示。试确定力 F_n 的大小和轴承 AB 处的约束力。

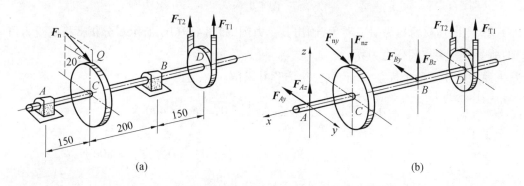

(a)　　　　　　　　　　　　　　　　(b)

图4.8

解　(1) 选皮带轮、齿轮和轴组成的系统为研究对象,画出系统的受力图,如图4.8(b) 所示。

(2) 建立空间直角坐标系 $Axyz$,并列出空间任意力系的平衡方程为

$$\sum F_{ix} = 0$$

$$\sum F_{iy} = 0, \quad -F_{Ay} + F_{ny} - F_{By} = 0$$

$$\sum F_{iz} = 0, \quad F_{Az} + F_{Bz} + F_{T1} + F_{T2} - F_{nz} = 0$$

$$\sum M_x = 0, \quad -F_{ny} \cdot 120 + (F_{T1} - F_{T2}) \frac{d}{2} = 0$$

$$\sum M_y = 0, \quad -150 F_{nz} + 350 F_{Bz} + 500 (F_{T1} + F_{T2}) = 0$$

$$\sum M_z = 0, \quad -150 F_{ny} + 350 F_{By} = 0$$

解此方程组得 $F_{ny} = 71$ N,$F_{Ay} = 38.1$ N,$F_{Az} = 142$ N,$F_{By} = 28.6$ N,$F_{Bz} = -418$ N。

结果的负号说明实际方向与图中假设方向相反。

【例4.6】　如图4.9(a) 所示,一重力大小为 $G = 100$ N 的均质薄板用止推轴承 A、B 和绳索 CE 支持在水平面上,薄板可以绕水平轴 AB 转动。在板上作用一个力偶 M 使薄板处于平衡状态。已知 $a = 3$ m,$b = 4$ m,$h = 5$ m,$M = 200$ kN·m,试求绳子的拉力和轴承 A、B 的约束反力。

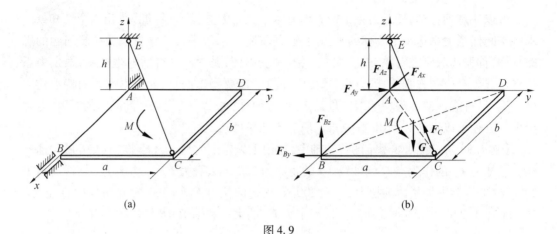

图 4.9

解 取均质薄板为研究对象,画出其受力图,如图4.9(b)所示。分析薄板的受力可知,所受力系为空间任意力系。

建立空间直角坐标系 $Axyz$,列平衡方程并求解。

$$\sum F_{ix} = 0, \quad F_{Ax} - F_C \times \frac{\sqrt{2}}{2} \times \frac{4}{5} = 0, \quad F_{Ax} = 400 \text{ N}$$

$$\sum F_{iy} = 0, \quad -F_{By} + F_{Ay} - F_C \times \frac{\sqrt{2}}{2} \times \frac{3}{5} = 0, \quad F_{Ay} = 800 \text{ N}$$

$$\sum F_{iz} = 0, \quad F_{Az} + F_{Bz} + F_C \times \frac{\sqrt{2}}{2} - G = 0, \quad F_{Az} = 500 \text{ N}$$

$$\sum M_x = 0, \quad -G \times \frac{\sqrt{a}}{2} + F_C \times \frac{\sqrt{2}}{2}a = 0, \quad F_C = 707 \text{ N}$$

$$\sum M_y = 0, \quad F_{Bz}b + G \times 0.5b - F_C \times \frac{\sqrt{2}}{2}b = 0, \quad F_{Bz} = 0$$

$$\sum M_z = 0, \quad M - 4F_{By} = 0, \quad F_{By} = 500 \text{ N}$$

【注意】 由于平面力系的平衡方程少,对应的平衡问题比空间力系平衡问题简单易求,因此也可以将空间的平衡问题转化为平面的平衡问题进行求解。即将空间力系向不同的平面投影,从而将空间力系的平衡问题转化为几个平面的平衡问题。

4.6 摩 擦

前面讨论物体的平衡问题时,均假设物体间的接触面是光滑的,没有考虑物体间的摩擦。事实上,摩擦在自然界中是普遍存在的,而且在许多问题中,摩擦力对物体的平衡与运动起着主要作用,如制动器靠摩擦刹车、皮带靠摩擦传递运动。另一方面,摩擦的存在给各种机械带来多余的阻力,从而消耗了能量,使机件发热和磨损、精度和效率降低、寿命缩短。因此,研究摩擦的性质及计算很有必要。根据物体间的相对运动情况,可把摩擦分为滑动摩擦和滚动摩擦,而滑动摩擦又分为静滑动摩擦和动滑动摩擦。本节仅对滑动摩擦做重点介绍,关于滚动摩擦请读者自行研究。

4.6.1　滑动摩擦

1. 静滑动摩擦

当两物体在接触面上有相对滑动趋势但仍保持相对静止时,接触面上就存在阻碍相对滑动的力,这种阻力称为静滑动摩擦力,简称静摩擦力。

如图 4.10(a) 所示,在水平面上放一重力为 **G** 的物体 A,在其上加一水平推力 **P**。当 **P** 的大小不太大时,物体仍处于静止状态,这是因为沿接触面存在一个阻碍物体滑动的切向力 **F**,这个力就是静摩擦力。根据物体处于平衡状态可知,静摩擦力的方向与两物体间的相对滑动趋势的方向相反,静摩擦力 **F** 的大小等于水平推力 **P** 的大小。当水平推力 **P** 变化时,只要物体处于静止状态,静摩擦力 **F** 的大小就始终等于水平推力 **P** 的大小,并随水平推力的变化而变化。但静摩擦力并不能无限制地增大,当 **P** 增大到某一临界值时,物体处于将要滑动而未动的临界状态,此时,静摩擦力达到最大值,如图 4.10(b) 所示。若水平推力继续增大,静摩擦力不再增加,物体开始滑动,即失去平衡,如图 4.10(c) 所示。

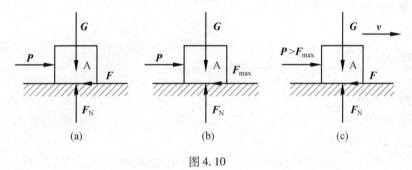

图 4.10

物体处于将动而未动的临界状态时对应的静摩擦力的最大值称为最大静摩擦力,记为 F_{max}。所以,静摩擦力的大小的取值范围为

$$0 \leq F \leq F_{max} \tag{4.11}$$

总之,当物体处于静止状态时,所受的静摩擦力是一个不确定的值,其大小等于引起相对滑动趋势的外力并随此外力的变化而变化,其方向始终与此外力的方向相反。但最大静摩擦力是一个确定的值,其值为

$$F_{max} = fF_N \tag{4.12}$$

式中,F_N 为法向反力的大小;f 为静摩擦系数,它的大小与两物体接触面的材料、表面的光滑程度、温度、湿度等因素有关,可由试验测定。

式(4.12) 称为静滑动摩擦定律,表明最大静摩擦力的大小与法向反力的大小成正比,方向与两物体间的相对滑动趋势的方向相反。

常用材料的静摩擦系数见表 4.1。

表 4.1　常用材料的滑动摩擦系数

材料	静摩擦系数 f		动摩擦系数 f'	
	无润滑	有润滑	无润滑	有润滑
钢 – 钢	0.15	0.1 ~ 0.12	0.15	0.05 ~ 0.10
钢 – 软钢	—	—	0.2	0.1 ~ 0.2
钢 – 铸铁	0.3	—	0.18	0.05 ~ 0.15
钢 – 青铜	0.15	0.1 ~ 0.15	0.15	0.1 ~ 0.15
软钢 – 铸铁	0.2	—	0.18	0.05 ~ 0.15
软钢 – 青铜	0.2	—	0.18	0.07 ~ 0.15
铸铁 – 铸铁		0.18	0.15	0.07 ~ 0.12
铸铁 – 青铜	—	—	0.15 ~ 0.2	0.07 ~ 0.15
青铜 – 青铜	—	0.1	0.2	0.07 ~ 0.1
软钢 – 槲木	0.6	0.12	0.4 ~ 0.6	0.1
木材 – 木材	0.4 ~ 0.6	0.1	0.2 ~ 0.5	0.07 ~ 0.15
皮革 – 铸铁	0.3 ~ 0.5	0.15	0.3	0.15
橡皮 – 铸铁	—	—	0.8	0.5
麻绳 – 槲木	0.8	—	0.5	—

2. 动滑动摩擦

当两物体在接触表面间有相对滑动时,接触面上存在的阻碍相对滑动的阻力称为动滑动摩擦力,简称动摩擦力。

动摩擦力的方向与两物体间的相对滑动的方向相反,动摩擦力的大小 F' 也与法向反力 F_N 的大小成正比,即

$$F' = f'F_N \tag{4.13}$$

式中,f' 为动摩擦系数,它的大小除与两物体接触面的材料、表面的光滑程度、温度、湿度等因素有关,还与两物体间的相对运动速度有关,随相对运动速度的增大而减小,一般情况可认为是常数,其值可由试验测定。

式(4.13)称为动滑动摩擦定律。常用材料的动摩擦系数见表4.1。

4.6.2　摩擦角和自锁现象

1. 摩擦角的概念

如图4.11所示,在考虑摩擦时,支撑面对物体施加的约束包括法向反力 F_N 和切向反力(摩擦力)F,二者的合力 F_R 称为全反力。全反力与法向间的夹角用 φ 表示,φ 随着摩擦力 F 的增加而增大,当摩擦力 F 达到最大值,即为最大静摩擦力时,φ 也达到最大值 φ_m,φ_m 称为摩擦角。

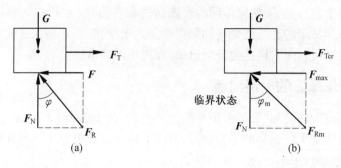

图 4.11

由图 4.11 可知,有

$$\tan \varphi_m = \frac{F_{max}}{F_N} = \frac{fF_N}{F_N} = f \tag{4.14}$$

式(4.14) 表明,摩擦角的正切值等于物体间的静摩擦系数,即摩擦角的大小取决于物体接触面的材料、表面的光滑程度等因素。摩擦角与摩擦系数一样,也是表明物体间摩擦性质的物理量。

2. 自锁

如图 4.12(a) 所示的螺杆,螺纹可以看成绕在一圆柱上的斜面,螺纹的升角 α 就是斜面的倾角,如图 4.12(b)、(c) 所示。螺母相当于斜面上的滑块,其受力如图 4.12(d) 所示,加在螺母上的力 F 相当于滑块上的主动力,斜面的全反力为 F_R。当滑块平衡时,F 和 F_R 必然共线,而 F_R 与法向间的夹角不能超过摩擦角,即 $\varphi \leqslant \varphi_m$,因此平衡时也必然满足 $\alpha \leqslant \varphi_m$。显然,这一条件与主动力的大小无关。

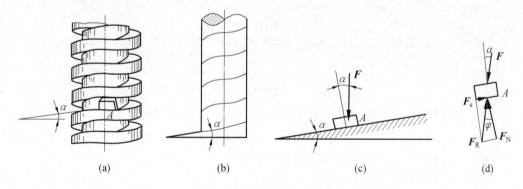

图 4.12

同样,当物体同时受多个主动力作用时,只要主动力的合力作用线与法向间的夹角满足上述条件,物体就处于静平衡状态,即作用于物体上的主动力的合力,不论其大小如何,只要其作用线与接触面法线间的夹角小于摩擦角,物体便处于静止状态,这种现象称为自锁。

例如,在建筑工地堆放砂、石子时,能够堆起的最大坡角就是松散物质间的摩擦角,用该角可以测算出一定面积的场地能堆放的松散物质的数量;在现浇钢筋混凝土梁的施工过程中,模板需要立柱支撑,并在立柱和模板之间打入楔块以便调节柱高,要使楔块不滑出,其顶角就要小于它与上、下两物体间的摩擦角之和。另外,在一些问题中要避免自锁现象的发生,如自卸货车的车斗能翻转的角度必须大于摩擦角,才能保证货车车斗内的货物倾泻干净;水闸闸门启闭时应避免发生自锁,以防止闸门卡住。

4.6.3　考虑摩擦的平衡问题

由于静摩擦力在非临界状态的取值有一定的范围,因此在解决考虑摩擦的平衡问题时,首先要考虑物体处于什么样的平衡状态,对应的问题大致可分为下列几种情况。

1.非临界状态的静平衡问题

这类问题中的静摩擦力还未达到最大值,是未知的约束反力,其值由平衡方程确定。

2.临界状态的静平衡问题

当物体处于临界状态的静平衡时,静摩擦力达到最大值,属已知力的范畴,其值根据静滑动摩擦定律可求。

3.平衡范围问题

此时由于静摩擦力的值在一定的范围内,因此对应的某些主动力和约束反力的值也在一定的范围内。求解这类问题时,可先求出两个相反方向的静平衡临界状态的未知力,然后对结果进行分析,从而得出平衡范围。

【例4.7】　如图4.13(a)所示,重力为 P 的物块,放在倾角为 θ 的斜面上,它与斜面间的静摩擦系数为 f,在水平推力 F_1 的作用下处于静止。求水平推力的大小。

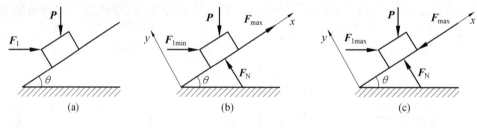

图 4.13

解　物块处于静止状态,即其既不能上滑,也不能下滑,因此要求推力 F_1 既不能过大也不能过小,其值应在一定的范围内,属于求平衡范围问题。求解这类问题,只要求出物块即将上滑和即将下滑的临界状态时的推力即可。

(1) F_1 的最小值 F_{1min}。

当 F_1 最小时,物块处于即将下滑的临界状态,最大静摩擦力 F_{max} 沿斜面向上,受力图如图4.13(b)所示。列平衡方程,有

$$\sum F_{ix} = 0, \quad F_{1min}\cos\theta - P\sin\theta + F_{max} = 0$$
$$\sum F_{iy} = 0, \quad F_N - P\cos\theta - F_{1min}\sin\theta = 0$$
$$F_{max} = fF_N$$

解得

$$F_{1min} = \frac{\tan\theta - f}{1 + f\tan\theta}P$$

(2) F_1 的最大值 F_{1max}。

当 F_1 最大时,物块处于即将上滑的临界状态,最大静摩擦力沿斜面向下,受力图如图 4.13(c) 所示。列平衡方程,有

$$\sum F_{ix} = 0, \quad F_{1max}\cos\theta - P\sin\theta - F_{max} = 0$$

$$\sum F_{iy} = 0, \quad F_N - P\cos\theta - F_{1max}\sin\theta = 0$$

$$F_{max} = fF_N$$

解得

$$F_{1max} = \frac{\tan\theta + f}{1 - f\tan\theta}P$$

综合以上的结果知,物块平衡时,F_1 必须满足 $F_{1min} \leqslant F_1 \leqslant F_{1max}$,即

$$\frac{\tan\theta - f}{1 + f\tan\theta}P \leqslant F_1 \leqslant \frac{\tan\theta + f}{1 - f\tan\theta}P$$

【例 4.8】　如图 4.14 所示的均质木梯长为 $2a$,重力为 G,其一端放在地面上,另一端放在铅垂墙面上,接触面间的摩擦角为 φ_m。求木梯平衡时倾角的取值范围。

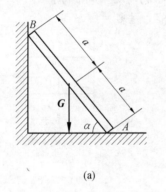
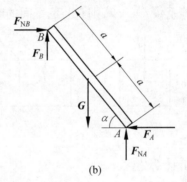

(a)　　　　　　　　　　　(b)

图 4.14

解　以木梯为研究对象,画受力图。取木梯平衡的临界状态,A、B 处的静摩擦力如图 4.14(b) 所示。列平衡方程,有

$$\sum F_{ix} = 0, \quad F_{NB} - F_A = 0$$

$$\sum F_{iy} = 0, \quad F_{NA} + F_B - G = 0$$

$$\sum M_B(\boldsymbol{F}_i) = 0, \quad F_{NA} \cdot 2a\cos\alpha - F_A \cdot 2a\sin\alpha - G \cdot a\cos\alpha = 0$$

由 $F_{max} = fF_N$ 有

$$F_A = F_{NA}\tan\varphi_m, \quad F_B = F_{NB}\tan\varphi_m$$

联立上述方程,解得

$$\tan\alpha = \frac{1 - \tan^2\varphi_m}{2\tan\varphi_m} = \tan\left(\frac{\pi}{2} - 2\varphi_m\right)$$

即 $\alpha = \dfrac{\pi}{2} - 2\varphi_m$。

则木梯平衡时倾角的取值范围为

$$\frac{\pi}{2} - 2\varphi_m \le \alpha \le \frac{\pi}{2}$$

思考与练习

一、分析简答题

1. 摩擦力一定是阻力吗?

2. 要改变一个机构的自锁条件,应从哪几个方面去考虑?

3. 自重为 G 的物块放置于水平地面上,受力如图 4.15 所示,请问是拉省力还是推省力? 若 $\alpha = 30°$,静摩擦系数为 0.25,试求在物体将要滑动的临界状态下,F_1 与 F_2 的大小相差多少。

4. 为什么在拉车时路面越硬、轮胎的气压越大就越省力?

5. 如图 4.16 所示,一重力大小为 $G = 100$ N 的物块,在力 $F = 400$ N 作用下处于平衡状态,已知物块与墙壁之间的静摩擦系数 $f = 0.3$,求它与墙壁间的摩擦力 F_f。若物块与墙壁之间的静摩擦系数 $f = 0.2$,则它与墙壁间的摩擦力是多大?

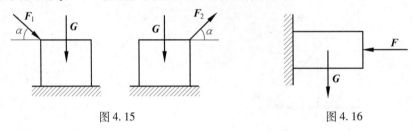

图 4.15　　　　　　　　　　　　　图 4.16

二、分析计算题

1. 已知物体重力大小 $G = 100$ N,斜面倾角 $\alpha = 30°$,如图 4.17 所示,物块与斜面间的摩擦系数 $f = 0.38$,$f' = 0.37$,求物块与斜面间的摩擦力。物体在斜面上是静止、下滑还是上滑? 如果物块沿斜面向上运动,求施加于物块并与斜面平行的力 F 至少应为多大。

2. 重力大小为 500 N 的物体 A 置于重力大小为 400 N 的物体 B 上,B 又置于水平面 C 上,如图 4.18 所示。已知静摩擦系数 $f_{AB} = 0.3$,$f_{BC} = 0.2$,若在 A 上作用一个与水平面成 30° 角的力 F,当力 F 逐渐增大时,是 A 先滑动还是 A、B 一起滑动? 如果物体 B 重力大小为 200 N,情况又如何呢?

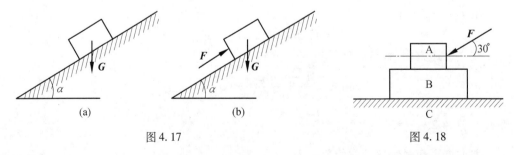

(a)　　　　　　　　　　(b)

图 4.17　　　　　　　　　　　　　图 4.18

3. 如图4.19所示,砖夹的宽度为25 cm,曲轴 AHB 与 $HCED$ 在 H 点处铰接。砖的重力为 G,提砖的合力 F 作用在砖夹的对称中心上。如砖夹与砖之间的静摩擦系数 $f = 0.5$,b 应为多大才能把砖夹起?(b 是 H 点到砖块所受正压力作用线的距离)

4. 均质梯长为 l,重力为 G,B 端靠在光滑铅直墙上,如图4.20所示,已知梯与地面之间的静摩擦系数 f,平衡时 θ 为多大?

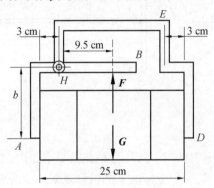

图4.19

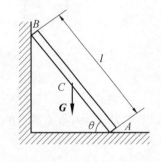

图4.20

5. 如图4.21所示,欲转动一个放置在 V 形槽中的棒料,需要用一个力偶,力偶矩 $M = 1\,500$ N·cm,棒料直径 $D = 25$ cm。试求棒料与 V 形槽之间的静摩擦系数 f。

6. 如图4.22所示,AO、BO、CO 三杆在点 O 点用球铰铰接,A、B、C 三点铰接于墙上,其中 AO、BO 位于水平面内且 $AO = BO$,D 为 AB 中点,平面 COD 与三角形 AOB 所在平面垂直。已知 O 点所挂重物重力大小为 $P = 1\,000$ N,求三杆受力各为多少。

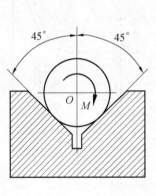

图4.21

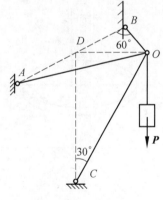

图4.22

7. 三轮起重车可以简化为如图4.23所示。已知车身重力大小为 $G = 15$ kN,重力作用线通过平面 ABC 内的 D 点,A 点和 D 点的连线延长后垂直平分线段 BC。起吊重物重力大小为 $W = 5$ kN,W 的作用线通过 ABC 平面内的 E 点。求地面对起重车各轮的约束反力。

8. 扒杆如图4.24所示,立柱 AB 用 BG 和 BH 两根缆绳拉住,并在 A 端用球铰约束,扒杆的 D 端悬吊重力大小为 $W = 20$ kN 的重物。求两根缆绳的拉力和支座反力。

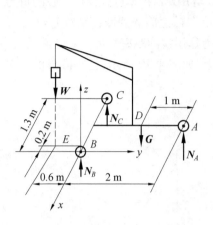

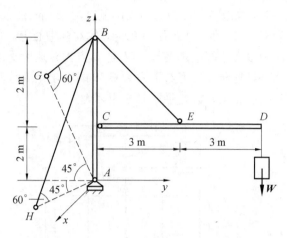

图 4.23　　　　　　　　　　　　　　　　图 4.24

9. 如图 4.25 所示,水平放置的轮上 A 点作用一个力 F,力 F 在铅垂平面内,与水平面成 30° 角,F = 1 kN,h = R = 1 m。试求力 F 在三个坐标轴上的投影及对 z 轴的矩。

10. 用两根杆 AB、AC 和一根绳索 AD 悬挂起一重物,如图 4.26 所示。已知 G = 1 kN, α = 30°,β = 60°,求两根杆和绳索所受的力。

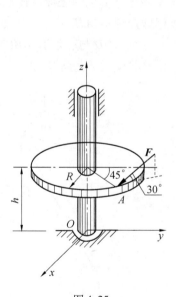

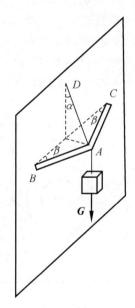

图 4.25　　　　　　　　　　　　　　　　图 4.26

11. 如图 4.27 所示,O_1 和 O_2 两个圆盘和水平轴 AB 固连,O_1 盘面垂直于 z 轴,O_2 盘面垂直于 x 轴,盘面上分别作用有力偶 $M_1(F_1,F_1')$、$M_2(F_2,F_2')$。已知 F_1 = 3 kN,F_2 = 5 kN,AB = 80 cm。若两圆盘半径都为 r = 20 cm,杆件自重不计,试计算轴承 A 和 B 处的约束反力。

12. 如图 4.28 所示,三根轻质杆 AB、AC 和 AD 在 A 点处铰接,各杆与水平面的夹角分别是 45°、45° 和 60°。试求在与 OD 平行的力 F 作用下,各杆所受的力。已知 F = 0.6 kN。

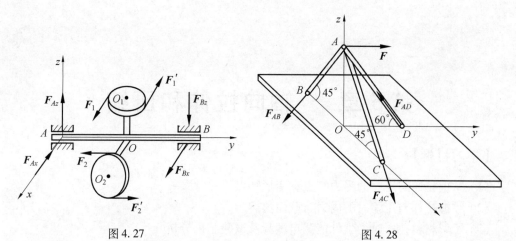

图 4.27 图 4.28

13. 如图 4.29 所示,作用于半径为 120 mm 的齿轮上的啮合力 F 推动皮带轮绕水平轴 AB 做匀速转动,已知皮带轮的紧边拉力为 200 N,松边拉力为 100 N。试求力 F 的大小以及轴承 A、B 的约束反力。

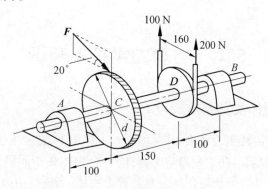

图 4.29

14. 如图 4.30 所示,某轴以 A、B 两轴承支持,圆柱直齿轮的节圆直径 $d = 17.3$ cm,压力角 $\alpha = 20°$。在法兰盘上作用一力偶矩为 $M = 1\,030$ N·m 的力偶,轮轴自重和摩擦不计。求轴匀速转动时的啮合力 F,以及 A、B 轴承的约束反力(图中尺寸单位:cm)。

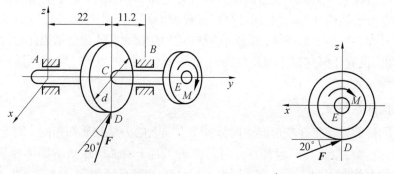

图 4.30

第5章　轴向拉伸和压缩

【学习目标】

(1) 掌握拉伸与压缩的受力特点和变形特点。

(2) 掌握拉伸与压缩时的内力与截面法。

(3) 了解材料拉压时力学性能测定试验及试验结果分析。

(4) 掌握拉压应力及变形计算。

(5) 掌握拉压胡克定律的表达式及适用范围和应用。

(6) 掌握强度条件及应用。

(7) 了解超静定问题。

5.1　材料力学基本知识

5.1.1　变形固体及其基本假设

构件材料多种多样,性质也各不相同,但在外力作用下,都会发生形状和尺寸的改变,这是一个不可忽略的因素。在工程力学中,对同一个物体在不同研究范畴内应建立不同的力学模型,如当进行外力分析时把研究对象视为刚体,当进行内力分析时把研究对象视为变形固体。当研究构件的承载能力与变形间的关系时,为便于分析计算,对变形固体提出了如下的假设,从而抽象出一个理想化的模型。

1. 均匀连续性假设

均匀连续性假设是指在变形固体内部没有空隙、各处的性质完全相同。实际上固体物质的内部分子结构并不均匀,而且存在着程度不同的缩孔与缩松。但力学只从统计平均的宏观方面去考察变形固体,忽略这些微小因素的影响,认为变形固体的内部材料是密实和连续的,没有任何空隙。因此,在研究变形固体内一些力学量和变形的关系时,可以应用连续性函数。

2. 各向同性假设

各向同性假设是指在变形固体内部各个方向上的力学性质都相同。对于均匀的非金属材料而言(如混凝土),一般都是各向同性的。对于由晶体组成的固体材料(如金属),每个单一的晶体在不同方向上有不同的机械性质。当有无数个晶体杂乱无章地排列时,在宏观上并不显示出方向上的力学性质差异。因此,可用统计平均的观点将它们看成是各向同性的。

与各向同性材料相对的是各向异性材料,它们在各个方向上具有不同的性质,如木材、冷拔的钢丝、胶合板、复合材料层板等。

3. 小变形条件

构件在力作用下产生的变形可分为两种:一种是弹性变形,其在外力消除后消失,构件能恢复原样;另一种是塑性变形,其在外力消除后不能全部消失,留有残余。一般情况下,构件受外力作用时,既发生弹性变形又发生塑性变形。但是工程中常用的材料,在荷载不超过一定范围时,塑性变形很小,可忽略不计。只产生弹性变形的外力范围称为弹性范围。材料力学所研究的,只限于构件在弹性范围内发生的小变形问题。

5.1.2　杆件变形的基本形式

在建筑力学中,把长度方向的尺寸远大于横截面尺寸的一类构件称为杆件,杆件中各横截面形心的连线称为轴线。轴线为直线的杆件称为直杆,其中,各横截面尺寸和形状相同的直杆,称为等直杆。轴线为曲线的杆件称为曲杆。杆件是结构系统中最基本的构件,它在工程实际中大量存在,很多其他形式的构件,也可以简化为一根杆件或杆件的组合结构来处理。例如,桥梁,机器连杆,建筑物中的横梁、立柱等,都可以简化为杆件来进行受力分析。

杆件在各种荷载作用下将产生各式各样的变形,可以把杆件的变形归纳为下列四种基本变形中的一种,或者是某几种基本变形的组合。

1. 拉伸或压缩变形

当杆件在两端受到大小相等、方向相反、合力作用线与轴线重合的一对作用力时,杆件就产生轴向拉伸或压缩变形,即变形特点为杆件沿轴线方向伸长或缩短。如图 5.1 所示的结构,在 B 点受到力作用后,AB 杆产生轴向拉伸变形,BC 杆则产生轴向压缩变形。

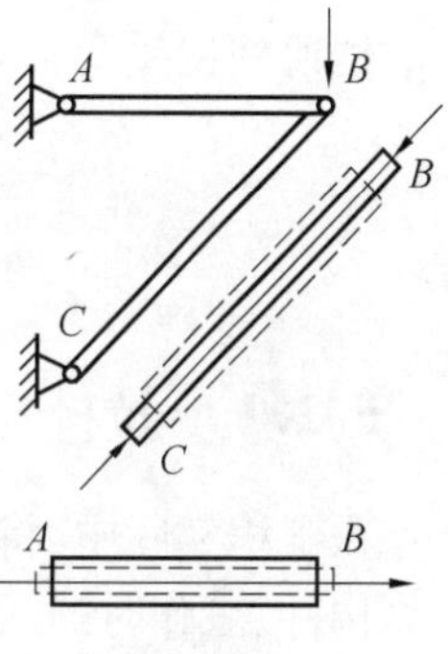

2. 剪切变形

图 5.2 所示直杆发生的变形就是剪切变形,其受力特点是作用在构件两侧面上的横向外力的合力大小相等、方向相反、作用线相距很近;其变形特点是两力间的横截面发生相对错动。

图 5.1

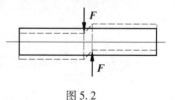

图 5.2

3. 扭转变形

图 5.3 所示为齿轮轴传动装置,其圆轴上发生的主要为扭转变形。这种变形是由大小相等、转向相反、作用面垂直于轴线的两个力偶作用产生的。扭转变形的特点是杆件轴线上任意两个横截面绕轴线做相对转动,产生相对扭转角。在工程上,承受扭转变形的构件很多,如汽车的转向轴、机械传动轴等。

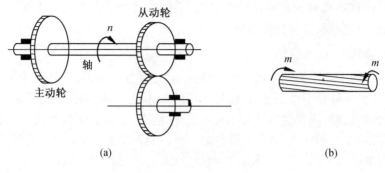

(a)

(b)

图 5.3

4. 弯曲变形

如图 5.4 所示,当杆件受到与其轴线垂直的力作用后,就会产生弯曲变形。其变形特点是杆件轴线由直线变成一光滑连续曲线。建筑物中的横梁、刚架等,就主要产生弯曲变形。

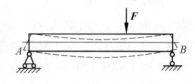

图 5.4

杆件的复杂变形则是上述基本变形的组合形式。例如,机械齿轮轴常常受到扭转与弯曲的联合作用,两种变形同时发生。又如,房屋结构中的框架柱主要产生压弯组合变形。

5.2 轴向拉(压)杆的内力

5.2.1 拉杆与压杆

在工程实际中,将主要承受轴向拉伸或压缩的杆件称为拉杆或压杆。例如,结构中的二力构件、工作时的活塞杆(图 5.5)、桁架中的各杆(图 5.6)。上述各杆具有共同的受力特点:作用在杆端各外力的合力作用线与杆的轴线重合。

拉杆或压杆的变形特点:杆件沿轴线方向伸长或缩短。

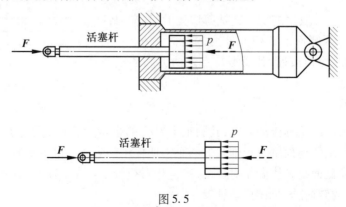

图 5.5

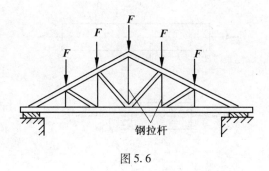

图 5.6

5.2.2　内力

1. 内力的概念

构件内部各部分之间存在相互作用力,以维护构件各部分间的联系及构件的形状和尺寸。当构件受到外力作用时,会发生对应的变形,使构件内部各部分间的相对位置发生变化,从而引起各部分之间相互作用力发生改变,这种由外力作用引起的构件内部各部分之间相互作用力的改变量,称为附加内力,即内力。

不同的外力作用会引起不同的变形,而变形不同的构件中存在着不同的内力。内力的特点是:由外力引起,随外力增大而增大,随外力减小而减小,当外力为零时也为零。当内力达到某一极限值时,构件便发生破坏。对于确定的材料,内力的大小及在构件内部的分布方式与构件的承载能力密切相关,因此,内力的分析是研究构件的强度、刚度、稳定性的基础。

2. 截面法

由于内力是物体的一部分与另一部分的截面间的相互作用力,因此在研究构件的内力时,必须用一平面将构件假想地截开成为两段,使截面上的内力暴露出来,然后研究其中一段,根据平衡条件求得内力的大小和方向。这种研究方法称为截面法。

用截面法求内力的方法,与外力分析方法中的求约束反力的方法在本质上没有区别,具体的求解步骤如下。

（1）假想截开。用截面将杆件在需要求内力的位置假想地截为两段。

（2）内力代替。弃去其中的任一段,取另一段为研究对象,用内力代替弃去的部分对留下部分的作用,在留下部分的截面上画出内力。

（3）平衡定值。根据研究对象的平衡条件,求出内力的大小和方向。

5.2.3　轴力

1. 轴力的概念

轴力是指作用线在轴线上的内力,用 F_N 或 N 表示。如图 5.7（a）所示的拉杆 AB,采用截面法求该杆件某横截面上的轴力时可按以下的步骤进行。

用 1—1 截面将杆件假想地截为两段,如图 5.7（b）、（c）所示。

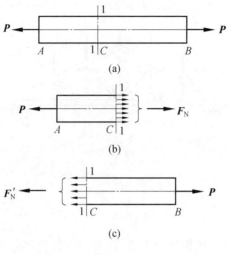

图 5.7

取 AC 段为研究对象,根据平衡条件可知,在留下部分的 1—1 截面上的内力必然也作用在杆的轴线上,即为轴力。由平衡方程 $\sum F_{ix} = 0$ 可得

$$F_N - P = 0$$

即

$$F_N = P$$

取 CB 段为研究对象,同理可得

$$F'_N = P$$

显然,F_N 和 F'_N 构成作用力和反作用力的关系,故求得 F_N 之后,F'_N 即可直接写出。

综上所述,某截面上的轴力在数值上等于截面任意一侧的轴向外力的代数和,即

$$F_N = (左或右侧) \sum F_i \tag{5.1}$$

式中,F_N 为拉(压)杆某截面上的轴力;F_i 为轴向外力。

为了明确表示杆件在横截面上是受拉还是受压,并保证任取一侧所求结果相同,通常规定轴力带有正负号,即使截面受拉的轴力为正、使截面受压的轴力为负。同时规定使截面受拉的外力为正,使截面受压的外力为负。

2. 内力图

内力沿轴线变化规律的函数图形,称为内力图,是用与杆件轴线平行的轴表示截面位置,用与杆件轴线垂直的轴表示内力值,所画出的整个构件各截面内力值的图。内力图的作图步骤如下。

(1) 外力分析,即求出约束反力后由外力确定变形形式。

(2) 选坐标,列内力方程。

(3) 根据内力的函数方程作图。

为了简捷、直观、正确地作出内力图,可以假想用一个刚性屏蔽面将杆件的弃去部分屏蔽起来,免去用假想截面将杆件切开的过程,而直接对未屏蔽的部分进行受力分析,根据未屏蔽部分的外力求出截面上的内力大小及正负。

3. 轴力图

当杆件受到多个沿轴线的外力作用而处于平衡状态时,杆件各横截面上轴力的大小、方向将有差异。为直观地表示各横截面轴力变化的情况而画出的轴力沿轴线变化的图形称为轴力图。采用屏蔽法作轴力图的步骤可参考例 5.1。

【例 5.1】　图 5.8(a)所示为一等直杆受力图,试求其各段轴力并绘出轴力图。

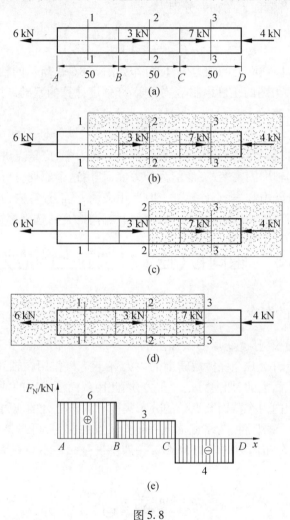

图 5.8

解　(1)外力分析。

杆上共作用 4 个外力,由于所有外力都作用在杆的轴线上,因此杆发生轴向拉、压变形,内力为轴力。

(2)内力分析。

1—1 截面上的轴力分析:如图 5.8(b)所示,用一个假想刚性屏蔽面将 1—1 截面以右的部分屏蔽起来,根据

$$F_N = (左) \sum F_i$$

可得

$$F_{N1} = 6 \text{ kN}$$

即 AB 段各截面上的轴力

$$F_{NAB} = 6 \text{ kN}$$

同理,分别将2—2截面以右、3—3截面以左的部分屏蔽起来,如图5.8(c)、(d)所示,可得 BC 段和 CD 段各截面上的轴力分别为

$$F_{NBC} = 3 \text{ kN}$$

$$F_{NCD} = -4 \text{ kN}$$

(3) 根据杆件各段截面上的轴力值,即可作如图5.8(e)所示的轴力图。

【提示】 (1)轴力图的正确绘制是拉(压)杆强度计算的基础,对其他几种变形的内力图理解学习也有影响。

(2) 应注意轴力图正负表示,拉为正、压为负。

(3) 截面法是材料力学的重要方法,贯穿整个材料力学,应重点讲授和学习。

(4) 外力会引起轴力图突变,突变值为外力值,利用这个原理可对轴力图进行检验。

(5) 应注意区分外力和内力,计算外力时要用平衡方程,计算内力时要用截面法。

绘制轴力图参考步骤:外力计算 → 分段截面法算轴力 → 选坐标绘制图形。

5.3　轴向拉(压)杆截面上的应力

5.3.1　应力的概念

用截面法求出的拉(压)变形的截面上的内力是过截面形心、作用在轴线上的集中力,即轴力,但实际上,拉(压)杆横截面上的内力并不是只作用在轴线上的一个集中力,而是分布在整个横截面上的,即内力是分布力,因此用截面法求出的轴力是截面上分布内力的合力。力学中把内力在截面某点处的分布集度称为该点处的应力。

如图5.9(a)所示的杆件,为求截面 m—m 上某点的应力,可过该点的周围取一微小面积 ΔA,设在 ΔA 上分布内力的合力为 ΔF,一般情况下 ΔF 不与截面垂直,则该点的应力为

$$p = \lim_{\Delta A \to 0} \frac{\Delta F}{\Delta A} = \frac{\mathrm{d}F}{\mathrm{d}A} \tag{5.2}$$

式中,p 为该点处的全应力的大小。

全应力 p 是一个矢量,其方向与内力方向相同,使用时常将其分解成与截面垂直的分量 σ 和与截面相切的分量 τ,称与截面垂直的应力 σ 为正应力,与截面相切的应力 τ 为切(剪)应力,如图5.9(b)所示。

在国际单位制中,应力的单位为 Pa(帕),1 Pa = 1 N/m²。在实际应用中,这一单位太小,常用 MPa(兆帕)或 GPa(吉帕),其关系为

$$1 \text{ MPa} = 1 \text{ N/mm}^2 = 10^6 \text{ Pa}$$

$$1 \text{ GPa} = 10^9 \text{ Pa} = 10^3 \text{ MPa}$$

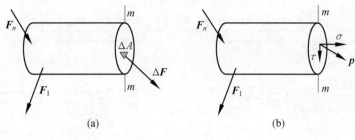

图 5.9

5.3.2　拉(压)杆横截面上的正应力

为了求得拉(压)杆横截面上任意一点的应力,必须了解内力在横截面上的分布规律,这可通过变形试验来分析研究。

如图 5.10 所示,取一等直杆,在杆上画出与杆轴线垂直的横向线 ab 和 cd,再画上与杆轴线平行的纵向线,然后在杆两端沿杆的轴线作用拉力 F,使杆件产生拉伸变形。

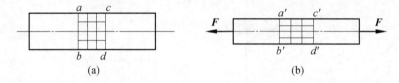

图 5.10

1.试验现象

横向线在变形后均为直线,且都垂直于杆的轴线,但间距增大;纵向线在变形后亦是直线且仍沿着纵向,但间距减小。如图 5.10(b) 所示,所有正方形的网格均变成大小相同的长方形。

2.平面假设

根据上述现象,可作如下假设:变形前的横截面,变形后仍为平面,但沿轴线产生相对平移,仍与杆的轴线垂直。这个假设称为平面假设,它意味着拉杆的任意两个截面之间所有纵向线段的变形相同。

3.应力分布

由材料的均匀连续性假设,可以推断出拉(压)杆的内力在横截面上的分布是均匀的,即横截面上各点处的应力大小相等,其方向与 F_N 一致,垂直于横截面,因此,拉(压)杆横截面上只有均匀分布的正应力,没有切应力,如图 5.11 所示,其计算式为

$$\sigma = \frac{F_N}{A} \tag{5.3}$$

且规定正应力以拉为正,压为负。

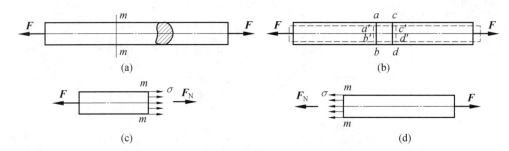

图 5.11

【例 5.2】 图 5.12 所示为一等直杆的受力情况,横截面面积 $A = 10\ \text{cm}^2$。试计算杆内的最大正应力。

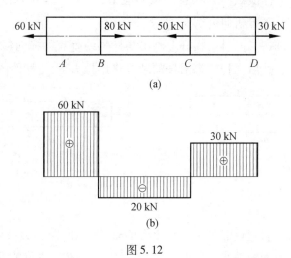

图 5.12

解 由应力的计算公式可知,最大正应力应在内力最大或横截面面积最小处。

(1)画轴力图,确定最大轴力。

轴力图如图 5.12(b)所示,最大轴力为

$$F_{\text{Nmax}} = 60\ \text{kN}$$

(2)确定横截面面积。

$$A = 10\ \text{cm}^2 = 1\ 000\ \text{mm}^2$$

(3)计算最大正应力。

采用牛顿、毫米单位,可得

$$\sigma_{\max} = \frac{F_{\text{N}}}{A} = 60\ \text{MPa}$$

其为拉应力。

【例 5.3】 有阶梯杆如图 5.13(a)所示。设 BD 段的横截面直径 $d_1 = 40\ \text{mm}$, AB 段的横截面直径 $d_2 = 30\ \text{mm}$,试求各段横截面上的应力。

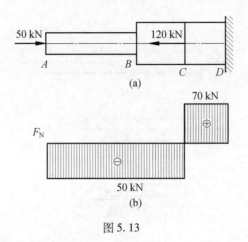

图 5.13

解　作轴力图如图 5.13(b) 所示。

求各段横截面正应力。由于 BC 段杆的横截面面积与 AB 段相比有变化,因此二者虽然轴力相等,但应力不等。

$$\sigma_{CD} = \frac{F_{NCD}}{A_{CD}} = \frac{70 \times 10^3}{\dfrac{3.14 \times 40^2}{4}} = 55.7\ (\text{MPa})$$

$$\sigma_{BC} = \frac{F_{NBC}}{A_{BC}} = \frac{-50 \times 10^3}{\dfrac{3.14 \times 40^2}{4}} = -39.8\ (\text{MPa})$$

$$\sigma_{AB} = \frac{F_{NAB}}{A_{AB}} = \frac{-50 \times 10^3}{\dfrac{3.14 \times 30^2}{4}} = -70.8\ (\text{MPa})$$

【提示】　(1) 除了等直杆以外,小锥度直杆横截面上的应力,也可以用式(5.3)计算。

(2) 以上拉(压)杆横截面上正应力的计算公式是在平面假设的基础上推导的。实际上,在外力作用点附近的区域,由于加载方式的不同,横截面上的应力分布并非均匀,也不一定只有正应力。试验和理论研究指出:外力作用于杆端的方式不同,只会使杆端的距离不大于横向尺寸的范围内的应力分布受到影响,但可以通过加大端部横截面等方法解决。

5.3.3　拉(压)杆斜截面上的应力

为了全面分析拉(压)杆的强度,揭示杆件破坏的原因,还需研究拉(压)杆斜截面上的应力情况。如图 5.14 所示,一等直杆中的斜截面与横截面成 α 角,其上的应力情况分析如下。

斜截面上的内力,仍为轴力,采用截面法,得轴力 $F_{N\alpha} = P$。由横截面上的应力分布特点可知,斜截面上的应力 $\boldsymbol{p}_\alpha$ 也是均匀分布的,其值为

$$p_\alpha = \frac{F_{N\alpha}}{A_\alpha}$$

式中, A_α 为斜截面的面积。

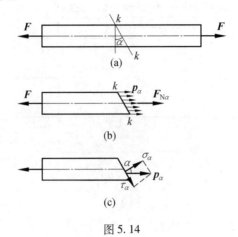

图 5. 14

设横截面的面积为 A, 则 $A_\alpha = \dfrac{A}{\cos \alpha}$, 从而有

$$p_\alpha = \frac{F_N}{A_\alpha} = \frac{F_N}{A} \cos \alpha = \sigma \cos \alpha$$

式中, σ 为杆横截面上的正应力。

由于应力 $\boldsymbol{p}_\alpha$ 既不与面垂直也不与面相切, 是斜截面上的全应力, 可将其分解成正应力和切应力。

正应力为

$$\sigma_\alpha = p_\alpha \cos \alpha = \sigma \cos^2 \alpha \qquad (5.4)$$

切应力为

$$\tau_\alpha = p_\alpha \sin \alpha = \frac{1}{2} \sigma \sin 2\alpha \qquad (5.5)$$

即轴向拉(压)杆斜截面上既有正应力又有切应力, 二者的数值与夹角 α 有关, 且随夹角的变化而变化。

当 $\alpha = 0°$ 时, 为横截面。横截面上只有正应力没有切应力, 且正应力有最大值, 即

$$\sigma_{0°} = \sigma_{max} = \sigma$$

$$\tau_{0°} = 0$$

当 $\alpha = 45°$ 时, 斜截面上切应力有最大值, 即

$$\sigma_{45°} = \frac{1}{2} \sigma$$

$$\tau_{45°} = \tau_{max} = \frac{1}{2} \sigma$$

当 $\alpha = 90°$ 时, 为纵向截面。纵向截面上两种应力都是零, 即

$$\sigma_{90°} = \tau_{90°} = 0$$

也就是说,纵向截面上没有应力,因此当杆发生轴向拉、压变形时,绝对不会在纵向截面发生破坏。

5.4　轴向拉(压)杆的变形

5.4.1　轴向变形及轴向线应变

如前所述,直杆受轴向拉力或压力作用时,杆件会产生沿轴线方向的伸长或缩短。如图 5.15 所示,设杆的原长为 l,变形后的长度为 l_1,则杆长的变形量 Δl 称为轴向绝对变形,即

$$\Delta l = l_1 - l$$

且规定杆件受拉时,Δl 为正值;杆件受压时,Δl 为负值。

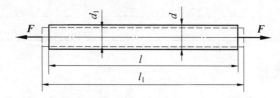

图 5.15

轴向绝对变形 Δl 与杆的原长 l 之比,即单位长度的变形,称为轴向相对变形,亦称纵向线应变,用符号 ε 表示,即

$$\varepsilon = \frac{\Delta l}{l} \tag{5.6}$$

式中,ε 为一个无量纲的量,其正负与 Δl 一致。

5.4.2　横向变形及横向线应变

轴向拉(压)杆在轴向伸长(缩短)的同时,也要发生横向尺寸的减小(增大)。设杆件原横向尺寸为 d,变形后的横向尺寸为 d_1,则杆件的横向变形量 Δd 称为横向绝对变形,即

$$\Delta d = d_1 - d$$

相应地,杆件的横向线应变(横向相对变形)为

$$\varepsilon' = \frac{\Delta d}{d} \tag{5.7}$$

式中,ε' 为一个无量纲的量,其正负与 Δb 一致。

5.4.3　横向变形系数(泊松比)

试验表明,在弹性范围内 ε' 与 ε 之比的绝对值 ν 为一个常数,这是一个无量纲的数,称为横向变形系数或泊松比。

$$\nu = \left| \frac{\varepsilon'}{\varepsilon} \right| \tag{5.8}$$

考虑到 ε' 与 ε 的正负号总是相反的,故有

$$\varepsilon' = -\nu\varepsilon \tag{5.9}$$

常用材料的 ν 值见表5.1。

表5.1　常用材料的 E、ν 值

材料	拉(压)弹性模量 $E/(\times 10^5\ \mathrm{MPa})$	泊松比 ν
低碳钢	2 ～ 2.20	0.24 ～ 0.28
低碳合金钢	1.96 ～ 2.16	0.25 ～ 0.33
合金钢	1.86 ～ 2.06	0.25 ～ 0.30
灰铸铁	1.15 ～ 1.57	0.23 ～ 0.27
木材(顺纹)	0.09 ～ 0.12	—
砖石料	0.027 ～ 0.035	0.12 ～ 0.2
混凝土	0.15 ～ 0.36	0.16 ～ 0.18
花岗岩	0.49	0.16 ～ 0.34

5.4.4　胡克定律

试验证明,在线弹性范围内,轴向拉(压)杆的伸长(缩短)值 Δl 与轴力 F_N 及杆长 l 成正比,而与杆的横截面面积成反比,这就是胡克定律。引入比例常数 E,有

$$\Delta l = \frac{F_N l}{EA} \tag{5.10}$$

E 称为材料的拉(压)弹性模量,是表明材料力学性能的物理量,其量纲及单位均与应力相同。它和泊松比 ν 是材料的两个最基本的弹性常数,数值取决于材料的性质。常用材料的 E 值见表5.1。

式(5.10)表明,在 F_N 和 l 不变的情况下,EA 的乘积越大,则 Δl 越小。因此,EA 的乘积反映了杆件抵抗弹性变形能力的大小,故称为杆件的抗拉(压)刚度。

将式(5.10)的两端同时除以 l,由式(5.6)和式(5.3)可知 $\dfrac{\Delta l}{l} = \varepsilon$ 和 $\dfrac{F_N}{A} = \sigma$,则有

$$\sigma = \varepsilon E \tag{5.11}$$

式(5.10)和式(5.11)是胡克定律的两种不同表达形式。由式(5.10)可知,在线弹性范围内,应力与应变成正比。

【例5.4】　设例5.2的杆 $AB = CD = 400$ mm,$BC = 600$ mm,其他条件一致,材料为45号钢,其拉(压)弹性模量为 $E = 2.1 \times 10^5$ MPa,试求杆的总伸长。

解　(1)求轴力。杆的各段轴力值已求出,见例5.1。

(2)分别求 AB、BC、CD 段的轴向变形。

$$\Delta l_{AB} = \frac{F_{NAB} l_{AB}}{EA} = \frac{60 \times 10^3 \times 400}{2.1 \times 10^5 \times 10 \times 10^2} = 0.114\ (\text{mm})$$

$$\Delta l_{BC} = \frac{F_{NBC} l_{BC}}{EA} = \frac{-20 \times 10^3 \times 600}{2.1 \times 10^5 \times 10 \times 10^2} = -0.057\ (\text{mm})$$

$$\Delta l_{CD} = \frac{F_{NCD} l_{CD}}{EA} = \frac{30 \times 10^3 \times 400}{2.1 \times 10^5 \times 10 \times 10^2} = 0.057 \text{（mm）}$$

（3）求杆的总伸长。

$$\Delta l = \Delta l_{AB} + \Delta l_{BC} + \Delta l_{CD} = 0.114 - 0.057 + 0.057 = 0.114 \text{（mm）}$$

即杆伸长了 0.114 mm。

【提示】

（1）注意胡克定律的适用范围。应力不超过比例极限是胡克定律的适用范围。比例极限是材料的一个特性指标，应力超过比例极限后，胡克定律误差较大，不再适用。

（2）应力与应变、轴力与变形必须在同一方向上。

（3）在长度 l 内，须保证 F_N、E、A 均为常量。经常用分段计算的方法以保证上述各量为常量。

5.5　材料在拉（压）时的力学性能

构件的承载能力与材料的力学性能分不开，在对杆件进行的强度、刚度和稳定性计算中，必须了解材料在外力作用下强度和变形方面的性能，即材料的力学性能。前面已提到过的拉（压）弹性模量 E、泊松比 ν 等，都是材料的力学性能指标。

5.5.1　标准试件制作

本书讨论在常温缓慢加载条件下受拉和受压时材料的力学性能。这些力学性能，是通过试验来测定的。为使试验结果有可比性，试件必须按照国家标准制作。

1. 拉伸试件

常用的拉伸试件标准比例有两种，如图 5.16 所示，即圆形截面试件的标准长度（标距）l 与直径 d 的关系为 $l = 10d$ 或 $l = 5d$，矩形截面试件的标距 l 与截面面积（标准面积）A 的关系为 $l = 11.3\sqrt{A}$ 或 $l = 5.65\sqrt{A}$。

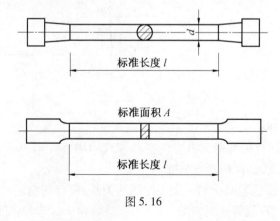

图 5.16

2. 压缩试件

压缩试件通常用圆形截面或正方形截面的短柱体，如图 5.17 所示，其长度 l 与横截面

直径 d 或边长 b 的比值一般规定为 1 ~ 3,这样才能避免试件在试验过程中被压弯。

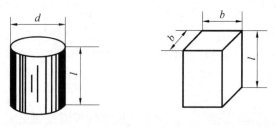

图 5.17

5.5.2　低碳钢的拉伸试验

拉伸试验是将加工好的试件两端夹牢在试验机的夹头中,然后开动试验机,缓慢地增大拉力,使试件发生伸长变形直至最后被拉断。试验过程中,记下一系列拉力 F 和对应的变形量 Δl,然后以横坐标表示变形量,以纵坐标表示拉力,按比例绘出 $F - \Delta l$ 曲线,称为试件的拉伸图。为消除试件尺寸的影响,分别用变形前的标距 l 和横截面面积 A 除 Δl 和 F,拉伸图就可被改绘成以 ε 为横坐标,以 σ 为纵坐标的 $\sigma - \varepsilon$ 曲线,称为应力 – 应变图。只要比例选得适当,$F - \Delta l$ 曲线和 $\sigma - \varepsilon$ 曲线的形状是相似的。

低碳钢(含碳量不超过 0.3%)是一种工程中广泛应用的塑性材料,其拉伸图如图 5.18 所示,应力 – 应变图如图 5.19 所示。从图中可看出,低碳钢试件在拉伸过程中的变形可分为 Ⅰ 、Ⅱ 、Ⅲ 、Ⅳ 四个阶段。

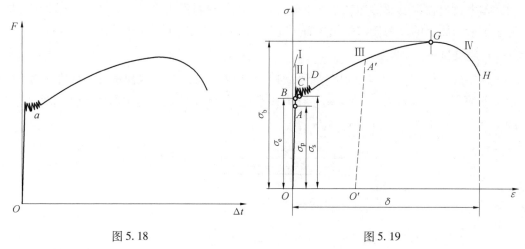

图 5.18　　　　　　　　　　　　　　　　图 5.19

1. 弹性阶段(OB 段)

该阶段的特点是试件的变形只有弹性变形,即在 OB 段上任一点卸载,$\sigma - \varepsilon$ 曲线会严格循着 BO 返回 O 点,试件的变形全部消失。

初始段 OA 为直线,这表明 σ 与 ε 成正比例的关系,符合胡克定律。OA 段直线对横坐标轴的倾角 α 的正切值,就等于材料的拉(压)弹性模量 E。这种在弹性阶段内,应力、应变保持正比例关系的特性称为线弹性。OA 段的最高点 A 为线弹性阶段的极限点,其对应的应力值 σ_p 称为比例极限。Q235 钢的比例极限 $\sigma_\mathrm{p} = 200$ MPa。

$\sigma - \varepsilon$ 曲线过了 A 点进入 AB 段以后,不再保持直线形状。这说明 σ、ε 之间的正比例关系已不复存在,但材料在此阶段产生的变形仍为弹性变形。AB 段的最高点 B 所对应的应力值 σ_e 称为弹性极限。由于 A、B 两点相距很近,工程实际中常取 $\sigma_p = \sigma_e$。

2. 屈服阶段(CD 段)

荷载继续增大,使应力达到 C 点所对应的应力值后,应力不再增加或出现微小的波动,应变却迅速增长,这表明材料已暂时失去了抵抗变形的能力。这种现象称为材料的屈服。根据我国国家标准规定,在应力波动的 CD 段中,出现的最小应力值称为材料的屈服极限,用符号 σ_s 表示。

材料在屈服阶段产生的变形,卸载后不会全部消失,即产生了塑性变形或残余变形,因此屈服极限是塑性材料的重要力学性能指标。在工程设计中,构件的应力通常都必须限制在屈服极限以内。Q235 钢的屈服极限 $\sigma_s = 235$ MPa。

在屈服阶段,经过抛光处理的试件表面上,可以看到与轴线约成 45° 角的细微条纹。这些条纹是由材料的微小晶粒沿最大切应力作用面发生相互滑移错动引起的,称为滑移线或剪切线。这一现象说明塑性材料的破坏是由最大切应力所引起的。

3. 强化阶段(DG 段)

屈服阶段过后,材料由于塑性变形使内部的晶体结构得到了调整,其抵抗变形的能力又有所恢复。要使应变增加,就必须加大荷载使应力增大,材料的这一变形阶段称为强化阶段。曲线最高点(G 点)所对应的应力值称为材料的强度极限,用符号 σ_b 表示。σ_b 也是衡量材料强度的一个重要指标。Q235 钢的强度极限 $\sigma_b = 390$ MPa。

4. 颈缩阶段(GH 段)

应力达到 σ_b 后,试件的变形集中于某一局部,这个局部的横截面面积急剧缩小,形成如图 5.20(a) 所示的瓶颈状,称为颈缩。此后如图 5.20(b) 所示,试件在颈缩部分迅速被拉断。

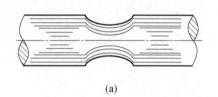
(a)

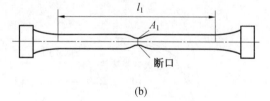
(b)

图 5.20

试件拉断后,弹性变形消失,而塑性变形却残留下来。试件产生塑性变形的程度,通常以延伸率 δ 和断面收缩率 ψ 表示,δ 和 ψ 是材料的两个塑性指标。

延伸率是以百分比表示的试件单位长度的塑性变形,即

$$\delta = \frac{l_1 - l}{l} \times 100\% \tag{5.12}$$

式中,l_1 为试件拉断后标距段(含塑性变形)的拼合长度;l 为试件标距。试验证明,δ 的大小与试件的规格有关。

断面收缩率是试件横截面面积改变的百分比,即

$$\psi = \frac{A - A_1}{A} \times 100\% \tag{5.13}$$

式中,A 为试件的原横截面面积;A_1 为试件断裂处的最小横截面面积。

ψ 的值越大,材料的塑性越好,Q235 钢的断面收缩率 ψ 为 60% ~ 70% 。

试验过程中,如果将试件拉伸到超过屈服阶段的任一点,例如图 5.19 中的 A' 点,然后卸载,试件的 $\sigma - \varepsilon$ 曲线会沿着与 OA 平行的直线 $A'O'$ 返回到 O' 点。此时如果重新加载,其 $\sigma - \varepsilon$ 曲线则大致沿卸载线 $O'A'$ 上行,到 A' 点后,开始出现塑性变形。之后,$\sigma - \varepsilon$ 曲线仍沿曲线 $A'GH$ 变化,直至 H 点试件被拉断。将卸载后重新加载出现的直线段 $O'A'$ 与初加载时的直线段 OA 相比,A' 点的应力值显然比 A 点高。这说明材料的比例极限得到了提高。但另一方面,试件断裂后的塑性变形却大为减小。由此可见,经重复加载处理,材料的比例极限增大而塑性变形减小,这种现象称为材料的冷作硬化现象。工程中常利用冷作硬化来提高某些构件在弹性范围内的承载能力,如对起重机钢缆、建筑钢筋等做预拉处理。但冷作硬化使材料变硬变脆、不易加工,而且降低了材料抗冲击和抗振动的能力。

5.5.3　其他几种塑性材料拉伸时的力学性能

图 5.21 绘出了其他几种塑性材料拉伸时的 $\sigma - \varepsilon$ 曲线。与 Q235 钢相比较,它们都有线弹性阶段(青铜的线弹性阶段极短);有些材料有明显的屈服阶段,有些没有。对于这些没有明显屈服阶段的材料,因为不能求得其真实的屈服极限 σ_s,根据国家标准的规定,为便于工程上的应用,可以将试件产生的塑性应变为 0.2% 时所对应的应力值作为这些材料的名义屈服极限,并以符号 $\sigma_{0.2}$ 表示,如图 5.22 所示。

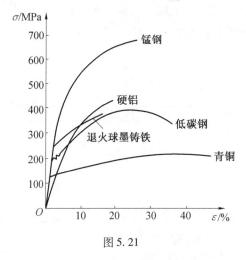

图 5.21

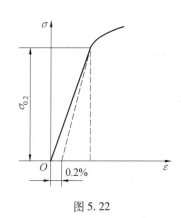

图 5.22

5.5.4　铸铁拉伸时的力学性能

铸铁是一种典型的脆性材料。由图 5.23 所示铸铁试件拉伸的 $\sigma - \varepsilon$ 曲线可以看出,铸铁拉伸时,有如下显著的力学特性:$\sigma - \varepsilon$ 曲线无明显直线部分。因此,严格地说,铸铁不具有线弹性阶段。工程应用时,一般在应力较小的区段作一条割线(如图 5.23 中的虚

线所示）近似代替原来的曲线，从而确定其弹性模量，并将此弹性模量称为割线弹性模量。拉伸过程中无屈服阶段，也没有缩颈现象。在整个试验过程中只能测出强度极限 σ_b。

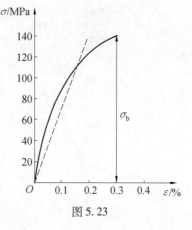

图 5.23

5.5.5　低碳钢的压缩试验

低碳钢在压缩时的 $\sigma - \varepsilon$ 曲线如图 5.24（a）中的实线所示，图中虚线部分表示低碳钢拉伸时的 $\sigma - \varepsilon$ 曲线。可见，在材料屈服以前，压缩和拉伸的 $\sigma - \varepsilon$ 曲线基本重合，这表明材料的拉（压）弹性模量 E 及比例极限 σ_p、屈服极限 σ_s 基本相等。但超过屈服极限以后，由于低碳钢的塑性良好，随着压力的增加，试件的横截面面积不断增大，最后被压成饼状而不破裂，如图 5.24（b）所示。因此，低碳钢受压时测不出强度极限。

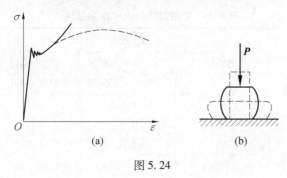

(a)　　　　　　　(b)

图 5.24

5.5.6　铸铁的压缩试验

铸铁属于脆性材料，其受压时的 $\sigma - \varepsilon$ 曲线如图 5.25（a）所示。可见，铸铁在压缩时同样不存在明显的线弹性阶段和屈服阶段，因此只能测得其强度极限。但需注意：铸铁压缩时的强度极限 σ_b^- 比拉伸时的强度极限 σ_b^+ 大得多。所以，铸铁适用于制作受压的构件，如机器底座、机床床身等。

铸铁受压破坏的情况如图 5.25（b）所示。其断裂面与试件轴线约成 45° 的倾角。这说明铸铁的压缩破坏是由最大切应力引起的。

综上所述：塑性材料和脆性材料在常温和静载下的力学性能有很大的区别。塑性材料的抗拉强度比脆性材料的抗拉强度高，故塑性材料一般用来制成受拉构件；脆性材料的抗压强度高于抗拉强度，一般用来制成受压构件。另外，塑性材料能产生较大的塑性变形，而脆性材料的变形较小，因此塑性材料可以产生较大的变形而不破坏，而脆性材料往往会因此而断裂。必须指出，材料的塑性或脆性，实际上与工作温度、变形速度、受力状态等因素有关。例如，低碳钢在常温下表现为塑性，但在低温下表现为脆性；石料通常被认为是脆性材料，但在各向受压的情况下，却表现出很好的塑性。

常用材料的力学性能指标见表 5.2。

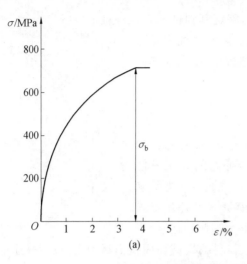

(a)　　　　　　　　　　　(b)

图 5.25

表5.2　常用材料的力学性能指标

材料名称	牌号	σ_s/MPa	σ_b/MPa	δ/%
普通碳素钢	Q215	186 ~ 216	333 ~ 412	31
	Q235	216 ~ 235	373 ~ 461	25 ~ 27
优质碳素结构钢	15	226	373	27
	40	333	569	19
	45	353	598	16
普通低合金结构钢	12Mn	274 ~ 294	432 ~ 441	19 ~ 21
	16Mn	274 ~ 343	471 ~ 510	19 ~ 21
	15MnV	333 ~ 412	490 ~ 549	17 ~ 19
合金结构钢	20Cr	539	834	10
	40Cr	785	981	9
	50Mn2	785	932	9
碳素铸钢	ZG15	196	392	25
	ZG35	275	490	16
可锻铸铁	KTZ450 - 5	275	441	5
	KTZ700 - 2	539	686	2
球墨铸铁	QT400 - 10	294	392	10
	QT450 - 5	324	441	5
	QT600 - 2	412	588	2
灰铸铁	HT150	—	拉 98.1 ~ 274 压 637	—
	HT300		拉 255 ~ 294 压 1 088	

5.6 拉（压）杆件的强度计算

5.6.1 许用应力与安全系数

极限应力是指材料因强度不足而丧失正常工作能力时的应力,用统一的符号 σ° 表示。通过对材料进行拉伸和压缩试验,可以测定常温静载条件下塑性材料的屈服极限 σ_s（或 $\sigma_{0.2}$）和脆性材料的强度极限 σ_b。塑性材料的应力达到 σ_s,就会出现显著的塑性变形;脆性材料的应力达到 σ_b,就会发生断裂。这两种情况都称为强度破坏,更确切些应称为强度失效。它们都是工程中所不允许的,因此 σ_s 和 σ_b 分别是塑性材料和脆性材料的极限应力,即

$$\sigma^\circ = \begin{cases} \sigma_s, & 塑性材料 \\ \sigma_b, & 脆性材料 \end{cases} \tag{5.14}$$

显然,以 σ° 作为工程设计中构件的工作应力的上限是危险的。考虑到实际构件的加工方法、加工质量、工作条件等因素,为使构件工作安全可靠,必须留有适当的强度储备。为此,引入许用应力的概念。许用应力是指构件正常工作时所允许承受的最大应力,用 $[\sigma]$ 表示,其值为

$$[\sigma] = \frac{\sigma^\circ}{n} \tag{5.15}$$

式中,n 为大于 1 的正数,称为安全系数。

对于塑性材料,许用应力为 $[\sigma] = \dfrac{\sigma_s}{n_s}$,$n_s$ 为对应于屈服极限的安全系数。

对于脆性材料,许用应力为 $[\sigma] = \dfrac{\sigma_b}{n_b}$,$n_b$ 为对应于强度极限的安全系数。

对于塑性材料构件,其拉、压许用应力一般是相同的;对于脆性材料构件,则应分别根据其拉、压试验测定的拉、压强度极限 σ_b^+、σ_b^- 定出其许用拉应力 $[\sigma^+]$ 和许用压应力 $[\sigma^-]$。常温、静载和一般工作条件下几种常用材料许用应力约值见表 5.3。

表 5.3 常温、静载和一般工作条件下几种常用材料许用应力约值

材 料	许用应力 /MPa	
	$[\sigma^+]$	$[\sigma^-]$
普通碳素钢 Q215	137 ~ 152	137 ~ 152
普通碳素钢 Q235	152 ~ 167	152 ~ 167
优质碳素结构钢 45	216 ~ 238	216 ~ 238
铜	30 ~ 120	30 ~ 120
铝	29 ~ 78	29 ~ 78
灰铸铁	31 ~ 78	120 ~ 150
混凝土	0.098 ~ 0.69	0.98 ~ 8.8
松木（顺纹）	6.9 ~ 9.8	9.8 ~ 11.7

安全系数的确定,应兼顾安全与经济两个方面,考虑构件的重要程度、荷载性质、工作条件、材料的缺陷、设计计算的精确程度等各方面因素,是一个比较复杂的问题。设计时,可查阅有关的设计规范。在通常情况下,对静荷载问题,安全系数的取值范围,塑性材料一般取 n_s 为 1.5 ~ 2,脆性材料一般取 n_b 为 2.0 ~ 2.5。随着科学技术的发展和人类对客观事物认识的深入,安全系数的确定会更加趋于合理。

5.6.2　轴向拉(压)杆件的强度条件

工程实际中,把构件上应力最大值所在截面称为危险截面,而把应力最大值所在的点称为危险点。为了保证构件具有足够的强度,必须使危险点的应力值不超过材料的许用应力。即轴向拉伸(压缩)时的强度条件为

$$\sigma_{max} = \frac{F_{Nmax}}{A} \leqslant [\sigma] \tag{5.16}$$

注意:脆性材料的许用拉应力与许用压应力不等,因此在使用强度条件时,要先看一下构件是什么材料,再判断一下是拉应力还是压应力。

工程应用中,根据强度条件,可以进行三种类型的强度计算。

(1)校核强度。在已知构件尺寸、许用应力和所受外力的情况下,根据式(5.16)验算构件是否满足强度条件的要求,从而判断构件能否安全工作。

(2)选择或设计横截面尺寸。在已知构件的许用应力和所受外力的情况下,根据强度条件决定构件的横截面尺寸,即

$$A \geqslant \frac{F_{Nmax}}{[\sigma]} \tag{5.17}$$

(3)确定许可荷载。在已知构件的横截面尺寸和许用应力的情况下,求得轴力的最大许可值,并由此确定许可荷载。对于等直拉(压)杆,轴力的最大许可值 $[F_N]$ 为

$$[F_N] = [\sigma]A \tag{5.18}$$

对各种变形的强度条件,都能进行上述三种类型的强度计算。

5.6.3　轴向拉(压)杆件的强度计算

【例 5.5】　如图 5.26 所示,电机吊环上作用拉力 $G =$ 3.6 kN。已知吊环螺栓内径 $d_1 = 8.2$ mm,材料的许用压应力 $[\sigma] = 80$ MPa,试校核螺栓的强度。

解　轴力的最大值为 $F_{Nmax} = 3.6$ kN,则应力的最大值为

$$\sigma_{max} = \frac{F_{Nmax}}{A} = \frac{3.6 \times 10^3}{\dfrac{3.14 \times 8.2^2}{4}} = 68.2 \text{ (MPa)}$$

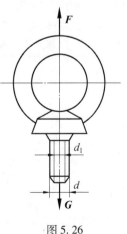

图 5.26

$\sigma_{max} < [\sigma]$,即螺栓的强度足够。

【例 5.6】 钢、木吊架受力如图 5.27(a) 所示。已知 AB 杆为木杆,横截面面积为 $A_{AB} = 1.2 \times 10^4 \ mm^2$,$[\sigma]_{AB} = 10 \ MPa$;$BC$ 杆为钢杆,横截面面积为 $A_{BC} = 700 \ mm^2$,$[\sigma]_{BC} = 170 \ MPa$。求钢架能承受的最大荷载 $[F_P]$。

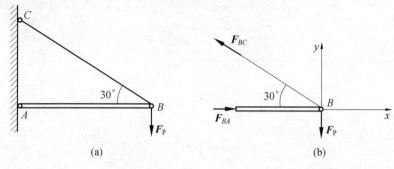

图 5.27

解 (1) 外力分析。

以 B 点为研究对象,画受力图如图 5.27(b) 所示,列平衡方程以求两杆所受的外力。

$$\sum F_{ix} = 0, \quad F_{AB} - F_{BC}\cos 30° = 0$$

$$\sum F_{iy} = 0, \quad F_{BC}\sin 30° - F_P = 0$$

解得 $F_{AB} = 1.732F_P$,$F_{BC} = 2F_P$。

(2) 内力分析。

杆 AB 轴力为压力,有

$$F_{NAB} = 1.732F_P$$

杆 BC 轴力为拉力,有

$$F_{NBC} = 2F_P$$

(3) 强度计算。

由

$$\sigma_{AB} = \frac{F_{NAB}}{A_{AB}} = \frac{1.732F_P}{1.2 \times 10^4} \leqslant 10$$

解得

$$F_{P1} \leqslant 69.3 \ kN$$

由

$$\sigma_{BC} = \frac{F_{NBC}}{A_{BC}} = \frac{2F_P}{700} \leqslant 170$$

解得

$$F_{P2} \leqslant 59.5 \ kN$$

能同时满足以上两个不等式的解为 $[F_P] \leqslant 59.5 \ kN$,所以构架按拉(压)强度条件能承受的最大荷载为 59.5 kN。

【例 5.7】 图 5.28(a) 所示的起重机起吊重物重力大小 $W = 35 \ kN$,绳索 AB 的许用应力为 $[\sigma] = 45 \ MPa$。根据强度条件选择绳索直径。

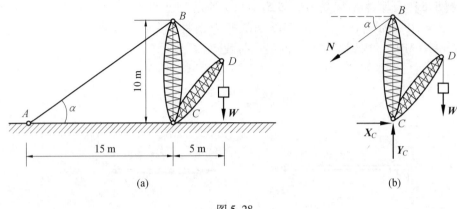

图 5.28

解 （1）外力分析。

为求绳索受力，取 BCD 为研究对象，画受力图如图 5.28(b)所示，列平衡方程。

$$\sum M_C(\boldsymbol{F}) = 0, \quad N\cos\alpha \cdot 10 - W \cdot 5 = 0$$

由

$$\cos\alpha = \frac{15}{\sqrt{15^2 + 10^2}} = 0.83$$

可得

$$N = 21.03 \text{ kN}$$

（2）内力分析。

绳索受拉，对应的内力是轴力，其值为

$$F_N = N = 21.03 \text{ kN}$$

（3）强度计算。

由

$$\sigma_{AB} = \frac{F_N}{A} = \frac{F_N}{\pi d^2/4} \leqslant [\sigma]$$

得

$$d \geqslant 24.39 \text{ mm}$$

即根据强度条件，绳索的直径可选择为 25 mm。

【提示】 由上述例题可以看出，根据强度条件，按照求解方向的不同，强度问题可细分为以下 3 方面的问题。

1. 强度校核

工程实际中，当需要检验某已知构件在已知荷载下能否正常工作时，构件的材料、截面积及所受荷载都是已知或可以计算出来的，要知道构件是否满足强度条件，则要判断强度条件不等式

$$\sigma_{\max} = \frac{F_N}{A} \leqslant [\sigma]$$

是否成立。如果强度条件不等式成立，则强度足够；否则，强度不足。事实上，任何设计出

来的构件在投入使用之前都必须经过严格的校核。

2. 设计截面尺寸

如果构件的受力情况是已知的,材料也已选定,那么可以在满足强度条件的前提下,将强度条件变化为

$$A \geqslant \frac{F_N}{[\sigma]}$$

可用上式先算出截面积,再根据截面形状设计出具体的截面尺寸。

3. 确定许可荷载

通常对于已经加工出来的构件,其材料及尺寸都是已经确定的,为最大限度地应用这一构件,往往需要确定该构件所能承受的最大荷载,可将强度条件变化为

$$F_N \leqslant A[\sigma]$$

根据上式可确定构件的最大许可荷载,知道了结构中每个构件的许可荷载,再根据结构的受力关系,即可确定整个结构的许可荷载。

在工程实际的强度问题中,由于许用应力留出了一定的安全储备,因此,最大工作应力稍稍大于许用应力,只要不超出 5%,设计规范是允许的。

由以上例题可以看出,若从安全的角度考虑,应增大安全系数,降低许用应力,但这样就要增加材料的消耗和机器的质量,造成浪费;若从经济的角度考虑,应减小安全系数,提高许用应力,这样可以少用材料,减少质量,但又有损于安全。所以,应合理地权衡安全与经济两方面的要求,不应偏重于某一方面的要求。

5.7　应　力　集　中

5.7.1　应力集中的概念

由前面的研究可知,杆件发生轴向拉(压)变形时,横截面上的正应力是均匀分布的,发生破坏时,在危险截面上应力同时达到极限值,因此产生断裂。但在工程实际中,人们发现,在杆件的截面形状发生突变的位置,破坏往往不是同时发生的,而是从某点开始的。这说明,应力在该截面上不是均匀分布的。例如,在杆的某个位置上有一开孔时,通过试验分析发现,在孔附近的应力值急剧变大且不均匀,而远离孔处的应力值又迅速下降并趋于均匀,如图 5.29 所示。这种由杆件的截面形状突然变化引起的局部应力急剧增大的现象称为应力集中。

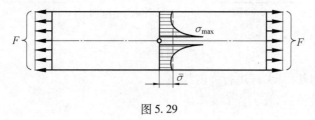

图 5.29

5.7.2 应力集中对构件强度的影响

当构件的形状发生突变时,在突变位置会出现应力集中现象。由于工程实际的需要,不可避免地要在构件上留有孔、切口等,使截面形状在某一部位发生变化,因此必须考虑应力集中对构件强度的影响。

应力集中对构件强度的影响会随材料性质的不同而有所区别。

对于塑性材料,随着外力的增加,危险点的应力最先达到屈服极限 σ_s,之后应力不再继续增大,而应变增加,其他点的应力继续增大到屈服极限 σ_s,以保持内外力的平衡。构件的屈服区域逐渐扩展,直至截面上各点的应力都达到屈服极限时,构件才丧失工作能力。因此,对于塑性材料,应力集中现象并不能显著降低它的抵抗荷载的能力,在强度设计中可以不考虑应力集中的影响。

对于脆性材料,由于没有屈服阶段,当出现应力集中现象时,一旦应力集中处的应力最大值达到材料的强度极限,构件就会突然断裂。这大大降低了构件的承载能力,因此在强度设计中必须考虑应力集中对其的影响。

对常用的铸铁构件来讲,由于内部组织很不均匀,内部到处都有应力集中,相比之下,由构件外形突变引起的应力集中就成了微不足道的因素,因此在静荷载作用下的铸铁构件的计算可以不考虑其影响。

思考与练习

一、分析简答题

1. 画出图 5.30 中杆件的轴力图。

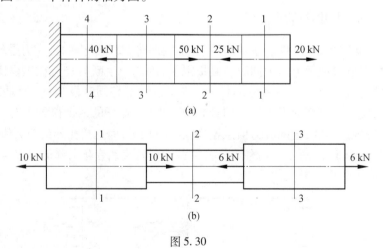

图 5.30

2. 简述如何对拉(压)杆进行强度校核。

3. 简述如何计算拉(压)杆的变形。

二、分析计算题

1. 在图 5.31 所示结构中,所有杆都是钢制的,横截面面积均为 3×10^{-3} m^2,力 F 的大小为 100 kN。试求各杆应力。

2. 在图 5.32 所示结构中,AB 为水平放置且不计自重的刚性杆。1、2 两杆为材料相同的圆截面杆件,且 $E = 200$ GPa。1 杆长度 $l_1 = 1.5$ m,直径 $d_1 = 25$ m;2 杆长度 $l_2 = 1$ m,直径 $d_2 = 20$ m。试求:如图所示,x 为多少时,AB 仍保持水平;若此时 $F = 30$ kN,1、2 两杆横截面上的应力。

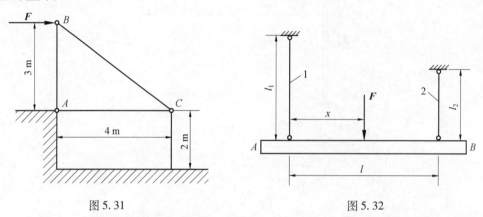

图 5.31　　　　　　　　　　　　　　　　　图 5.32

3. 如图 5.33 所示的进给油缸,缸内工作油压 $P = 2$ MPa,油缸内径 $D = 75$ mm,活塞杆直径 $d = 18$ mm。已知活塞杆材料的许用应力 $[\sigma] = 50$ MPa,试校核活塞杆的强度。

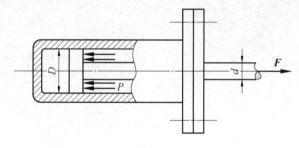

图 5.33

4. 如图 5.34 所示变截面直杆构件。已知 $A_1 = 8$ cm^2,$A_2 = 4$ cm^2,$E = 200$ GPa。试求杆件的沿轴线方向的尺寸变化 Δl。

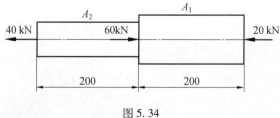

图 5.34

5. 在图 5.35 所示结构中,1、2 两杆为材料相同的圆截面杆件,且 1 杆直径 $d_1 = 10$ mm,

2 杆直径 $d_2 = 20$ mm，外力 $F = 10$ kN。试求两杆的应力。

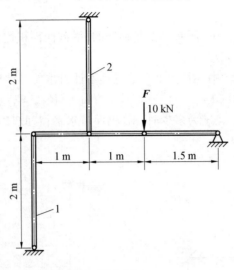

图 5.35

第6章　剪切与挤压

【学习目标】
(1) 理解并掌握连接件的受力分析、变形特点。
(2) 能够应用强度条件求解各种剪切、挤压强度问题。
(3) 理解切应力互等定理,能够应用定理解释实际现象。

6.1　剪切变形与挤压变形

6.1.1　剪切变形

　　工程结构中,在各部分之间起连接作用的构件称为连接件,如建筑结构中的钢结构、刚架桥的结点及建筑设备中常用的铆钉、销钉、螺栓、平键等。连接件受力后所发生的变形主要是剪切变形。图 6.1 所示为连接铆钉的受力情况。

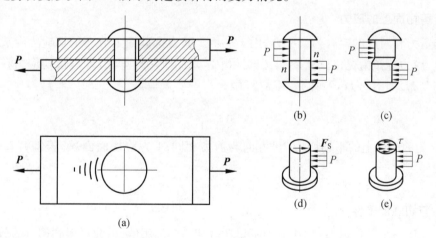

图 6.1

　　剪切变形就是指构件在两侧面上受到大小相等、方向相反、作用线相距很近的横向外力作用,其在两外力间的截面发生相对错动。这个发生相对错动的截面称为剪切面,它位于方向相反的两个外力作用线之间,且与外力的作用线平行。

6.1.2　挤压变形

　　构件在发生剪切变形的同时还会发生挤压变形,但两种变形发生的位置不同。在两构件相互接触的外表面,因相互压紧而产生的局部受压变形称为挤压变形。

图 6.1 中的铆钉,其侧面受到被连接的钢板的挤压作用而发生挤压变形,如图 6.1(d)、(e) 所示。同时,被连接的钢板的孔壁也发生挤压变形,因此连接处会出现松动,从而产生破坏。

6.2 剪切、挤压构件的实用计算

应力的实际分布情况十分复杂,因此在对连接件进行的强度计算中,常常根据实践经验做一些假设,采用简化计算方法,称为连接件的实用计算。下面以铆钉的强度计算为例,对其进行介绍。

6.2.1 剪切的实用计算

1. 剪切面上的内力

由图 6.1(b) 可见,铆钉在一对相距很近的力 $\boldsymbol{P}$ 作用下,可能会沿剪切面 $n—n$ 发生如图 6.1(c) 所示的破坏,因此需要对剪切面 $n—n$ 进行强度计算。

为了分析确定 $n—n$ 面上的内力,采用截面法,以铆钉的下段为研究对象,如图 6.1(d) 所示。由于平衡,剪切面上的内力必然是一个与外力 $\boldsymbol{P}$ 数值相等,方向相反,沿着剪切面作用的内力。这种与截面相切的内力称为剪力,用 $\boldsymbol{F}_\mathrm{s}$ 表示。由平衡条件,得

$$F_\mathrm{s} = P$$

2. 剪切面上的应力

与剪力相对应的应力为切应力,用 τ 表示。剪力由截面上分布的切应力合成。在剪切面上,应力分布情况比较复杂,工程实际中常采用实用计算法,即假设切应力在剪切面上均匀分布,如图 6.1(e) 所示,其大小为

$$\tau = \frac{F_\mathrm{s}}{A} \tag{6.1}$$

式中,τ 为剪切面上的平均切应力,方向与剪力相同;A 为剪切面面积,若铆钉直径为 d,$A = \dfrac{\pi d^2}{4}$。

3. 剪切强度条件

为保证安全工作,铆钉的切应力不得超过某一个许用值,由此可得到铆钉的剪切强度条件为

$$\tau = \frac{F_\mathrm{s}}{A} \leqslant [\tau] \tag{6.2}$$

式中,$[\tau]$ 为铆钉的许用切应力,是由极限切应力 τ° 除以安全系数 n 得到的。材料的许用切应力 $[\tau]$ 与许用拉应力 $[\sigma]$ 之间关系如下。

对于塑性材料,

$$[\tau] = (0.6 \sim 0.8)[\sigma]$$

对于脆性材料,

$$[\tau] = (0.8 \sim 1.0)[\sigma]$$

4. 剪切破坏条件

剪切的实用计算中,有时还需进行破坏性计算,相关情况如将物体剪断,使用冲压装置在构件上冲孔等。剪切破坏条件为

$$\tau = \frac{F_N}{A} \geqslant \tau^\circ \tag{6.3}$$

6.2.2　挤压的实用计算

1. 挤压应力的计算

作用在连接件与被连接件接触面上的压力称为挤压力,用 P_{bs} 表示,与之相对应的应力 σ_{bs} 称为挤压应力。挤压力的作用面称为挤压面,挤压面一般垂直于外力作用线,如图 6.2(a) 所示。挤压应力 σ_{bs} 表达式为

$$\sigma_{bs} = \frac{P_{bs}}{A_{bs}} \tag{6.4}$$

式中,P_{bs} 为挤压力的大小,$P_{bs} = P$;A_{bs} 为计算挤压面面积。

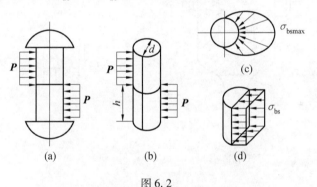

图 6.2

对铆钉、销钉来说,挤压面为半圆柱侧面,如图 6.2(b) 所示。根据理论分析,由挤压力引起的挤压应力在半圆柱面上的分布不是均匀的,最大挤压应力 σ_{bsmax} 在半圆弧的中点处,如图 6.2(c) 所示。如果构件因挤压发生破坏,破坏首先会在该点发生,因此应对该点进行强度计算。在实用计算中,用挤压面在与其相垂直方向上的投影面的面积作为计算挤压面面积 A_{bs},如图 6.2(d) 所示的直径平面 hd,这样得出的计算结果与真实值相近。

对平键等构件,挤压面是平面,挤压应力在挤压面上是均匀分布的,计算挤压面面积 A_{bs} 就是实际受力面的面积。

2. 挤压强度条件

在外力作用下,铆钉除了发生剪切破坏外,还会因承受了较大的压力作用,在被连接件和铆钉接触面的局部区域发生显著的塑性变形或被压溃。为了防止破坏,须建立构件的挤压强度条件,即

$$\sigma_{bs} = \frac{P_{bs}}{A_{bs}} \leqslant [\sigma_{bs}] \tag{6.5}$$

式中,$[\sigma_{bs}]$ 为材料的许用挤压应力,可以从有关设计手册中查到。对于钢材,一般采用 $[\sigma_{bs}] = (1.7 \sim 2.0)[\sigma^-]$。$[\sigma^-]$ 为轴向压缩时的许用应力,若铆钉与被连接件的材料不同,$[\sigma^-]$ 应按抵抗挤压能力较弱者进行强度计算。

6.2.3　工程实例分析

由于销钉、铆钉等连接件在荷载的作用下,剪切面和挤压面上的变形同时发生,因此进行强度计算时,往往对剪切和挤压都需要考虑,即计算结果既要满足剪切强度条件,又要满足挤压强度条件。

【例6.1】　销钉连接如图 6.3(a) 所示,钢板厚 $t = 16$ mm,$[\tau] = 20$ MPa,$[\sigma_{bs}] = 70$ MPa, 拉力 $P = 15$ kN。试选择销钉直径 d。

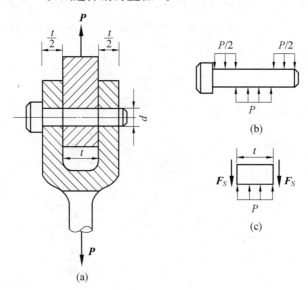

图 6.3

解　(1) 外力分析。

销钉的受力情况如图 6.3(b) 所示。

(2) 剪切强度计算。

用截面法将销钉沿两个剪切面假想地切开。取出部分销钉为研究对象,如图 6.3(c) 所示。设剪切面上剪力为 F_s,由平衡条件得 $F_s = \dfrac{P}{2}$。根据剪切强度条件,有

$$\tau = \frac{F_s}{A} = \frac{\dfrac{P}{2}}{\dfrac{\pi d^2}{4}} \leqslant [\tau]$$

计算得

$$d \geqslant \sqrt{\frac{2P}{\pi [\tau]}} = \sqrt{\frac{2 \times 15 \times 10^3}{\pi \times 20}} = 21.85 \ (\text{mm})$$

（3）挤压强度计算。

由图6.3（b）可知，发生挤压变形的有3个位置，综合考虑挤压力和受力面积，可以发现各处挤压应力相同，取中间部分分析。由图6.3（c）可知，挤压力 $P_{bs} = P$，计算挤压面积 $A_{bs} = dt$。根据挤压强度条件，有

$$\sigma_{bs} = \frac{P_{bs}}{A_{bs}} = \frac{P}{dt} \leqslant [\sigma_{bs}]$$

计算得

$$d \geqslant \frac{P}{t[\sigma_{bs}]} = \frac{15 \times 10^3}{16 \times 70} = 13.39 \ (\text{mm})$$

（4）为保证安全工作，销钉应同时满足剪切、挤压强度条件，因此，其直径 d 应选取为 22 mm。

【例6.2】 图6.4所示为两块厚度为10 mm的钢板，$b = 100$ mm，用4个直径为20 mm的铆钉搭接在一起。已知铆钉和钢板许用应力 $[\tau] = 120$ MPa，$[\sigma] = 160$ MPa，$F = 100$ kN。试校核铆钉和钢板的强度。

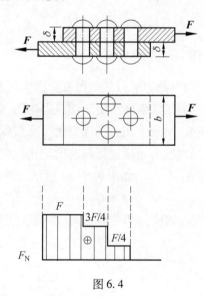

图6.4

解 （1）内力分析。

铆钉所发生的变形是剪切面上的剪切变形，钢板发生的变形以拉伸为主。

铆钉剪力为

$$F_S = \frac{F}{4} = 25 \ \text{kN}$$

钢板的轴力图如图6.4所示。

（2）强度校核。

铆钉：

$$\tau = \frac{F_S}{A} = \frac{25 \times 10^3}{\dfrac{\pi \times 20^2}{4}} = 79.6 \ (\text{MPa}) < [\tau]$$

钢板:综合考虑轴力和横截面尺寸,有

$$\sigma = \frac{F_N}{A} = \frac{75 \times 10^3}{10 \times (100 - 2 \times 20)} = 125 \ (\text{MPa}) < [\sigma]$$

铆钉和板的强度足够。

【例 6.3】　　如图 6.5 所示,切料装置用刀刃把插进切料模中的 $\phi16$ 棒料切断,棒料为 20 钢,剪切强度极限 $\tau_b = 320$ MPa,试计算切断力的大小 P。

解　　此题属于破坏问题,要将棒料切断,需要切断力大于一定值。

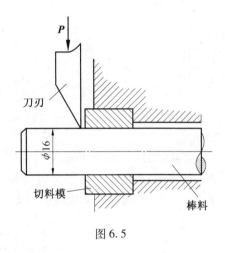

$$\tau = \frac{F_S}{A} = \frac{P}{\frac{1}{4}\pi d^2} \geqslant \tau_b$$

$$P \geqslant \frac{1}{4}\pi d^2 \tau_b = \frac{1}{4} \times 3.14 \times 16^2 \times 320$$

$$= 64\ 307.2 \ (\text{N}) \approx 64.31 \ (\text{kN})$$

图 6.5

6.2.4　剪切胡克定律

杆件发生剪切变形时,杆内与外力平行的截面就会产生相对错动。如图 6.6 所示,在杆件受剪的部位中取一个微小的正六面体。由于切应力作用,单元体棱角发生改变,正六面体变成斜六面体,如图 6.6(b) 所示。正六面体直角改变量称为剪应变,用 γ 表示,其单位是弧度(rad)。试验表明:当切应力不超过材料的剪切比例极限 τ_p 时,切应力 τ 与剪应变 γ 成正比关系,这就是剪切胡克定律,如图 6.6(c) 所示。剪切胡克定律的表达式为

$$\tau = G\gamma \tag{6.6}$$

式中,G 为剪切弹性模量,量纲与切应力的量纲相同,常用单位为 GPa,数值与材料的性质有关。如钢的 G 约为 80 GPa。

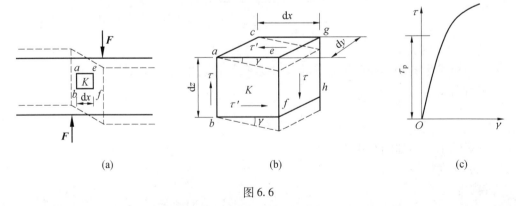

(a)　　　　　　　　　　　(b)　　　　　　　　　　　(c)

图 6.6

在第 5 章讨论拉伸与压缩变形时,曾引进材料的两个弹性常数:拉(压)弹性模量 E 和泊松比 ν。现在又引进一个新的弹性常数:剪切弹性模量 G。对各向同性材料,可以证明

三个常数 E、ν 和 G 之间存在如下关系:

$$G = \frac{E}{2(1 + \nu)} \tag{6.7}$$

由式(6.7)可知,各向同性材料的三个弹性常数只有两个是独立的。

6.2.5　切应力互等定理

假设 6.2.4 中所述正六面体的三个方向的尺寸分别为 $\mathrm{d}x$、$\mathrm{d}y$、$\mathrm{d}z$。正六面体的左右两侧面是剪切变形横截面的一部分,故在这两个侧面上只有切应力而无正应力。两个面上的切应力数值相等,方向相反,于是两个面上的剪力组成了一个力偶,其力偶矩为$(\tau \cdot \mathrm{d}z \cdot \mathrm{d}y)\mathrm{d}x$。因为正六面体是平衡的,由 $\sum m = 0$ 知,它的上下两个侧面上必然存在等值、反向的切应力为 τ',于是上下两侧面的剪力也组成力偶矩为$(\tau' \cdot \mathrm{d}z \cdot \mathrm{d}x)\mathrm{d}y$ 的力偶,与上述力偶平衡。由单元体的平衡条件 $\sum m = 0$ 得

$$(\tau \cdot \mathrm{d}z \cdot \mathrm{d}y)\mathrm{d}x = (\tau' \cdot \mathrm{d}z \cdot \mathrm{d}x)\mathrm{d}y$$

从而有

$$\tau = \tau'$$

上式表明,在相互垂直的两个平面上,切应力必然成对存在,且数值相等,两者都垂直于两平面的交线,其方向则共同指向或共同背离该交线。这就是切应力互等定理。

如图 6.7 所示的单元体,4 个侧面上只有切应力而无正应力,这种情况称为纯剪切。

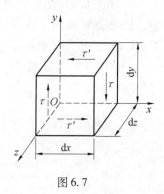

图 6.7

思考与练习

一、分析简答题

1. 挤压面积与计算挤压面面积是否相同?
2. 挤压变形与轴向压缩变形有何区别?
3. 试述切应力互等定理。
4. 图 6.8 所示为连接件装置,试根据标注尺寸写出剪切面积、受拉面积、挤压面积的表达式。
5. 指出胡克定律的适用范围。其有哪些表达式?

二、分析计算题

1. 如图 6.9 所示,木梁由柱支撑,已知柱中的轴向压力为 $F_N = 50\ \mathrm{kN}$,木梁的许用挤压应力$[\sigma_{bs}] = 3\ \mathrm{MPa}$。试确定柱与木梁之间的垫板的尺寸 b。

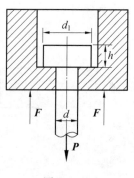

图 6.8

2. 木质连接件装置如图 6.10 所示,许用拉应力$[\sigma]$ = 12 MPa,许用切应力$[\tau]$ = 8 MPa,许用挤压应力$[\sigma_{bs}]$ = 20 MPa,宽度 b = 200 mm,拉力 P = 100 kN。试设计尺寸 t、a。

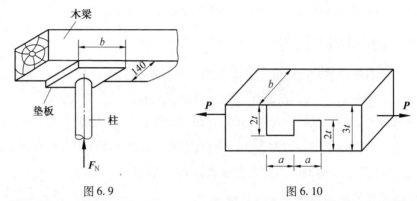

图 6.9　　　　　　　　　　　　　图 6.10

3. 如图 6.11 所示,两块厚度为 10 mm 的钢板,用 4 个直径为 16 mm 的铆钉搭接在一起。已知铆钉和钢板许用应力$[\tau]$ = 120 MPa,$[\sigma_{bs}]$ = 300 MPa,$[\sigma]$ = 160 MPa,P = 110 kN。试校核铆钉的强度,并确定板宽最小尺寸 b 的值。

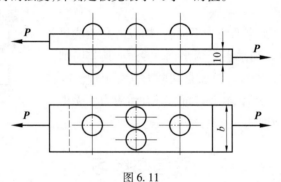

图 6.11

4. 如图 6.12 所示,螺栓处于拉力作用下,已知材料的许用应力满足$[\tau]$ = 0.6$[\sigma]$,试计算螺栓直径 d 与螺栓头部高度 h 的合理比值。

5. 图 6.13 所示的冲床的最大冲力为 400 kN,冲头的许用应力$[\sigma]$ = 440 MPa,被冲剪的钢板的剪切强度极限为τ° = 360 MPa,试求此冲床上能冲剪的圆孔的最小直径 d 和钢板的最大厚度 t。

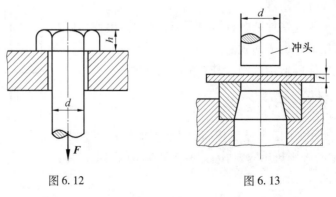

图 6.12　　　　　　　　　　　　图 6.13

6. 如图 6.14 所示，两块钢板用螺栓连接，已知螺栓杆部直径 $d = 16$ mm，两钢板的厚度均为 $t = 10$ mm，螺栓许用应力为 $[\tau] = 60$ MPa、$[\sigma_{bs}] = 180$ MPa。求螺栓所能承受的荷载。

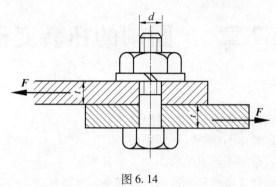

图 6.14

7. 如图 6.15 所示，直径为 300 mm 的心轴上安装着一个手摇柄，杆与轴之间有一个键 K，已知键的许用剪应力为 56 MPa，在距轴心 700 mm 处所加的力 $P = 300$ N。试校核键的强度。

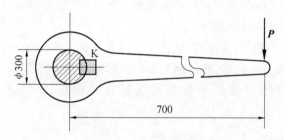

图 6.15

8. 如图 6.16 所示，用螺栓将一钢板与厚度为 10 mm 的两块盖板相连接，如图 6.16 所示，钢板厚 $t = 20$ mm，螺栓的许用切应力 $[\tau] = 40$ MPa，许用挤压应力 $[\sigma_{bs}] = 140$ MPa，拉力 $F = 60$ kN。试选择螺栓直径 d。

9. 如图 6.17 所示，拖车挂钩用销钉连接，已知连接钢板厚 $t = 20$ mm，销钉直径 $d = 26$ mm，$[\tau] = 20$ MPa，$[\sigma_{bs}] = 70$ MPa。试确定在满足强度条件的情况下拖车拉力的最大值。

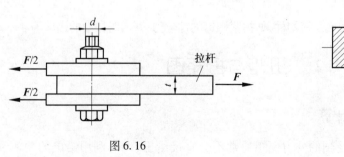

图 6.16

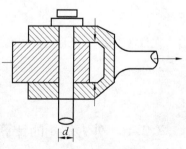

图 6.17

第7章　圆轴的扭转变形

【学习目标】

（1）理解并掌握轴的受力分析、变形特点。
（2）能够计算指定截面的扭矩并画扭矩图。
（3）能够应用公式求解不同点的应力和变形计算。
（4）能够熟练应用强度条件和刚度条件求解各种实际问题。

7.1　概　　述

扭转变形在工程实际中是一种比较常见的基本变形，以扭转为主要变形的构件称为轴，如汽车的转向轴、机械传动轴等。

扭转变形是由大小相等、转向相反、作用面垂直于轴线的两个力偶作用产生的。如图7.1（a）所示的齿轮轴传动装置，其圆轴工作时因两端受到力偶作用而发生扭转变形。扭转变形的特点是杆轴上任意两个横截面绕轴线做相对转动，产生相对扭转角，如图7.1（b）所示。

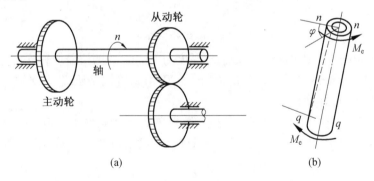

(a)　　　　　　　　　　　　　　(b)

图 7.1

在日常生活中，经常可接触到受扭构件，如扭紧螺钉的螺丝刀，开门时扭动的钥匙等。

7.2　扭矩与扭矩图

7.2.1　外力偶矩的计算

机械结构中的轴工作时受到的外力偶矩通常不会直接给出，但可利用给出的功率和转速确定，即

$$M_e = 9\ 549\ \frac{P_k}{n} \tag{7.1}$$

式中，P_k 为功率，单位为千瓦（kW）；n 为转速，单位为每分钟的转数（r/min）；M_e 为作用在轴上的外力偶矩，单位为牛顿·米（N·m）。

7.2.2 扭转轴的内力 —— 扭矩

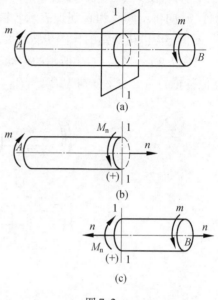

如图 7.2(a) 所示的扭转轴 AB，采用截面法求杆件某横截面上的内力时，用截面 1—1 将杆件假想地截为两段，取其中的任一段为研究对象，如图 7.2(b)、(c) 所示。根据力偶平衡条件，在留下部分的 1—1 截面上，只能画出与外力偶矩 m 反向的内力矩 M_n，如图 7.2(b) 所示。该内力矩 M_n 称为扭矩。根据研究对象的平衡条件 $\sum M_x(\boldsymbol{F}) = 0$，即 $M_n - m = 0$，可得

$$M_n = m$$

若取另一段为研究对象，同理可得 $M'_n = m$。显然，M_n 和 M'_n 是作用和反作用的关系，故求得 M_n 之后，M'_n 即可直接写出。

图 7.2

为了明确表示杆件扭转变形的转向，通常对扭矩规定正负号，按右手螺旋法则判定，即用右手将轴握在手心里，弯曲四指指向扭矩的转向，拇指指向与截面外法线方向一致时扭矩为正，反之为负，如图 7.3 所示。

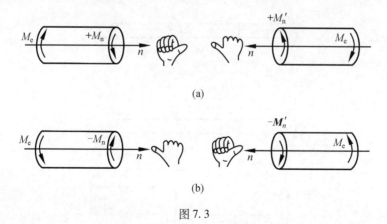

(a)

(b)

图 7.3

对简单受力的扭转轴来说，某截面上的扭矩在数值上等于截面任意一侧的外力偶矩，其外力偶矩的正负也按右手螺旋法则判定，拇指背离截面为正，指向截面为负。

在复杂外力矩作用下的扭转轴，其扭矩可同样采用截面法求出，即某截面上的扭矩在数值上等于截面任意一侧作用在横截面上的外力偶矩的代数和，正负号规定与简单扭转相同。扭矩表达式为

$$M_{n} = (左或右侧) \sum m_{i} \tag{7.2}$$

7.2.3　扭矩图

当杆件受到多个绕轴线转动的外力偶矩作用而处于平衡时,杆件各横截面上扭矩的大小、转向将不同。为直观地表示各横截面扭矩变化情况,可画出扭矩沿轴线变化的图形,即扭矩图。扭矩图的作图步骤和要求同轴力图。

【例7.1】　图7.4(a)所示的传动轴,$n = 300 \text{ r/min}$,主动轮 A 输入功率 $P_{kA} = 300 \text{ kW}$,其他各轮的输出功率分别为 $P_{kB} = P_{kC} = 90 \text{ kW}$,$P_{kD} = 120 \text{ kW}$。试画出扭矩图。

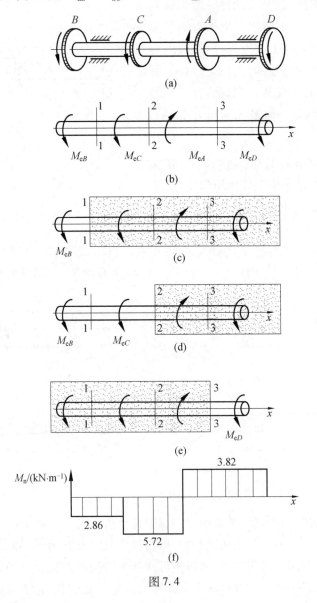

图7.4

解　（1）外力矩的计算。

由式（7.1）得

$$M_{eA} = 9\,549\,\frac{P_{kA}}{n} = 9\,549 \times \frac{300}{300} \times 10^{-3} = 9.5\ (\text{kN} \cdot \text{m})$$

$$M_{eB} = M_{eC} = 9\,549\,\frac{P_{kB}}{n} = 9\,549 \times \frac{90}{300} \times 10^{-3} = 2.86\ (\text{kN} \cdot \text{m})$$

$$M_{eD} = 9\,549\,\frac{P_{kD}}{n} = 9\,549 \times \frac{120}{300} \times 10^{-3} = 3.82\ (\text{kN} \cdot \text{m})$$

（2）截面上的扭矩计算。

采用截面法，用一个假想刚性屏蔽面分别将 1—1 截面、2—2 截面、3—3 截面的右侧（或左侧）的部分屏蔽起来，如图 7.4（c）~（e）所示。根据式（7.2），可求得相应截面上的扭矩。

1—1 截面上的扭矩为

$$M_{n1} = （左侧）\sum m_i = M_{eB} = -2.86\ \text{kN} \cdot \text{m}$$

2—2 截面上的扭矩为

$$M_{n2} = （左侧）\sum m_i = M_{eB} + M_{eC} = -5.72\ \text{kN} \cdot \text{m}$$

3—3 截面上的扭矩为

$$M_{n3} = （右侧）\sum m_i = M_{eD} = 3.82\ \text{kN} \cdot \text{m}$$

（3）作扭矩图。

根据 1—1 截面、2—2 截面、3—3 截面上的扭矩值，作扭矩图如图 7.4（f）所示。

7.3　扭转轴横截面上的应力和变形

7.3.1　圆轴扭转时的应力

圆轴扭转时，用截面法求得横截面上的扭矩后，还应进一步确定横截面上应力分布规律，以便求出最大应力。解决这一问题的途径与推导拉（压）杆横截面上的正应力公式相类似，必须从轴的变形特点入手考虑。

1.圆轴扭转变形的几何特点

如图 7.5 所示，取一圆轴，加载前在圆轴表面上画平行于轴线的纵向线，画垂直于轴线的圆周线，然后在杆两端施加扭转外力偶 M_e，如图 7.5 所示。在弹性范围内，所观察到的杆表面变形情况如下。

（1）各圆周线的形状、大小、间距都无改变，只是绕轴线发生了相对转动。

（2）各纵向线都向相同方向倾斜了同一微小角度 γ，方格歪斜成了菱形，如图7.5（b）所示。

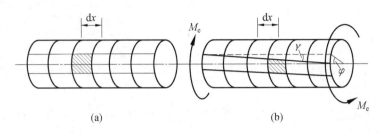

图 7.5

2. 平面假设

根据上述变形特点可以对实心等直圆轴受扭后内部的变形情况做出如下假设:圆轴受扭时,原横截面变形后仍为平面,其形状、大小不变,半径仍为直线,且截面仍为横截面。此即圆轴扭转时的平面假设,并为试验所证实。据此假设,圆轴扭转时各横截面就像刚性平面一样绕轴线旋转了一个角度。

3. 应力分布特点

根据以上变形现象可以推出:① 横截面刚性绕轴线旋转,杆表面方格歪斜成了菱形,产生了剪应变,这说明横截面上必然存在切应力 τ;② 各圆周线的形状、大小和间距不变,这说明横截面上的切应力必然垂直于半径,且无正应力。

在图 7.5 中,用相距 dx 的两个横截面 1—1、2—2 从轴上截取一小段,如图 7.6 所示。若截面 2—2 相对 1—1 转动了一个角度 dφ,则表示截面的半径 O_2D 绕圆心 O_2 转过了一角度 dφ,D 点移动到 D' 点,圆轴表面原有的直角改变量即为剪应变 γ。

根据平面假设,可知变形后半径仍为直线。半径上各点都有一个位移,但与圆心距离不同的点的位移不同,距圆心越近,点的位移越小;距圆心越远,点的位移越大。经理论分析可知,横截面上任意点的剪应变 γ_ρ 与该点到圆心的距离 ρ 成正比。与圆心等距离的所有点处的剪应变都相等。这就是剪应变的变形规律。

由剪切胡克定律可知,半径上各点的应力也不等,距圆心越近,点受应力越小;距圆心越远,点受应力越大,而且应力与点到圆心的距离成线性关系。因此,横截面上任意一点处的切应力 τ_ρ 与该点到圆心的距离 ρ 成正比。所有与圆心等距离的点,其切应力数值相等,周边处点的切应力最大,圆心处有最小值,是零。扭转圆轴横截面应力分布如图 7.7 所示。

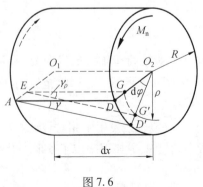

图 7.6

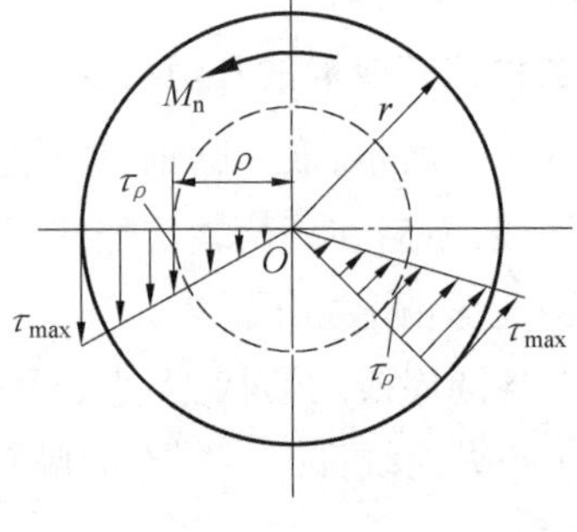

图 7.7

4. 应力的计算

经理论推导（略）可确定圆轴扭转时，横截面上任一点的切应力的计算公式为

$$\tau_\rho = \frac{M_n \rho}{I_P} \tag{7.3}$$

式中，M_n 为截面上的扭矩；ρ 为点到圆心的距离；I_P 为与圆截面尺寸有关的几何量，称为横截面对圆心 O 的极惯性矩，其定义式为

$$I_P = \int_A \rho^2 \mathrm{d}A \tag{7.4}$$

由式（7.3）可知，当 ρ 达到最大值时，即 $\rho_{max} = R$ 时，切应力为最大值，即

$$\tau_{max} = \frac{M_n R}{I_P}$$

令 $W_n = \dfrac{I_P}{R}$，则横截面周边各点处的最大切应力为

$$\tau_{max} = \frac{M_n}{W_n} \tag{7.5}$$

式中，W_n 为圆轴的抗扭截面模量。

式（7.3）和式（7.5）是以平面假设为基础导出的，试验结果表明，只有对直径不变的圆轴，平面假设才是成立的，因此这些公式只适用于圆截面等直杆，对小锥度圆杆可近似使用。此外，导出以上公式时，还使用了胡克定律，所以它们只适用于 τ_{max} 不超过圆轴材料的剪切比例极限 τ_p 的情况。

7.3.2　极惯性矩 I_P 和抗扭截面模量 W_n 的确定

1. 空心圆轴

如图 7.8 所示，设空心圆轴外径为 D，内径为 d。取距圆心为 ρ、宽为 $\mathrm{d}\rho$ 的环形微单元，其面积 $\mathrm{d}A = 2\pi\rho\mathrm{d}\rho$。由

$$I_P = \int_A \rho^2 \mathrm{d}A = 2\pi \int_{\frac{d}{2}}^{\frac{D}{2}} \rho^3 \mathrm{d}\rho = \frac{\pi}{32}(D^4 - d^4)$$

取 $\alpha = \dfrac{d}{D}$，得

极惯性矩为

$$I_P = \frac{\pi D^4}{32}(1 - \alpha^4) \tag{7.6}$$

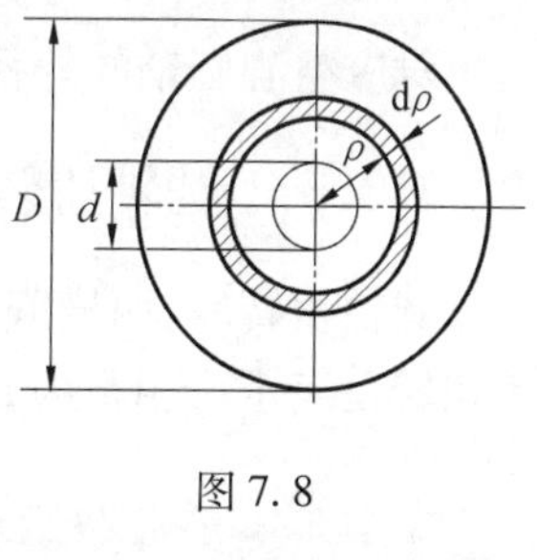

抗扭截面模量为

$$W_n = \frac{I_P}{\rho_{max}} = \frac{I_P}{R} = \frac{\pi D^3}{16}(1 - \alpha^4) \tag{7.7}$$

图 7.8

2. 实心圆轴

对于实心圆轴，$\alpha = 0$。

极惯性矩为

$$I_P = \frac{\pi D^4}{32} \tag{7.8}$$

抗扭截面模量为

$$W_n = \frac{\pi D^3}{16} \tag{7.9}$$

极惯性矩 I_P 的单位是 m^4 或 mm^4 等,抗扭截面模量 W_n 的单位是 m^3 或 mm^3 等。

【例7.2】 例7.1中的轴,若其直径 $d = 100$ mm,试求轴的最大切应力。若将其改成最大切应力相同的空心圆轴,当内外径之比为 0.8 时,空心圆轴的外径是多少?

解 (1)求实心圆轴的最大切应力。

轴为等截面轴,因此应力最大值在内力最大的截面上。

由扭矩图可知,扭矩最大值为

$$M_{nmax} = 5.72 \text{ kN} \cdot \text{m}$$

$$W_n = \frac{\pi D^3}{16} = \frac{3.14 \times 100^3}{16} = 1.96 \times 10^5 (\text{mm}^3)$$

则切应力的最大值为

$$\tau_{max} = \frac{M_{nmax}}{W_n} = \frac{5.72 \times 10^6}{1.96 \times 10^5} = 29.18 \ (\text{MPa})$$

(2)求空心圆轴外径。

由于空心圆轴和实心圆轴的最大切应力相等,扭矩的最大值也一样,根据应力的计算公式可知,两种轴的抗扭截面模量相等,即

$$W_{n空} = W_{n实}$$

$$\frac{\pi D_空^3 (1 - \alpha^4)}{16} = \frac{\pi D_实^3}{16}$$

整理并解得

$$D_空 = \sqrt[3]{\frac{D_实^3}{1 - \alpha^4}} = \sqrt[3]{\frac{100^3}{1 - 0.8^4}} = 119.20 \ (\text{mm})$$

对应空心圆轴的外径可取 120 mm。

7.3.3 圆轴扭转时的变形

圆轴扭转时,两横截面间绕轴线相对转过的角称为扭转角,如图 7.9 所示。扭转变形用扭转角表示。相距为 l 的两横截面间的扭转角为

$$\varphi = \frac{M_n l}{GI_P} \tag{7.10}$$

式中,φ 为扭转角,rad;GI_P 称为截面抗扭刚度,反映了轴抵抗扭转变形的能力。

GI_P 越大,扭转角 φ 越小。

将式(7.10)的等号两边同除以 l,得到单位长度的扭转角,用 θ 表示。即

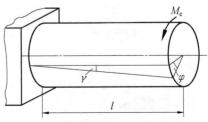

图 7.9

$$\theta = \frac{\varphi}{l} = \frac{M_n}{GI_P} \qquad (7.11)$$

式中,θ 的单位为 rad/m,在工程计算中,也常用(°)/m 作为单位,则式(7.11)可改写成

$$\theta = \frac{M_n}{GI_P} \cdot \frac{180°}{\pi} \qquad (7.12)$$

【例7.3】 7.10(a)所示阶梯轴,AB 段直径 $d_1 = 120$ mm, 长 $l_1 = 400$ mm,BC 段直径 $d_2 = 100$ mm, 长 $l_2 = 350$ mm。扭转力偶矩为 $m_A = 22$ kN·m,$m_B = 36$ kN·m,$m_C = 14$ kN·m, 已知材料的剪切弹性模量 $G = 80$ GPa。试求 AC 轴最大切应力,并求 C 点处截面相对于 A 点处截面的扭转角。

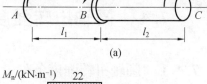
(a)

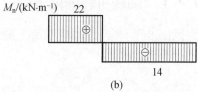
(b)

图 7.10

解　(1)作扭矩图。

采用截面法,得

AB 段截面上的扭矩为

$$M_{n1} = (左侧)\sum m_i = m_A = 22 \text{ kN·m}(+)$$

BC 段截面上的扭矩为

$$M_{n2} = (右侧)\sum m_i = m_C = 14 \text{ kN·m}(-)$$

(2)应力计算。

虽两段扭矩 $M_{n1} > M_{n2}$,但两段直径 $d_1 > d_2$,故两段应力须分别计算后再比较。

AB 段内应力为

$$\tau_{1max} = \frac{M_{n1}}{W_{n1}} = \frac{22 \times 10^6}{\frac{\pi}{16} \times 120^3} = 64.84 \text{ (MPa)}$$

BC 段内应力为

$$\tau_{2max} = \frac{M_{n2}}{W_{n2}} = \frac{14 \times 10^6}{\frac{\pi}{16} \times 100^3} = 71.30 \text{ (MPa)}$$

根据计算结果可知,轴最大切应力在 BC 段,值为 $\tau_{max} = 71.30$ MPa。

(3)变形计算。

两段扭矩、直径不同,故两段变形须分别计算后再叠加。

AB 段内变形为

$$\varphi_{AB} = \frac{M_{n1}l_1}{GI_{P1}} = \frac{22 \times 10^6 \times 400}{80 \times 10^3 \frac{\pi \times 120^4}{32}} = 5.4 \times 10^{-3}(\text{rad})$$

BC 段内变形为

$$\varphi_{BC} = \frac{M_{n2}l_2}{GI_{P2}} = \frac{-14 \times 10^6 \times 350}{80 \times 10^3 \times \frac{\pi \times 100^4}{32}} = -6.24 \times 10^{-3}(\text{rad})$$

则 AC 轴上的总变形为

$$\varphi_{AC} = \varphi_{AB} + \varphi_{BC} = = 5.4 \times 10^{-3} - 6.24 \times 10^{-3} = -8.4 \times 10^{-4}(\text{rad})$$

即 C 点处截面相对于 A 点处截面的扭转角为 8.4×10^{-4} rad, 扭转角的转向与 M_C 一致。

7.4　圆轴扭转强度条件和刚度条件及其应用

7.4.1　圆轴扭转强度条件

为保证工作安全, 圆轴横截面上最大切应力应不超过材料的许用切应力, 即圆轴扭转强度条件为

$$\tau_{\max} = \frac{M_{\text{nmax}}}{W_{\text{n}}} \leqslant [\tau] \tag{7.13}$$

式中, M_{nmax} 为绝对值最大的扭矩值 $|M_{\text{n}}|_{\max}$。

等截面轴最大切应力 $\tau_{\max}$ 就发生在 $|M_{\text{n}}|_{\max}$ 所在截面的周边各点处。而对于阶梯轴, 因 W_{n} 不是常量, 这时要综合考虑 M_{n} 和 W_{n} 两者的变化情况来确定 $\tau_{\max}$。

扭转许用切应力 $[\tau]$ 是由扭转试验测得材料的极限切应力除以适当的安全系数来确定的。在静荷载作用下, 扭转许用切应力 $[\tau]$ 与拉伸许用应力 $[\sigma]$ 之间有如下关系。

塑性材料:

$$[\tau] = (0.5 \sim 0.6)[\sigma]$$

脆性材料:

$$[\tau] = (0.8 \sim 1.0)[\sigma]$$

7.4.2　圆轴扭转刚度条件

圆轴扭转变形和梁弯曲变形在满足强度条件的基础上还需要进行刚度计算。为了保证轴的刚度, 通常规定单位长度扭转角的最大值 $\theta_{\max}$ 不应超过规定的允许值 $[\theta]$, 即

$$\theta_{\max} = \frac{M_{\text{nmax}}}{GI_{\text{P}}} \leqslant [\theta] \tag{7.14}$$

式中, $\theta_{\max}$ 的单位为 rad/m。工程中, 许用单位长度扭转角 $[\theta]$ 的单位常用度／米 $((°)/\text{m})$ 表示, 故

$$\theta_{\max} = \frac{M_{\text{nmax}}}{GI_{\text{P}}} \times \frac{180°}{\pi} \leqslant [\theta] \tag{7.15}$$

$[\theta]$ 的数值根据对机器的要求和轴的工作条件来确定, 可以从有关手册中查到。

7.4.3　工程实例计算

【例 7.4】　卷扬机的传动轴直径为 $d = 40$ mm, 转动功率 $P = 30$ kW, 转速 $n = 1\,400$ r/min, 轴的材料为 45 钢, $G = 80$ GPa, $[\tau] = 40$ MPa, $[\theta] = 2(°)/\text{m}$, 试校核该轴的强度和刚度。

解　（1）外力偶矩的确定。

$$M_e = 9\,549\,\frac{P}{n} = 9\,549 \times \frac{30}{1\,400} = 204\,(\text{N} \cdot \text{m})$$

（2）扭矩的确定。

$$M_n = M_e = 204\,\text{N} \cdot \text{m}$$

（3）强度的校核。

轴截面上最大剪应力为

$$\tau_{\max} = \frac{M_n}{W_n} = \frac{M_n}{\dfrac{\pi d^3}{16}} = \frac{204 \times 10^3}{\dfrac{\pi \times 40^3}{16}} = 16.23\,(\text{MPa})$$

$\tau_{\max} < [\tau]$，即该轴满足强度条件。

（4）刚度的校核。

$$\theta_{\max} = \frac{M_n}{GI_P} \times \frac{180°}{\pi} = \frac{M_n}{G\dfrac{\pi d^4}{32}} \times \frac{180°}{\pi} = \frac{204 \times 10^3 \times 180°}{80 \times \pi^2 \times \dfrac{40^4}{32}} = 0.58\,(°)/\text{m}$$

$\theta_{\max} < [\theta]$，即该轴满足刚度条件。

【例 7.5】　挖掘机传动轴如图 7.11 所示，转速 $n = 300\,\text{r/min}$，主动轮 A 输入功率 $P_{kA} = 500\,\text{kW}$，3 个从动轮输出功率 $P_{kB} = P_{kC} = 150\,\text{kW}$，$P_{kD} = 200\,\text{kW}$，已知 $[\tau] = 60\,\text{MPa}$，$G = 80\,\text{GPa}$，$[\theta] = 0.5(°)/\text{m}$。试设计轴径。

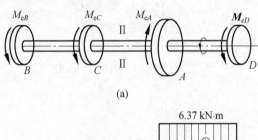

(a)

(b)

图 7.11

解　（1）计算外力偶矩。

$$M_{eA} = 9\,549\,\frac{P_{kA}}{n} = 9\,549 \times \frac{500}{300} \times 10^{-3} = 15.92\,(\text{kN} \cdot \text{m})$$

$$M_{eB} = M_{eC} = 9\,549\,\frac{P_{kB}}{n} = 9\,549 \times \frac{150}{300} \times 10^{-3} = 4.77\,(\text{kN} \cdot \text{m})$$

$$M_{eD} = 9\,549\,\frac{P_{kD}}{n} = 9\,549 \times \frac{200}{300} \times 10^{-3} = 6.37\,(\text{kN} \cdot \text{m})$$

（2）求扭矩 M_n 并作扭矩图。

采用截面法，根据式（7.2），得各段截面上的扭矩如下。

BC 段截面的扭矩为

$$M_{n1} = （左侧）\sum m_i = M_{eB} = -4.77 \text{ kN} \cdot \text{m}$$

CA 段截面的扭矩为

$$M_{n2} = （左侧）\sum m_i = M_{eB} + M_{eC} = -4.77 - 4.77 = -9.54 （\text{kN} \cdot \text{m}）$$

AD 段截面的扭矩为

$$M_{n3} = （右侧）\sum m_i = M_{eD} = 6.37 \text{ kN} \cdot \text{m}$$

根据各截面的扭矩，作扭矩图如图 7.11（b）所示。可见，内力最大的危险截面在 CA 段内，最大扭矩值

$$M_{n\max} = 9.54 \text{ kN} \cdot \text{m}$$

（3）确定轴的直径 d。

按强度条件式（7.13），有

$$\tau_{\max} = \frac{M_{n\max}}{W_n} = \frac{M_{n\max}}{\dfrac{\pi d^3}{16}} \leqslant [\tau]$$

可得

$$d \geqslant \sqrt[3]{\frac{16 M_{n\max}}{\pi [\tau]}} = \sqrt[3]{\frac{16 \times 9.54 \times 10^6}{\pi \times 60}} = 93.20 （\text{mm}）$$

按刚度条件式（7.14），有

$$\theta_{\max} = \frac{M_{n\max}}{G I_P} \times \frac{180°}{\pi} = \frac{M_{n\max}}{G \dfrac{\pi d^4}{32}} \times \frac{180°}{\pi} \leqslant [\theta]$$

可得

$$d \geqslant \sqrt[4]{\frac{32 \times 180° M_{n\max}}{\pi^2 G [\theta]}} = \sqrt[4]{\frac{32 \times 180° \times 9.54 \times 10^6}{\pi^2 \times 80 \times 10^3 \times 0.5 \times 10^{-3}}} = 108.62 （\text{mm}）$$

由计算得，要同时满足轴的强度、刚度条件，轴的直径 d 不得小于 109 mm。为了省料，也可以设计成空心轴或阶梯轴，这部分计算读者可以自己试着完成。

思考与练习

一、分析简答题

1. 扭转杆件上作用了什么样的外力？横截面上产生什么样的内力？其正负号如何定义？

2. 圆轴扭转时横截面上有什么应力，如何分布，最大值在何处？

3. 何为扭转角？如何计算扭转角？

4. 直径和长度相同，但材料不同的圆轴，在相同扭矩作用下，它们的最大切应力是否

相同? 扭转角是否相同? 为什么?

5. 从力学角度分析,为什么空心圆轴比实心圆轴合理?

6. 在外力偶矩的计算公式中,各量的单位是什么?

二、分析计算题

1. 作图 7.12 中各轴的扭矩图,已知 $m = 40$ N·m。

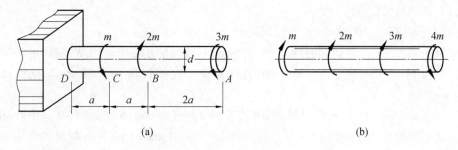

(a)　　　　　　　　　　　　　　　(b)

图 7.12

2. 如图 7.13 所示,已知 $M_{e1} = 6$ kN·m,$M_{e2} = 4$ kN·m,轴外径 $D = 120$ mm,空心轴内径 $d = 60$ mm,画扭矩图,求最大切应力 τ_{max}。当 $G = 80$ GPa 时,求 C 点处的截面相对 A 点处的截面所转过的角度。

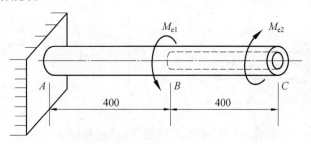

图 7.13

3. 已知灌浆机的主轴为等截面轴,输入、输出的功率如图 7.14 所示,转速 $n = 1\,450$ r/min,$[\tau] = 60$ MPa,$[\theta] = 0.6$ (°)/m,$G = 80$ GPa。试设计轴的直径。

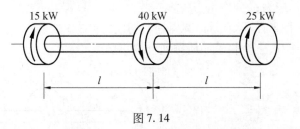

图 7.14

4. 推土机的传动轴外力偶矩 $m_A = 3$ kN·m,如图 7.15 所示,$m_B = 7$ kN·m,$m_C = 4$ kN·m,$d_1 = 60$ mm,$d_2 = 65$ mm,$[\tau] = 80$ MPa。试校核该轴各段的强度。

5. 已知空心圆轴的外径 $D = 100$ mm,内径 $d = 50$ mm,材料的弹性模量 $G = 80$ GPa。测得间距 $l = 2.7$ m 的两截面间的相对扭转角 $\varphi = 1.8°$。求:

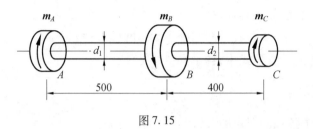

图 7.15

（1）轴的最大切应力；

（2）当轴以 $n = 80$ r/min 的转速转动时，轴传递的功率。

6. 某桥式起重机，传动轴的转速 $n = 27$ r/min，传递的功率 $P = 3$ kW，材料的许用切应力 $[\tau] = 40$ MPa，弹性模量 $G = 80$ GPa，许用单位长度扭转角 $[\theta] = 1°/$m。试选择轴的直径。

7. 如图 7.16 所示，已知阶梯轴的 AB 段直径 $d_1 = 120$ mm，BC 段直径 $d_2 = 100$ mm，所受外力偶矩分别为 $M_{eA} = 22$ kN·m，$M_{eB} = 36$ kN·m，$M_{eC} = 14$ kN·m，材料的许用切应力 $[\tau] = 80$ MPa。试校核该轴的强度。

8. 如图 7.17 所示为装载机的实心轴和空心轴通过牙嵌离合器连接，已知轴的转速 $n = 120$ r/min，传递的功率 $P = 8.5$ kW，材料的许用切应力 $[\tau] = 45$ MPa。试确定实心轴的直径和内、外径之比为 0.5 的空心轴外径。

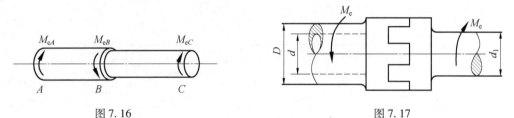

图 7.16　　　　　　　　　　　　　图 7.17

9. 如图 7.18 所示，某建筑设备采用等直径空心轴，外径 $D = 60$ mm，内径 $d = 40$ mm，材料的许用切应力 $[\tau] = 40$ MPa，许用单位长度扭转角 $[\theta] = 1°/$m，弹性模量 $G = 80$ GPa。试确定该轴的许可外力偶矩。

10. 搅拌设备传动轴如图 7.19 所示，已知轴的直径 $d = 50$ mm。试求：

（1）轴的最大切应力；

（2）截面 I—I 半径为 20 mm 圆周处的切应力；

（3）从强度观点看，三个轮子如何排列合理。

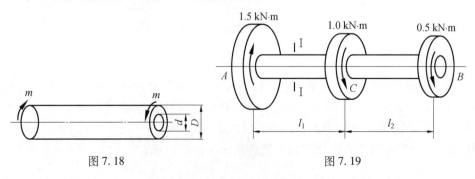

图 7.18　　　　　　　　　　　　　图 7.19

第8章 平面弯曲

【学习目标】

（1）理解平面弯曲变形的概念。

（2）掌握梁的受力特点、变形特点。

（3）能够用截面法求指定截面剪力、弯矩并快速画剪力图、弯矩图。

（4）掌握弯曲变形横截面上应力的分布特点及计算。

（5）能够变形应用公式求解不同点的应力和变形。

（6）能够熟练应用强度条件和刚度条件进行各种实际问题的计算。

8.1 平面弯曲概述

8.1.1 梁的弯曲变形

工程实际中将以弯曲为主要变形的构件称为梁。梁的弯曲变形是工程实际中的一种基本变形，如桥式起重机的横梁、列车车厢的轮轴、建筑结构中的横梁、钢架的横梁和立柱等。本章主要讨论的是平面弯曲。平面弯曲的受力特点是：在过轴线的纵向对称面内，受到垂直于轴线的荷载作用，如图 8.1 所示。

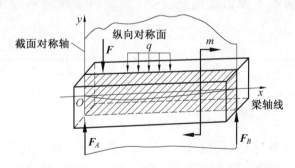

图 8.1

梁的平面弯曲变形特点是：轴线在纵向对称面内由直线变成一光滑连续曲线。例如图 8.2 所示的火车轮轴，其因在轴的两端分别受到垂直轴线的集中力作用而发生平面弯曲；又如图 8.3 所示的建筑物楼面梁，其因受到楼面荷载和梁自重的作用而发生平面弯曲。

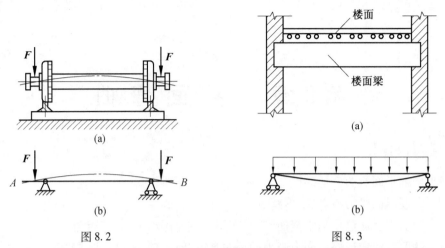

图 8.2

图 8.3

【提示】 梁是细而长的杆件,因此在计算简图中常用梁的轴线代替实际的梁。进行计算时,对作用在梁上的外力,包括荷载及约束反力(支反力),要根据实际情况正确地估计出其大小和作用情形;支反力根据约束条件确定。

8.1.2 静定梁的分类

梁在发生平面弯曲时,外力或外力的合力都作用在通过梁轴线的纵向平面内,为使梁在此平面内不致发生随意的移动和转动,必须有足够的支座约束。按支承的情况,常见的梁有下述 3 种类型。

(1)悬臂梁。梁的一端固定,另一端自由,如图 8.4(a)所示。

(2)简支梁。梁的一端为固定铰链支座,另一端为活动铰链支座,如图 8.4(b)所示。

(3)外伸梁。梁的支撑情况同简支梁,但梁的一端或两端伸出支座之外,如图 8.4(c)所示。

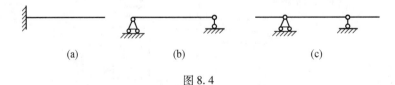

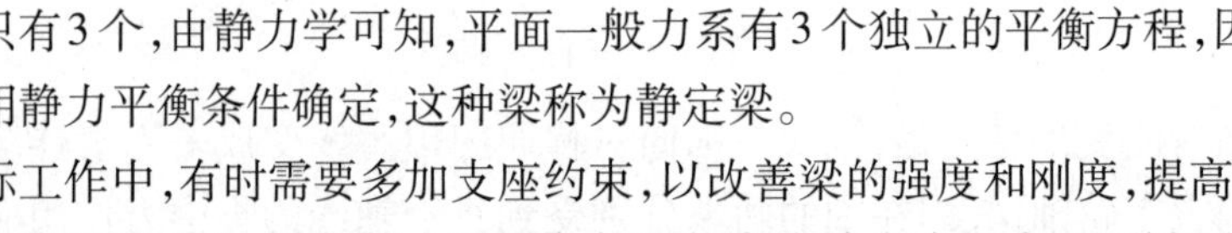

图 8.4

在平面弯曲中,荷载与支反力构成一个平面平衡力系。对于上述 3 种类型的梁,支反力未知数都只有 3 个,由静力学可知,平面一般力系有 3 个独立的平衡方程,因此这些梁的支反力可以用静力平衡条件确定,这种梁称为静定梁。

但在实际工作中,有时需要多加支座约束,以改善梁的强度和刚度,提高承载能力,这时支反力未知数超过 3 个,单凭静力平衡条件不能完全确定支反力,这种梁称为超静定梁或静不定梁。解超静定梁需要考虑梁的变形,列出补充方程,与静力平衡条件联立求解,才能求出全部支反力。

8.2　梁弯曲的内力

8.2.1　梁弯曲的内力 —— 剪力和弯矩

本节以图 8.5(a) 所示的弯曲梁 AB 为例,研究梁某横截面上的内力。

采用截面法求内力时,用 m—m 截面将梁假想地截为两段,取其中的任一段为研究对象,如图 8.5(b)、(c) 所示。根据力系的平衡条件,可确定在留下部分的 m—m 截面上的内力为平行于横截面的剪力 $\boldsymbol{F}_\mathrm{S}$ 和作用在纵向对称面内的内力矩即弯矩 M。根据平衡方程可得剪力与弯矩的大小。

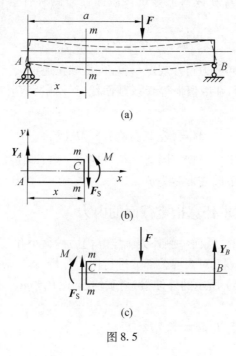

图 8.5

由

$$\sum F_{iy} = 0, \quad Y_A - F_\mathrm{S} = 0$$

得

$$F_\mathrm{S} = Y_A$$

由

$$\sum M_C(\boldsymbol{F}_i) = 0, \quad M - Y_A x = 0$$

得

$$M = Y_A x$$

若取右段为研究对象,讨论结果相同。

为了明确表示梁弯曲变形的情况,通常对剪力和弯矩规定正负号。剪力 F_S 绕截面顺时针为正,逆时针为负,如图 8.6(a) 所示;弯矩 M 使轴线产生下凸上凹变形时为正,使轴线产生上凸下凹变形时为负,如图 8.6(b) 所示。

图 8.6

对受力复杂的梁,如同拉(压)杆、扭转轴的内力求法,可直接确定出截面上 $\boldsymbol{F}_S$ 和 M 的数值和正负号,归纳如下。

(1)某截面上的剪力,在数值上等于该截面任一侧所有垂直轴线方向外力的代数和,即

$$F_S = (\text{左或右侧}) \sum F_i \tag{8.1}$$

式中,外力的正负号规定同剪力符号规定一致,也是顺正逆负。

(2)某截面上的弯矩,在数值上等于该截面任意一侧所有外力对该截面形心之矩的代数和,即

$$M = (\text{左或右侧}) \sum M_O(\boldsymbol{F}_i) \tag{8.2}$$

式中,外力对截面之矩的正负号规定同弯矩符号规定一致,即使梁轴线产生下凸上凹变形为正,使梁轴线产生上凸下凹变形时为负。

8.2.2　用截面法求任意指定截面的内力

对梁的变形可直接根据截面一侧外力确定其内力的大小和正负,为此,采用一刚性屏蔽面把弃去部分给屏蔽起来,对未屏蔽部分进行内力分析,具体应用见如下的例题。

【例 8.1】　图 8.7(a) 所示的外伸梁,荷载均已知,$P = qa$。求指定截面上的剪力 $\boldsymbol{F}_S$ 和弯矩 M。

解　(1)对梁进行外力分析,求支反力。

由

$$\sum M_B(\boldsymbol{F}) = 0, \quad Pa + m - Y_A \cdot 2a - \frac{1}{2}qa^2 = 0$$

得

$$Y_A = \frac{3}{4}qa$$

由

$$\sum M_A(\boldsymbol{F}) = 0, \quad -Pa + m + Y_B \cdot 2a - \frac{5}{2}qa^2 = 0$$

得

$$Y_B = \frac{5}{4}qa$$

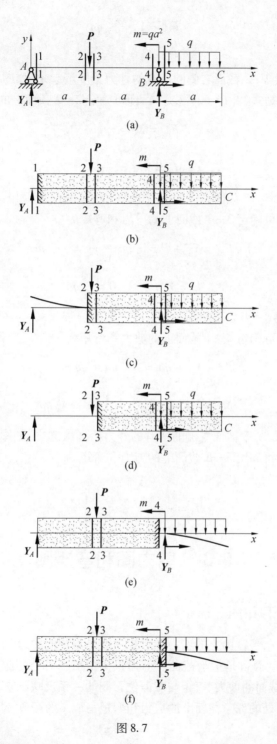

图 8.7

（2）计算指定截面上的内力。

1—1 截面：取截面的左侧为研究对象，将梁1—1 截面右侧的所有的外力给屏蔽起来，如图 8.7(b) 所示，根据式(8.1) 和式(8.2)，即可确定 1—1 截面上的剪力和弯矩为

$$F_{S1} = Y_A = \frac{3}{4}qa$$

$$M_1 = 0 \cdot Y_A = 0$$

2—2 截面:将梁 2—2 截面右侧的所有的外力给屏蔽起来,如图 8.7(c) 所示,取截面左侧为研究对象,根据式(8.1) 和式(8.2),即可确定 2—2 截面上的剪力和弯矩为

$$F_{S2} = Y_A = \frac{3}{4}qa$$

$$M_2 = Y_A a = \frac{3}{4}qa^2$$

3—3 截面:将梁 3—3 截面右侧的所有的外力给屏蔽起来,如图 8.7(d) 所示,取截面左侧为研究对象,即可确定 3—3 截面上的剪力和弯矩为

$$F_{S3} = Y_A - P = \frac{3}{4}qa - qa = -\frac{1}{4}qa$$

$$M_3 = Y_A a - P \cdot 0 = \frac{3}{4}qa^2$$

4—4 截面:将梁 4—4 截面左侧的所有的外力给屏蔽起来,如图 8.7(e) 所示,取截面右侧为研究对象,即可确定 4—4 截面上的剪力和弯矩为

$$F_{S4} = -Y_B + qa = -\frac{5}{4}qa + qa = -\frac{1}{4}qa$$

$$M_4 = Y_B \cdot 0 + qa^2 - \frac{1}{2}qa^2 = \frac{1}{2}qa^2$$

5—5 截面:将梁 5—5 截面左侧的所有的外力给屏蔽起来,如图 8.7(f) 所示,取截面右侧为研究对象,即可确定 5—5 截面上的剪力和弯矩为

$$F_{S5} = qa$$

$$M_5 = -qa \times \frac{a}{2} = -\frac{1}{2}qa^2$$

8.3　剪力图和弯矩图

8.3.1　列方程作图

梁在外力作用下,各截面上的剪力和弯矩一般是不相同的,其中弯矩或剪力最大的截面对等截面梁的强度而言是危险截面。剪力最大的截面和弯矩最大的截面一般并不重合。为了将梁上各截面的剪力、弯矩与截面位置间的关系反映出来,常取梁上一点为坐标原点,把距原点为 x 处的任意截面上的剪力和弯矩写成 x 的函数,即

$$\begin{cases} F_S = F_S(x) \\ M = M(x) \end{cases} \tag{8.3}$$

式(8.3) 称为剪力方程和弯矩方程。坐标原点一般选在梁的端点。当梁上同时作用着多个荷载时,对剪力和弯矩与截面位置间的关系需分段列方程,集中力、集中力偶、分布

力的两端为方程分段的分界点。

为了直观清楚地显示沿梁轴线方向的各截面剪力和弯矩的变化情况,可绘制剪力图(又称 $F_S(x)$ 图)和弯矩图(又称 $M(x)$ 图)。作图的方法同轴力图和扭矩图,即以与梁轴线平行的轴表示梁的截面位置,与轴线垂直的轴表示剪力或弯矩,根据剪力和弯矩方程按比例描点得出剪力图和弯矩图。对剪力图,正值画在轴线的上侧,负值画在轴线的下侧;对弯矩图,正值画在轴线的下侧,负值画在轴线的上侧,即弯矩坐标正向向下。具体作图的步骤和方法见下面的例题。

【例8.2】 图8.8(a)所示的简支梁 AB 受均布荷载 q 作用,试作其剪力图和弯矩图。

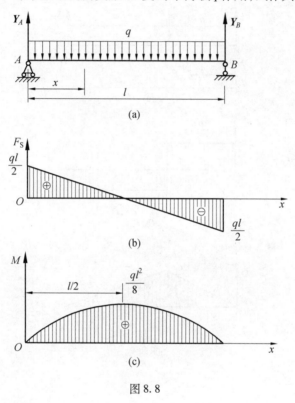

图 8.8

解 (1)求支反力。

由平衡方程得

$$Y_A = Y_B = \frac{ql}{2}$$

(2)列剪力、弯矩方程。

取梁左端为原点,用一个距原点 x 的坐标代表截面所在的位置,可写出整根梁的 $F_S(x)$ 和 $M(x)$ 方程:

$$F_S(x) = Y_A - qx = \frac{ql}{2} - qx, \quad 0 < x < l$$

$$M(x) = Y_A x - (qx)\frac{x}{2} = \frac{qx}{2}(1 - x), \quad 0 \leqslant x \leqslant l$$

（3）画剪力图、弯矩图。该梁的剪力图与弯矩图有如下的特点。

①$F_S(x)$ 图是一斜直线，如图8.8（b）所示。当 $x=0$ 时，$F_S=\dfrac{ql}{2}$；当 $x=l$ 时，$F_S=-\dfrac{ql}{2}$。$F_S(x)$ 图在跨中与 x 轴相交。

②$M(x)$ 图是二次抛物线，如图8.8（c）所示，当 $x=0$ 时，$M=0$；当 $x=l$ 时，$M=0$；在跨中处 $\left(x=\dfrac{l}{2}\right)$，得 $M_{\max}=\dfrac{ql^2}{8}$，即在 $F_S=0$ 的截面上出现最大弯矩。

【例8.3】 图8.9（a）所示的简支梁 AB 受一集中力作用，试作其剪力图和弯矩图。

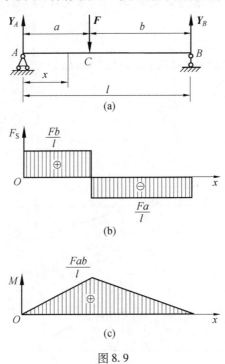

图 8.9

解　（1）求支反力。

由平衡方程得

$$Y_A=\frac{Fb}{l}$$

$$Y_B=\frac{Fa}{l}$$

（2）列剪力、弯矩方程。

由于 AC 段和 CB 段受力不同，力 F 左侧和右侧梁段的剪力和弯矩方程不同，$F_S(x)$ 和 $M(x)$ 方程应分段写出。

①AC 段（$0 \leqslant x \leqslant a$），以左侧梁段为研究对象，有

$$F_S(x)=Y_A=\frac{Fb}{l}$$

$$M(x)=Y_A x=\frac{Fb}{l}x$$

②CB 段($a \leqslant x \leqslant l$),以左侧梁段为研究对象,有

$$F_S(x) = Y_A - F = -\frac{Fa}{l}$$

$$M(x) = Y_A x - F(x - a) = \frac{Fa}{l}(l - x)$$

如 CB 段以右侧梁段为研究对象,同样有

$$F_S(x) = -Y_B = -\frac{Fa}{l}$$

$$M(x) = Y_B(l - x) = \frac{Fa}{l}(l - x)$$

(3)画剪力图、弯矩图。

根据方程描点作出的剪力图和弯矩图,如图 8.9(b)、(c) 所示。

在 CB 段上取截面左侧或右侧梁段为研究对象给出的结果相同,但以右侧梁段为研究对象较为简单方便。

在集中力作用处,$F_S(x)$ 图发生突变,突变的绝对值等于该集中力的大小;$M(x)$ 图发生转折。

设 $a < b$,则绝对值最大的剪力发生在 F 的左侧一段内,即发生在 $x \leqslant a$ 的截面内,且 $F_{Smax} = \frac{Fb}{l}$。弯矩最大值在 F 作用的截面上,有

$$M_{max} = \frac{Fab}{l}$$

【例8.4】　图 8.10(a) 所示的一简支梁在 C 点处受一集中力偶 m 的作用,试绘出梁的剪力图和弯矩图。

解　(1)求支反力。

由平衡方程,得

$$Y_A = \frac{m}{l}(\uparrow)$$

$$Y_B = \frac{m}{l}(\downarrow)$$

(2)列剪力、弯矩方程。

由于 AC 段和 CB 段受力不同,$F_S(x)$ 和 $M(x)$ 方程应分段列出。

AC 段($0 \leqslant x \leqslant a$):

$$F_S(x) = Y_A = \frac{m}{l}$$

$$M(x) = Y_A x = \frac{m}{l}x$$

CB 段($a \leqslant x \leqslant l$):

$$F_S(x) = Y_B = \frac{m}{l}$$

$$M(x) = -Y_B(l - x) = -\frac{m}{l}(l - x)$$

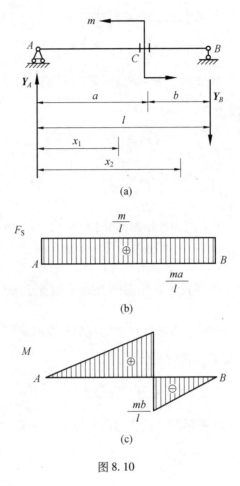

图 8.10

（3）画剪力图、弯矩图。

根据 $F_S(x)$ 和 $M(x)$ 方程，描点作出剪力图和弯矩图，如图 8.10（b）、（c）所示。

由图可知，集中力偶不影响 $F_S(x)$ 图；但 $M(x)$ 图在集中力偶作用处有突变，突变的绝对值等于该集中力偶的大小。设 $a > b$，则弯矩的最大值 $M_{\max} = \dfrac{ma}{l}$，且发生在集中力偶作用的稍左截面上。

8.3.2　叠加法作图

1. 典型荷载的弯矩图叠加作图

如图 8.11（a）所示，简支梁 AB 受均布荷载作用，且分别在 A、B 端受一集中力偶作用，则梁左端的支反力为

$$Y_A = \frac{1}{2}ql - \frac{M_A}{l} + \frac{M_B}{l} \tag{8.4}$$

式（8.4）说明：支反力中包括 3 项，它们分别代表一种荷载的作用。因此，在小变形条件下，可以先求均布荷载 q 单独作用时的支反力，再求力偶 m 单独作用时的支反力，然后叠

加。这种分别求出各外力的单独作用结果,再叠加出共同作用结果的方法称为叠加法。

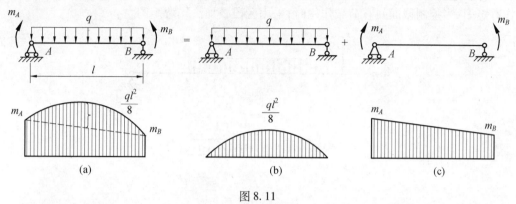

图 8.11

【提示】 在力学计算中叠加法经常用到,但其前提是在小变形和线弹性条件下(即梁在外力作用下其跨度的改变可以忽略)。当梁上同时作用几个荷载时,各个荷载所引起的支反力和内力都只与相应荷载有关,各自独立、互不影响。梁在外力作用下跨度改变较大时(不能忽略),应用叠加法将带来较大误差。

根据叠加法原理,图 8.11(a) 所示的简支梁可视为分别承受均布荷载 q 和集中力偶 m_A、m_B 作用,即图 8.11(a) 可视为图 8.11(b)、(c) 的叠加。具体绘制时,先分别作出如图 8.11(b) 所示的弯矩图和如图 8.11(c) 所示的弯矩图,然后将这两个弯矩图叠加(指两个弯矩图的纵坐标的叠加),即得到总弯矩图,如图 8.11(a) 所示。

当梁上作用的荷载比较复杂时,用叠加法较方便。当荷载可以分解为几种常见的典型荷载,而且典型荷载的弯矩图已经熟练掌握时,叠加法更显得方便实用。作剪力图也可以用叠加法,但因剪力图一般比较简单,所以叠加法用得较少。

由图 8.11 可看出,当均布荷载单独作用时,弯矩图为二次抛物线图形;当端部力偶单独作用时,弯矩图为直线图形。

2. 区段叠加法作弯矩图

现在讨论结构中直杆的任一区段的弯矩图。以图 8.12(a) 中的区段 AB 为例,其隔离体如图 8.12(b) 所示。隔离体上的作用力除均布荷载 q 外,在杆端还有弯矩 M_A、M_B,剪力 F_{SA}、F_{SB}。为了说明区段 AB 弯矩图的特性,将它与图 8.12(c) 中的简支梁相比较,该简支梁承受相同的均布荷载 q 和相同的杆端力偶 M_A、M_B,设简支梁的支座反力为 Y_A、Y_B,则由平衡条件可知 $Y_A = F_{SA}$、$Y_B = -F_{SB}$。因此,二者的弯矩图相同,故可利用作简支梁弯矩图的方法来绘制直杆任一区段的弯矩图,从而也可采用叠加法作图,如图 8.12(d) 所示。具体作法分成两步:先求出区段两端的弯矩竖标,并将这两端竖标的顶点用虚线相连;然后以此虚线为基线,将相应简支梁在均布荷载(或集中荷载)作用下的弯矩图叠加上去,则最后所得的图线与原定基线之间所包含的图形,即为实际的弯矩图。由于它是在梁内某一区段上的叠加,故称区段叠加法。

利用上述关于内力图的特性和弯矩图的叠加法,可将梁的弯矩图的一般作法归纳如下:除悬臂梁外,一般应首先求出梁的支座反力,选定外力的不连续点(如集中力作用点、集中力偶作用点、分布荷载的起点和终点、支座处等)处的截面为控制截面,求出控制截面的弯矩值,分段画弯矩图。当控制截面间无荷载时,根据控制截面的弯矩值,连成直线作弯矩图;当控制截面间有荷载作用时,采用区段叠加法作弯矩图。

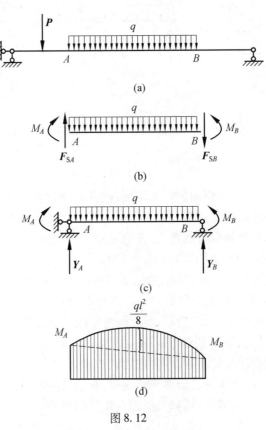

图 8.12

【例 8.5】　用区段叠加法作图 8.13(a) 中梁的弯矩图。

解　(1) 求支反力。

由

$$\sum M_A(\boldsymbol{F}) = 0, \quad 6 \times 2 - 2 \times 4 \times 2 - 8 \times 6 - 2 \times 2 \times 9 + Y_B \times 8 = 0$$

得

$$Y_B = 11 \text{ kN}$$

由

$$\sum M_B(\boldsymbol{F}) = 0, \quad 6 \times 10 + 2 \times 4 \times 6 + 8 \times 2 - 2 \times 2 \times 1 - Y_A \times 8 = 0$$

得

$$Y_A = 15 \text{ kN}$$

(2) 求控制截面弯矩。

$$M_C = 0$$
$$M_A = -6 \times 2 = -12 \text{ (kN · m)}$$
$$M_D = -6 \times 6 + 15 \times 4 - 2 \times 4 \times 2 = 8 \text{ (kN · m)}$$
$$M_E = -2 \times 2 \times 3 + 11 \times 2 = 10 \text{ (kN · m)}$$

$$M_B = - 2 \times 2 \times 1 = - 4 \ (\text{kN} \cdot \text{m})$$

$$M_F = 0$$

（3）将梁分成 CA、AD、DE、EB、BF 五段，用区段叠加法画出弯矩图，如图 8.13（b）所示。

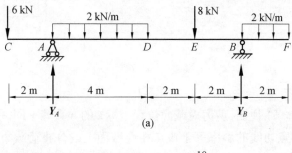

(a)

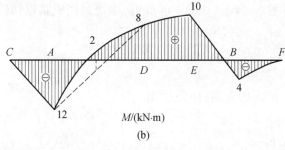

(b)

图 8.13

8.3.3　控制截面法作图

1. 剪力、弯矩和分布荷载集度之间的微分关系

分布荷载、剪力和弯矩之间存在着一定的关系。如图 8.14（a）所示，设在梁上有任意分布的荷载 $q(x)$，现从梁上取出一段长度为 dx 的单元体，如图 8.14（b）所示。由于 dx 上的荷载可按均布荷载处理，为了避免符号上的混乱，假定 q 和截面上的 F_S、M 均为正。考虑到单元体右侧与左侧截面之间有一微小距离 dx，若左侧截面上的剪力、弯矩为 $F_S(x)$ 和 $M(x)$，则右侧截面上的剪力和弯矩与之相比有一微小变化，应为 $F_S(x) + dF_S(x)$ 和 $M(x) + dM(x)$。

根据单元体的平衡条件，有

$$\sum F_{iy} = 0, \quad F_S(x) - [F_S(x) + dF_S(x)] + q(x)dx = 0$$

$$\sum M_O(F) = 0, \quad M(x) + F_S(x)dx - [q(x)d(x)]\frac{dx}{2} - [M(x) + dM(x)] = 0$$

略去二阶微量得

$$\frac{dF_S(x)}{dx} = q(x) \tag{8.5}$$

$$\frac{dM(x)}{dx} = F_S(x) \tag{8.6}$$

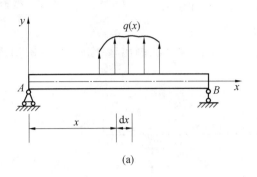
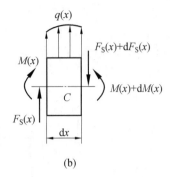

图 8.14

式(8.5)和式(8.6)说明,剪力对截面位置坐标 x 的导数等于同一截面上的分布荷载集度,即剪力图上某点切线的斜率等于该点相应截面上的分布荷载集度 $q(x)$;而弯矩对截面位置坐标 x 的导数等于同一截面上的剪力,即弯矩图上某点切线的斜率等于该点相应截面上的剪力 $F_S(x)$。令式(8.6)对 x 求导,并利用式(8.5)可得

$$\frac{d^2 M(x)}{dx^2} = \frac{dF_S(x)}{dx} = q(x) \qquad (8.7)$$

式中,$q(x)$ 以向上为正;x 的方向以向右为正。

式(8.7)表明:弯矩对截面位置坐标 x 的二阶导数等于梁在该截面的分布荷载集度,即弯矩图斜率的变化与 $q(x)$ 有关。若 $q(x)$ 为正值,即 $\frac{d^2 M(x)}{dx^2} = q(x) > 0$,$M(x)$ 图为上凸曲线(碗口朝下);若 $q(x) < 0$,$M(x)$ 图为下凸曲线(碗口朝上)。

【提示】　式(8.7)中的 $q(x)$、$F_S(x)$ 和 $M(x)$ 之间的微分关系是 $F_S(x)$ 和 $M(x)$ 为连续曲线时三者之间的关系。

2. 剪力、弯矩图规律

综合考虑 $F_S(x)$ 和 $M(x)$ 图为连续曲线时剪力、弯矩和分布荷载集度之间的微分关系,并结合上述各例题的分析,可得到下述的控制截面法作图规律。

(1)剪力图。

在均布荷载 q 作用处,剪力图为斜直线,当 $q < 0$(荷载向下,记为"↓")时,$F_S(x)$ 图为向下倾斜的直线(记为"＼");当 $q > 0$(荷载向上,记为"↑")时,$F_S(x)$ 图为向上倾斜的直线(记为"／")。在集中力作用处,剪力图有突变,突变值等于集中力数值,突变方向同集中力方向。在集中力偶作用处剪力值不变。

(2)弯矩图。

在均布荷载 q 作用处,弯矩图为抛物线,当 $q < 0$(↓)时,弯矩 $M(x)$ 图向上凸(记为"∩");当 $q > 0$(↑)时,$M(x)$ 图向下凸(记为"∪")。在集中力作用处,弯矩图有转折,集中力作用处两侧的弯矩值不变。在集中力偶作用处,弯矩图有突变,突变值等于集中力偶矩。

（3）剪力等于零处，弯矩有极值。

综合利用这些关系和规律，不仅可以快捷地检验绘出的 $F_S(x)$ 和 $M(x)$ 图正确与否，熟练掌握后还可以直接绘制 $F_S(x)$ 和 $M(x)$ 图，因此，控制截面法作图在工程实际中的应用十分广泛。

【例8.6】　外伸梁如图8.15（a）所示，梁上所受荷载为 $q = 4\ \text{kN/m}$，$F = 20\ \text{kN}$，梁长 $l = 4\ \text{m}$。试用控制截面法绘出 $F_S(x)$ 和 $M(x)$ 图。

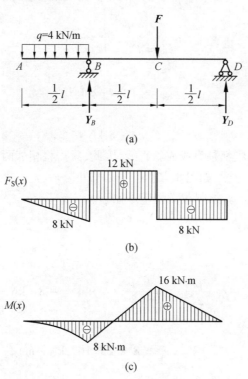

图 8.15

解　（1）求支反力。

由

$$\sum M_B(\boldsymbol{F}_i) = 0, \quad q \cdot \frac{l}{2} \cdot \frac{l}{4} - F \cdot \frac{l}{2} + Y_D \cdot l = 0$$

得

$$Y_D = 8\ \text{kN}$$

由

$$\sum F_{iy} = 0, \quad Y_B + Y_D - F - q \cdot \frac{l}{2} = 0$$

得

$$Y_B = 20\ \text{kN}$$

（2）作 $F_S(x)$ 图。计算控制截面的剪力如下。

A 点处截面，有

$$F_{SA} = 0$$

B 点处截面左侧,有

$$F'_{SB} = -\frac{1}{2}ql = -8 \text{ kN}$$

B 点处截面右侧,有

$$F''_{SB} = -\frac{1}{2}ql + Y_B = -8 + 20 = 12 \text{ (kN)}$$

C 点处截面左侧,有

$$F'_{SC} = F''_{SB} = 12 \text{ kN}$$

C 点处截面右侧,有

$$F''_{SC} = -Y_D = -8 \text{ kN}$$

D 点处截面,有

$$F_{SD} = -8 \text{ kN}$$

本例中剪力图的各段都是直线或斜直线,因此,只需将相邻两个控制截面的剪力用直线相连就能得到梁的剪力图,如图 8.15(b) 所示。

(3) 作 $M(x)$ 图。计算控制截面的弯矩如下。

A 点处截面,有

$$M_A = 0$$

B 点处截面,有

$$M_B = -q \cdot \frac{l}{2} \cdot \frac{l}{4} = -\frac{1}{8} \times 4 \times 4^2 = -8 \text{ (kN · m)}$$

C 点处截面,有

$$M_C = Y_D \cdot \frac{l}{2} = 8 \times 2 = 16 \text{ (kN · m)}$$

D 点处截面,有

$$M_D = 0$$

AB 段梁上作用有分布荷载,因此弯矩图为开口向下的抛物线;BC 段、CD 段梁上无分布荷载,弯矩图为斜直线。连接各截面弯矩值,得弯矩图如图 8.15(c) 所示。

【例 8.7】　外伸梁 AC 及荷载如图 8.16(a) 所示,试用控制截面法绘出 $F_S(x)$ 和 $M(x)$ 图。

解　(1) 求支反力。

由

$$\sum M_C(F_i) = 0, \quad 20 \times 5 - Y_B \times 4 + 20 \times 4 \times 2 + 20 = 0$$

得

$$Y_B = 70 \text{ kN}$$

由

$$\sum M_B(F) = 0, \quad 20 \times 1 - 20 \times 4 \times 2 + 20 + Y_C \times 4 = 0$$

得
$$Y_C = 30 \ kN$$

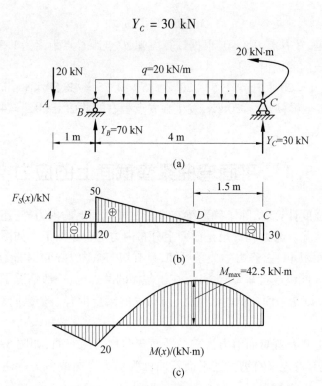

图 8.16

(2) 作 $F_S(x)$ 图。

AB 段，$q = 0$，$F_S(x)$ 图为水平直线；BC 段，$q < 0$，$F_S(x)$ 图为向右下倾斜的直线。这样，只要求出下列数值就可作出 $F_S(x)$ 图。

AB 段内，有
$$F_S = -20 \ kN$$

B 点左侧，有
$$F_S = -20 \ kN$$

B 点右侧，有
$$F_S = -20 + Y_B = 50 \ (kN)$$

C 点左侧，有
$$F_S = -Y_C = -30 \ kN$$

根据这些数据和图形规律，即可作出如图 8.16(b) 所示的 $F_S(x)$ 图。

(3) 作 $M(x)$ 图。

由 $F_S(x)$ 图可知，在弯矩图中，AB 段是向右下倾斜的直线，BC 段是开口朝下的曲线，因此，只要求出下列几个数据，根据图形规律就可作出如图 8.16(c) 所示的 $M(x)$ 图。

B 点处，有
$$M = -20 \times 1 = -20 \ (kN \cdot m)$$

C 点处,有

$$M = 20 \text{ kN} \cdot \text{m}$$

值得注意的是,在 D 点,$F_S = 0$,根据计算可知,D 点距 C 点距离为 1.5 m。D 点处截面内的 M 达到 CB 段内的极值,即

$$M_{max} = 20 + 30 \times 1.5 - 20 \times 1.5 \times 0.75 = 42.5 \text{ (kN} \cdot \text{m)}$$

(4)综合考查全梁,$F_{Smax} = 50$ kN,发生在 B 点稍右的截面上;$M_{max} = 42.5$ kN·m,发生在 D 点处的截面上。

8.4　平面弯曲梁横截面上的应力

在对梁进行强度计算时,除了确定梁在弯曲时横截面上的内力外,还需进一步研究梁横截面上的应力情况。剪力和弯矩是截面上分布内力的合成结果。如图 8.17 所示,在一横截面上取一微面积 dA,由静力学关系可知,只有切向微内力 τdA 才能组成剪力 $\boldsymbol{F}_S$,只有法向微内力 σdA 才能组成弯矩 M。所以,在横截面的某点上,一般情况下既有正应力 σ 又有切应力 τ。本节讨论平面弯曲时的应力,所讨论的梁至少有一个纵向对称面,且外力作用在该对称面内。

梁的横截面上只有弯矩而剪力为零的平面弯曲称为纯弯曲,如图 8.18 所示梁上 CD 段;而横截面上既有弯矩又有剪力的平面弯曲称为横力弯曲或剪力弯曲,如图 8.18 所示梁上 AC、DB 段。

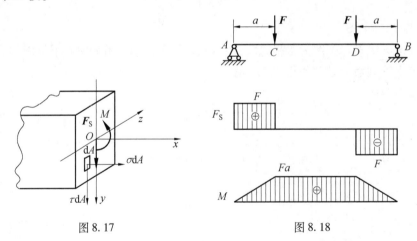

图 8.17　　　　　　　　　　　　图 8.18

8.4.1　纯弯曲时梁横截面上的应力

本节首先研究平面弯曲中纯弯曲时的正应力。与第 7 章研究圆轴扭转时的切应力相似,由试验观察入手,然后综合考虑几何、物理和静力学三个方面,推导出正应力计算公式。

1. 试验现象

取一根矩形截面梁,在中间段的表面画上纵向直线 a_1a_2,b_1b_2 和横向直线 mm,nn。如

图 8.19(a) 所示,在梁两端加一对力偶作用,梁发生纯弯曲。可观察到梁纯弯曲的变形现象如图 8.19(b) 所示,其特点如下。

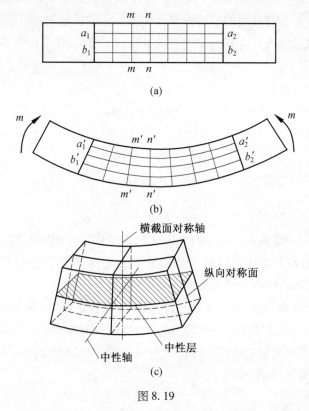

图 8.19

(1) 纵向线变成圆弧线,靠近凹边的纵向线 $a_1'a_2'$ 缩短,靠近凸边的纵向线 $b_1'b_2'$ 伸长,中间位置的纵向线长度不变。

(2) 横向线仍为直线 $m'm'$ 和 $n'n'$,两横向线做相对转动,但仍与变形后的纵向线正交。

2. 假设及推论

研究纯弯曲时梁横截面上的应力,可做如下的假设。

(1) 平面假设。梁变形后的横截面仍为平面,且与变形后的梁轴线正交。

(2) 单向受力假设。将梁视为由一束纵向纤维组成,每根纤维的变形只是轴向伸长或缩短,纤维相互间无挤压作用。

由假设可得以下推论。

(1) 变形后横截面与纵向线相正交,即梁的纵、横截面上无剪应变,也无切应力。

(2) 因纵向纤维有的伸长,有的缩短,故横截面上有正应力存在,且同一横截面上有的点为拉应力,有的点为压应力。

(3) 由于中间纤维无伸缩,则图 8.19(c) 所示梁的阴影线层,既不伸长也不缩短,称为中性层。中性层与截面的交线称为中性轴。

3. 应力分布特点

用 1—1 和 2—2 两横截面自纯弯曲梁中截取 $\mathrm{d}x$ 微段来分析,如图 8.20 所示。令 y 轴为横截面的对称轴,z 轴与截面的中性轴重合。由平面假设可知,梁变形后两端面相对倾转了 $\mathrm{d}\theta$ 角,设中性层弧长 o_1o_2 的曲率半径为 ρ,由于中性层纤维在变形后长度不变,则有以下结论。

中性层弧长为

$$o_1o_2 = \mathrm{d}x = \rho\,\mathrm{d}\theta$$

距中性层 y 的纤维 b_1b_2 的弧长为

$$b_1b_2 = (\rho + y)\,\mathrm{d}\theta$$

得 b_1b_2 在变形后的线应变为

$$\varepsilon = \frac{(\rho + y)\,\mathrm{d}\theta - \rho\,\mathrm{d}\theta}{\rho\,\mathrm{d}\theta} = \frac{y}{\rho}$$

由上式可知,同一横截面上各点的线应变与该点到中性轴的距离 y 成正比。据单向受力假设,若应力在材料的比例极限范围内,由胡克定律可知弯曲时横截面上任一点的正应力与该点到中性轴的距离 y 成正比。

经前面的分析可知:梁发生纯弯曲时,横截面上只有正应力,没有切应力;以中性轴为界,一侧是拉应力,一侧是压应力;正应力的大小与点到中性轴的距离成正比,中性轴上各点的正应力为零,距中性轴越远的点,拉(压)应力越大,拉(压)应力最大值在距中性轴最远的边缘处,如图 8.21 所示。

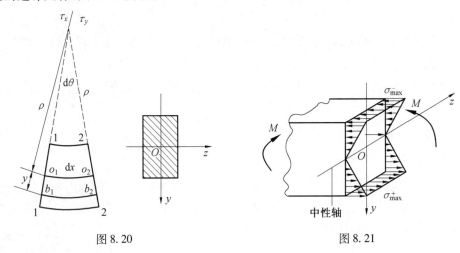

图 8.20　　　　　　　　　　　　　图 8.21

4. 中性轴位置的确定

根据横截面上各点正应力代数和为零,即横截面上没有轴力,可推定中性轴不但垂直于横截面的对称轴 y,而且通过横截面的形心。

5. 弯曲正应力公式

经理论推导(略)得到梁纯弯曲时横截面上正应力 σ 的计算公式为

$$\sigma = \frac{My}{I_z} \tag{8.8}$$

式中,M 为横截面上的弯矩;y 为点到中性轴的距离;I_z 为横截面对中性轴 z 的惯性矩,其值由横截面的形状尺寸及中性轴的位置决定,单位是长度单位的四次方。

I_z 的表达式为

$$I_z = \int_A y^2 \mathrm{d}A \tag{8.9}$$

横截面上的最大正应力发生在距中性轴最远的地方,其值为

$$\sigma_{max} = \frac{My_{max}}{I_z} = \frac{M}{W_z} \tag{8.10}$$

式中,W_z 为抗弯截面模量,单位是长度单位的三次方,表达式为

$$W_z = \frac{I_z}{y_{max}} \tag{8.11}$$

【提示】 应用式(8.8)和式(8.10)时,应将弯矩 M 和坐标 y 的数值和正负号一并代入,若得出的 σ 为正值,就是拉应力;若为负值,则是压应力。通常可以根据梁的变形情况直接判断 σ 的正负:以中性轴为界,梁变形后靠近凸边一侧为拉应力,靠近凹边一侧为压应力。

式(8.8)的应用条件和范围如下。

(1)式(8.8)虽然是针对矩形截面梁在纯弯曲情况下推导出来的,但也适用于以 y 轴为对称轴的其他横截面形状的梁,如圆形、工字形和 T 形截面梁。

(2)经进一步分析证明,在剪力弯曲($F_S \neq 0$)的情况下,当梁的跨度 l 与梁横截面高 h 之比 $l/h > 5$ 时,横截面上的正应力变化规律与纯弯曲时几乎相同,故式(8.8)仍然可用,误差很小。

(3)在推导式(8.8)过程中,应用了胡克定律,因此,若梁的材料不服从胡克定律或正应力超过材料的比例极限,该式不适用。

(4)式(8.8)是针对等截面直梁在平面弯曲情况下推导出来的,故不适用于非平面弯曲情况,也不适用于曲梁。若横截面形心连线(轴线)的曲率半径 ρ 与截面形心到最内缘距离 c 之比值大于 10,则按式(8.8)计算误差不大。式(8.8)也可近似地用于变截面梁。

【例 8.8】 悬臂梁 AB 为矩形截面钢梁,$h = 120$ mm,$b = 60$ mm,如图 8.22(a)所示,梁长 $l = 1$ m,荷载集度 $q = 40$ kN/m。试求梁的最大拉应力和 C 处截面上 K 点(与 z 轴距离为 $h/4$)的弯曲正应力。

解 (1)画弯矩图,求最大弯矩。梁的弯矩图如图 8.22(b)所示,在固定端(B 处)的截面有最大弯矩,即

$$|M|_{max} = \frac{ql^2}{2} = \frac{40 \times 1^2}{2} = 20 \ (\mathrm{kN \cdot m})$$

（2）求惯性矩。

$$I_z = \frac{bh^3}{12} = \frac{60 \times 120^3}{12} = 8.64 \times 10^6 (\text{mm}^4)$$

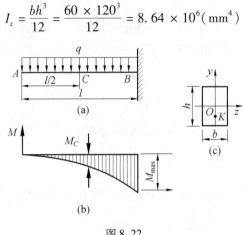

图 8.22

（3）求最大应力。

因危险截面（A 处）上的弯矩为负，故截面上边缘引起最大拉应力，下边缘引起最大压应力，由式（8.10）得

$$\sigma^+_{\max} = \frac{M_{\max}y_1}{I_z} = \frac{20 \times 10^6 \times 60}{8.64 \times 10^6} = 138.89 \ (\text{MPa})$$

$$\sigma^-_{\max} = \frac{M_{\max}y_2}{I_z} = \frac{-20 \times 10^6 \times 60}{8.64 \times 10^6} = -138.89 \ (\text{MPa})$$

（4）求 C 处截面上 K 点的正应力 σ_K。

C 处截面上的弯矩为

$$M_C = q \frac{(l/2)^2}{2} = \frac{40 \times 0.5^2}{2} = 5 \ (\text{kN} \cdot \text{m})$$

则 K 点的正应力为

$$\sigma_K = -\frac{M_C y_K}{I_z} = -\frac{5 \times 10^6 \times 30}{8.64 \times 10^6} = -17.36 \ (\text{MPa})$$

8.4.2　惯性矩计算与平行移轴公式

在应用梁弯曲正应力公式（式（8.8））时，需预先计算出截面对中性轴 z 的惯性矩 $I_z = \int_A y^2 \mathrm{d}A$。显然，$I_z$ 只与截面的几何形状和尺寸有关，它反映了截面的几何性质。

1. 简单截面的惯性矩

对于一些简单图形截面，如矩形、圆形等，其惯性矩可由定义式 $I_z = \int_A y^2 \mathrm{d}A$ 直接求得。表 8.1 给出了简单截面图形的惯性矩和抗弯截面模量。表中 C 为截面形心，I_z 为截面对 z 轴的惯性矩，I_y 为截面对 y 轴的惯性矩。各种型钢截面的惯性矩可直接从附录 Ⅱ 型钢规格表中查得。

表 8.1　简单截面图形的惯性矩和抗弯截面模量

图形	形心轴位置	惯性矩	抗弯截面模量
（圆形截面，直径 D，圆心 C，y、z 轴）	截面圆心	$I_z = I_y = \dfrac{\pi D^4}{64}$	$W_z = W_y = \dfrac{\pi D^3}{32}$
（圆环截面，外径 D，内径 d，圆心 C，y、z 轴）	截面圆心	$I_z = I_y = \dfrac{\pi D^4}{64}(1-\alpha^4)$ $\alpha = \dfrac{d}{D}$	$W_z = W_y = \dfrac{\pi D^3}{32}(1-\alpha^4)$ $\alpha = \dfrac{d}{D}$
（矩形截面，宽 b，高 h，形心 C，z_C、y_C，y、z 轴）	$z_C = \dfrac{b}{2}$ $y_C = \dfrac{h}{2}$	$I_z = \dfrac{bh^3}{12}$ $I_y = \dfrac{hb^3}{12}$	$W_z = \dfrac{bh^2}{6}$ $I_y = \dfrac{hb^2}{6}$

2. 组合截面的惯性矩

工程中很多梁的横截面是由若干简单图形组合而成的,如图 8.23 所示的 T 形梁。求这种组合截面对中性轴 z 的惯性矩时,可将其分为两个矩形 Ⅰ 和 Ⅱ,据惯性矩的定义式 $I_z = \int_A y^2 \mathrm{d}A$,整个截面对 z 轴的惯性矩 I_z 应等于两个矩形部分分别对 z 轴的惯性矩 $I_{z\mathrm{I}}$ 与 $I_{z\mathrm{II}}$ 之和。即

$$I_z = \int_{A(\mathrm{I})} y^2 \mathrm{d}A + \int_{A(\mathrm{II})} y^2 \mathrm{d}A = I_{z\mathrm{I}} + I_{z\mathrm{II}}$$

同理,由多个简单形状组成的截面的惯性矩等于各组成部分惯性矩之和,即

$$I_z = \sum I_{zi} \qquad (8.12)$$

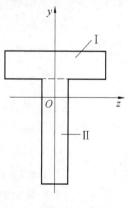

图 8.23

3. 平行移轴公式

当中性轴 z 轴不通过分截面的形心时,不能直接用前面给出的简单图形对形心轴的惯性矩公式来计算各组成部分的惯性矩,而需要用平行移轴公式计算。

如图 8.24 所示,设任意形状的已知截面的面积为 A,通过截面形心 C 的 y_C、z_C 轴称为形心轴,截面对该二轴的惯性矩分别为 I_{y_C}、I_{z_C}。则截面对分别与 y_C、z_C 轴平行且相距分别为 b、a 的 y、z 轴的惯性矩分别为

$$I_z = I_{z_C} + a^2 A, \quad I_y = I_{y_C} + b^2 A \qquad (8.13)$$

式(8.13) 称为平行移轴公式,即截面对任一轴的惯性矩,等于它对平行于该轴的形心轴的惯性矩,加上截面面积与两轴间距离平方的乘积。

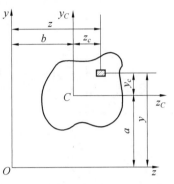

图 8.24

【例 8.9】　已知图 8.25 所示 T 形截面。求此截面对形心轴 z_C(垂直于对称轴 y)的惯性矩。

解　(1)确定整个截面的形心 C 和形心轴 z_C 的位置。

将截面划分成 Ⅰ、Ⅱ 两个矩形,取参考轴 z 与截面底边重合,两部分截面面积及其形心 C_1、C_2 至 z 轴距离分别为

$$A_1 = 200 \times 30 = 6\ 000\ (\text{mm}^2), \quad y_{C_1} = 170 + 15 = 185\ (\text{mm})$$

$$A_2 = 170 \times 30 = 5\ 100\ (\text{mm}^2), \quad y_{C_2} = 85\ \text{mm}$$

据理论力学形心坐标公式,可得整个截面的形心 C 与 z 轴的距离为

$$y_C = \frac{A_1 y_{C_1} + A_2 y_{C_2}}{A_1 + A_2} = \frac{6\ 000 \times 185 + 5\ 100 \times 85}{6\ 000 + 5\ 100} = 139\ (\text{mm})$$

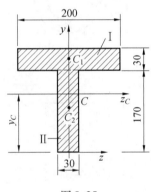

图 8.25

(2)求各分截面对形心轴 z_C 的惯性矩。

根据表 8.1 中的公式,两矩形对自身形心轴 z_1、z_2(平行于 z_C 轴)的惯性矩分别为

$$I_{z1} = \frac{200 \times 30^3}{12} = 4.5 \times 10^5 (\text{mm}^4)$$

$$I_{z2} = \frac{30 \times 170^3}{12} = 1.23 \times 10^7 (\text{mm}^4)$$

z_1、z_2 与 z_C 的距离分别为 $a_1 = CC_1 = 46$ mm,$a_2 = C_2C = 54$ mm,由平行移轴公式(式(8.13)),两矩形对形心轴 z_C 的惯性矩分别为

$$I_{z_C \text{Ⅰ}} = I_{z1} + a_1^2 A_1 = 4.5 \times 10^5 + 46^2 \times 6\ 000 = 1.31 \times 10^7 (\text{mm}^4)$$

$$I_{z_C \text{Ⅱ}} = I_{z2} + a_2^2 A_2 = 1.23 \times 10^7 + 54^2 \times 5\ 100 = 2.72 \times 10^7 (\text{mm}^4)$$

(3)求整个截面对形心轴 z_C 的惯性矩。

$$I_{z_C} = I_{z_C \text{Ⅰ}} + I_{z_C \text{Ⅱ}} = 1.31 \times 10^7 + 2.72 \times 10^7 = 4.03 \times 10^7 (\text{mm}^4)$$

8.4.3　梁的切应力

梁在剪切弯曲时,横截面上不仅有正应力 σ,还有切应力 τ。一般情况下,正应力 σ

是决定梁的强度的主要因素,切应力 τ 影响较小,因此这里只介绍几种常见截面的最大切应力。

1. 矩形截面梁

已知一矩形截面梁的横截面高为 h,宽为 b,在横截面上的 y 轴方向有剪力 $\boldsymbol{F}_S$,如图 8.26 所示。对于矩形截面梁的切应力做如下的假设:① 横截面上任一点的切应力的方向与剪力 $\boldsymbol{F}_S$ 平行;② 距中性轴 z 轴等高处各点的切应力相等。由此可得到切应力 τ 沿横截面高度方向按二次抛物线规律变化,如图 8.26 所示。

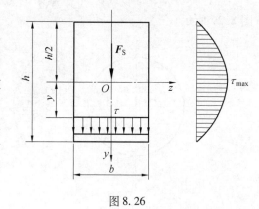

图 8.26

距中性轴 y 处横线上的切应力 τ 为

$$\tau = \frac{F_S S_z^*}{I_z b} \tag{8.14}$$

式中,F_S 为横截面上的剪力;I_z 为横截面的惯性矩;b 为横截面上所求应力点处横截面的宽度;S_z^* 为所求点以外横截面面积对中性轴的静矩,即

$$S_z^* = \int_A y \mathrm{d}A \tag{8.15}$$

简单图形的静矩表达式为

$$S_z^* = A y_C \tag{8.16}$$

式中,A 为图形面积;y_C 为图形的形心坐标。

由式(8.14)可知,在横截面上、下边缘处,切应力为 0;在中性轴上,切应力最大,其值为

$$\tau_{\max} = \frac{3F_S}{2A} \tag{8.17}$$

式中,A 为横截面面积。

2. 工字形截面梁

经计算可知,由上、下两翼缘和中间腹板组成的工字形截面的剪力 F_S 绝大部分发生在腹板面积上,且腹板上的切应力变化不大,最小切应力与最大切应力相差不多,如图 8.27 所示。最大切应力仍在中性轴上,其值近似等于剪力 F_S 在腹板面积上的平均值,即

$$\tau_{\max} \approx \frac{F_S}{h_1 b} \tag{8.18}$$

式中,b 为腹板宽度;h_1 为腹板高度。

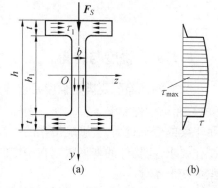

图 8.27

3. 圆形及圆环形截面梁

经计算可知,圆形或圆环形截面的最大切应力仍发生在中性轴上,如图 8.28 和图 8.29 所示。

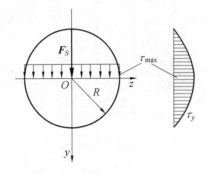

　　　　图 8.28　　　　　　　　　　　　　　　　图 8.29

圆形截面的最大切应力值为

$$\tau_{max} = \frac{4}{3} \frac{F_S}{A} \tag{8.19}$$

圆环形截面的最大切应力值为

$$\tau_{max} = 2 \frac{F_S}{A} \tag{8.20}$$

综合上述各种截面形状梁的弯曲最大切应力,写成一般公式为

$$\tau_{max} = k \frac{F_S}{A} \tag{8.21}$$

即最大切应力为截面的平均切应力乘系数 k。不同截面形状 k 值不同:矩形截面,$k = \frac{3}{2}$;工字形截面,$k = 1$;圆形截面,$k = \frac{4}{3}$;圆环形截面,$k = 2$。

8.5　梁弯曲时的变形

8.5.1　挠度与转角

受弯构件除了要满足强度要求外,通常还要满足刚度的要求,以防止构件出现过大的变形,保证构件能够正常工作。例如,楼面梁变形过大时,会使下面的抹灰层开裂、脱落;吊车梁的变形过大,会影响吊车的正常运转。因此,在设计受弯构件时,必须根据不同的工作要求,将构件的变形限制在一定的范围以内。在求解超静定梁的问题时,也需要考虑梁的变形条件。

研究梁的变形,首先讨论如何度量和描述弯曲变形。图 8.30 表示一根有纵向对称面的梁(以轴线 AB 表示),xy 坐标系在梁的纵向对称面内。在荷载 P 作用下,梁产生弹性弯曲变形,轴线在 xy 平面内变成一条光滑连续的平面曲线 AB',该曲线称弹性挠曲线(简称挠曲线）。与此同时，梁的横截面产生了两种位移 —— 线位移和角位移（即挠度和转角）。工程中用挠度和转角来度量梁的变形。

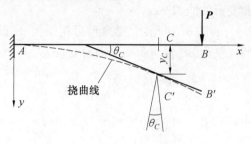

图 8.30

1. 挠度

梁轴线上任一点 C（即横截面的形心），在变形后移到 C' 点，即产生垂直于梁轴线的线位移。梁上任一横截面的形心在垂直于梁原轴线方向的线位移，称为该截面的挠度，用符号 y 表示，例如，图 8.30 中 C 处截面的挠度为 y_C。挠度与坐标轴 y 轴的正方向一致时为正，反之为负。规定 y 轴正向向下。

2. 转角

梁变形时，横截面还将绕其中性轴转过一定的角度，即产生角位移，梁任一横截面绕其中性轴转过的角度称为该横截面的转角，用符号 θ 表示，单位为 rad，规定顺时针转动为正。例如，图 8.30 中 C 处横截面的转角为 θ_C。

3. 挠度与转角的关系

由图 8.30 可知，挠度 y 与转角 θ 的数值随横截面的位置 x 而变，y 和 θ 均为 x 的函数，则挠曲线方程的一般形式为

$$y = f(x) \tag{8.22}$$

由微分学知，挠曲线上任一点的切线的斜率 $\tan\theta$ 等于挠曲线函数 $y = f(x)$ 在该点的一次导数，即

$$\tan\theta = \frac{\mathrm{d}y}{\mathrm{d}x} = y'$$

因工程中构件常见的 θ 值很小，$\tan\theta \approx \theta$，则有

$$\theta = \frac{\mathrm{d}y}{\mathrm{d}x} = y' \tag{8.23}$$

即梁上任一横截面的转角等于该横截面的挠度 y 对 x 的一阶导数。

4. 挠曲线近似微分方程

为了得到挠度方程和转角方程，首先需推出一个描述弯曲变形的基本方程 —— 挠曲线近似微分方程。弯曲变形挠曲线的曲率表达式为

$$\frac{1}{\rho(x)} = \frac{M(x)}{EI} \tag{8.24}$$

式（8.24）为研究梁变形的基本公式，用来计算梁变形后中性层（或梁轴线）的曲率

半径 ρ。该式表明：中性层的曲率 $\dfrac{1}{\rho}$ 与弯矩 M 成正比，与 EI 成反比。EI 称为梁的抗弯刚度，它反映了梁抵抗弯曲变形的能力。

从梁上取出一微段 dx，如图 8.31 所示，梁变形后相距为 dx 的两截面相对转动了 $d\theta$ 角，两横截面间挠曲线的弧长为 ds，它与曲率半径的关系为

$$ds = \rho(x)\,d\theta \quad \text{或} \quad \frac{1}{\rho(x)} = \frac{d\theta}{ds}$$

由于梁的变形很小，$\cos\theta \approx 1$，则 $ds = \dfrac{dx}{\cos\theta} = dx$，$\dfrac{1}{\rho(x)} = \dfrac{d\theta}{dx}$。再由式（8.23）、式（8.24）并考虑坐标正向的选取，可得梁的挠曲线近似微分方程：

$$y'' = -\frac{d^2 y}{dx^2} = -\frac{M(x)}{EI} \tag{8.25}$$

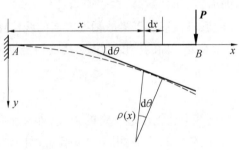

图 8.31

【提示】 在应用式（8.25）时，应取 y 轴的方向向下为正，这样等式两边的符号才能一致，因为当弯矩 $M(x)$ 为正时，梁的挠曲线向下凸，此时，曲线的二阶导数 y'' 在所选取的坐标系中是负值。

5. 用积分法求梁的变形

对于等截面梁，EI 为常数，式（8.25）可改写为

$$EIy'' = -M(x)$$

积分得

$$EI\theta = EIy' = -\int M(x)\,dx + C \tag{8.26}$$

再次积分得

$$EIy = -\iint M(x)\,dx\,dx + Cx + D \tag{8.27}$$

式（8.26）、式（8.27）中的积分常数 C 和 D，可通过梁的边界条件来确定。边界条件包括两种情况：一是梁上某些截面的已知位移条件。例如，铰链支座处的截面上 $y = 0$；固定端的截面上 $\theta = 0$，$y = 0$。二是考虑到整个挠曲线的光滑及连续性，得到各段梁交界处的变形连续条件。

【例 8.10】 图 8.32 所示的悬臂梁 AB 受均布荷载 q 作用，已知梁长 l，抗弯刚度为 EI，试求最大的截面转角及挠度。

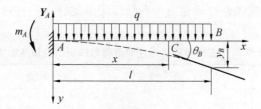

图 8.32

解 以梁左端 A 为原点,取坐标系如图 8.32 所示。

(1) 求支反力。

由平衡方程可得

$$Y_A = ql, \quad M_A = \frac{1}{2}ql^2$$

(2) 列弯矩方程。

在距原点 x 处取截面,列出弯矩方程为

$$M(x) = -M_A + Y_A x - \frac{1}{2}qx^2 = -\frac{1}{2}ql^2 + qlx - \frac{1}{2}qx^2$$

(3) 列挠曲线近似微分方程,并进行积分。

挠曲线近似微分方程为

$$EIy'' = -M(x) = \frac{1}{2}ql^2 - qlx + \frac{1}{2}qx^2$$

两次积分得

$$EIy' = +\frac{1}{2}ql^2 x - \frac{1}{2}qlx^2 + \frac{1}{6}qx^3 + C \qquad ①$$

$$EIy = +\frac{1}{4}ql^2 x^2 - \frac{1}{6}qlx^3 + \frac{1}{24}qx^4 + Cx + D \qquad ②$$

(4) 确定积分常数。

由悬臂梁固定端边界条件知,该截面的转角和挠度均为零,即在 $x = 0$ 处,$\theta_A = 0$,$y'_A = 0$,$y_A = 0$。将两边界条件代入式 ①、式 ②,得

$$C = 0, \quad D = 0$$

(5) 确定转角方程和挠度方程。

将得出的积分常数 C、D 代入式 ①、式 ②,得转角方程和挠度方程:

$$EIy' = \frac{1}{2}ql^2 x - \frac{1}{2}qlx^2 + \frac{1}{6}qx^3$$

$$EIy = \frac{1}{4}ql^2 x^2 - \frac{1}{6}qlx^3 + \frac{1}{24}qx^4$$

(6) 求最大转角和最大挠度。

由图 8.32 可见在自由端 B 处的截面有最大转角和最大挠度。将 $x = l$ 代入上式,可得

$$\theta_{B\max} = \frac{ql^3}{6EI}, \quad y_{B\max} = \frac{ql^4}{8EI} \ (\downarrow)$$

【提示】 对简支梁和悬臂梁在简单荷载作用下的转角和挠度,可以直接利用表8.2中的公式计算。

表 8.2 简支梁和悬臂梁在简单荷载作用下的转角和挠度

梁的形式与荷载	挠曲线方程	转角	挠度(绝对值)
	$y = \dfrac{Fx^2}{6EI}(3l - x)$	$\theta_B = \dfrac{Fl^2}{2EI}$	$y_B = \dfrac{Fl^3}{3EI}$
	$y = \dfrac{Fx^2}{6EI}(3a - x),$ $0 \leq x \leq a$ $y = \dfrac{Fa^2}{6EI}(3x - a),$ $a \leq x \leq l$	$\theta_B = \dfrac{Fa^2}{2EI}$	$y_B = \dfrac{Fa^2}{6EI}(3l - a)$
	$y = \dfrac{qx^2}{24EI}(6l^2 + x^2 - 4lx)$	$\theta_B = \dfrac{ql^3}{6EI}$	$y_B = \dfrac{ql^4}{8EI}$
	$y = \dfrac{mx^2}{2EI}$	$\theta_B = \dfrac{ml}{EI}$	$y_B = \dfrac{ml^2}{2EI}$
	$y = \dfrac{Mx^2}{2EI},$ $0 \leq x \leq a$ $y = \dfrac{Ma}{EI}\left(\dfrac{a}{2} - x\right),$ $a \leq x \leq l$	$\theta_B = \dfrac{ma}{EI}$	$y_B = \dfrac{ma}{2EI}\left(l - \dfrac{a}{2}\right)$
	$y = \dfrac{Fx}{48EI}(3l^2 - 4x^2),$ $0 \leq x \leq \dfrac{l}{2}$	$\theta_A = -\theta_B =$ $\dfrac{Fl^2}{16EI}$	$y_C = \dfrac{Fl^3}{48EI}$
	$y = \dfrac{Fbx}{6lEI}(l^2 - x^2 - b^2),$ $0 \leq x \leq l$ $y = \dfrac{F}{EI}\left[\dfrac{b}{6l}(l^2 - b^2 - x^2)x + \dfrac{1}{6}(x - a)^3\right],$ $a \leq x \leq l$	$\theta_A =$ $\dfrac{Fab(l + b)}{6lEI}$ $\theta_B =$ $-\dfrac{Fab(l + a)}{6lEI}$	若 $a > b$, $y_C = \dfrac{Fb}{48EI}(3l^2 - 4b^2)$ $y_{max} =$ $\dfrac{Fb}{9\sqrt{3}\,lEI}(l^2 - b^2)^{3/2}$ y_{max} 在 $x = \dfrac{1}{3}\sqrt{l^2 - b^2}$ 处

梁的形式与荷载	挠曲线方程	转角	挠度（绝对值）
	$y = \dfrac{qx}{24EI}(l^3 - 2lx^2 + x^3)$	$\theta_A = -\theta_B = \dfrac{ql^3}{24EI}$	$y_C = \dfrac{5ql^4}{384EI}$
	$y = \dfrac{mx}{6lEI}(l^2 - x^2)$	$\theta_A = \dfrac{ml}{6EI}$ $\theta_B = -\dfrac{ml}{3EI}$	$y_C = \dfrac{ml^2}{16EI}$ $y_{max} = \dfrac{ml^2}{9\sqrt{3}\,EI}$ y_{max} 在 $x = \dfrac{l}{\sqrt{3}}$ 处
	$y = -\dfrac{mx}{6lEI}(l^2 - 3b^2 - x^2)$,　$0 \le x \le a$ $y = -\dfrac{m(l-x)}{6lEI}(3a^2 - 2lx + x^2)$,　$a \le x \le l$	$\theta_A = -\dfrac{m}{6lEI}(l^2 - 3b^2)$ $\theta_B = -\dfrac{m}{6lEI}(l^2 - 3a^2)$ $\theta_C = -\dfrac{m}{6lEI}(l^2 - 3a^2 - 3b^2)$	$y_{1max} = \dfrac{m}{9\sqrt{3}\,lEI}(l^2 - 3b^2)^{3/2}$ y_{1max} 在 $x = \sqrt{\dfrac{l^2 - 3b^2}{3}}$ 处 $y_{2max} = \dfrac{m}{9\sqrt{3}\,lEI}(l^2 - 3a^2)^{3/2}$ y_{2max} 在 $x = \sqrt{\dfrac{l^2 - 3a^2}{3}}$ 处

8.5.2　用叠加法求梁的变形

由于简单荷载作用下的转角和挠度可以直接在表8.2中查得，而梁的变形与荷载成线性关系，因此，可以用叠加法求梁的变形。即分别计算每种荷载单独作用下所引起的转角和挠度，然后再将它们代数叠加，就得到梁在几种荷载共同作用下的转角和挠度。

【例8.11】　用叠加法求图8.33中简支梁的跨中挠度和 A 处横截面的转角。

解　查表8.2得分布荷载与集中力单独作用时的跨中挠度分别为

$$y_{C1} = \frac{5ql^4}{384EI}, \quad y_{C2} = \frac{Fl^3}{48EI}$$

则两荷载共同作用的跨中挠度为

$$y_C = y_{C1} + y_{C2} = \frac{5ql^4}{384EI} + \frac{Fl^3}{48EI}$$

同理可求得 A 处截面的转角为

$$\theta_A = \theta_{A1} + \theta_{A2} = \frac{ql^3}{24EI} + \frac{Fl^2}{16EI}$$

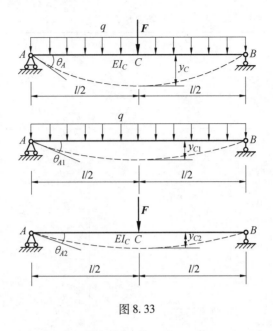

图 8.33

8.6　梁弯曲强度条件和刚度条件及应用

8.6.1　梁弯曲强度条件及应用

由于梁弯曲变形时横截面上既有正应力又有切应力,因此强度条件应为两个。当弯曲梁横截面上最大正应力不超过材料的许用正应力,最大切应力不超过材料的许用切应力时,梁的强度足够,即

$$\sigma_{\max} = \frac{|M|_{\max}y_{\max}}{I_z} = \frac{|M|_{\max}}{W_z} \leqslant [\sigma] \tag{8.28}$$

$$\tau_{\max} = k\frac{|F_S|_{\max}}{A_z} \leqslant [\tau] \tag{8.29}$$

在对梁进行强度计算时,必须同时满足正应力和切应力强度条件,但对梁的强度起主要作用的是正应力,因此一般情况下只需对梁进行正应力强度计算,只在下列几种情况下才需进行切应力强度校核。

(1)小跨度梁或荷载作用在支座附近的梁。此时梁的$|M|_{\max}$可能较小而$|F_S|_{\max}$较大。

(2)焊接的组合截面(如工字形)钢梁。当梁截面的腹板厚度与高度之比小于型钢截面的相应比值时,横截面上可能产生较大的切应力$\tau_{\max}$。

(3)木梁。木梁在顺纹方向的抗剪能力差,可能沿中性层发生剪切破坏。

【例 8.12】　简支梁受力、尺寸如图 8.34 所示,$P = 80$ kN,梁长 $l = 1.2$ m,梁由工字钢制成,许用正应力$[\sigma] = 160$ MPa,许用切应力$[\tau] = 100$ MPa。试选择工字钢的型号。

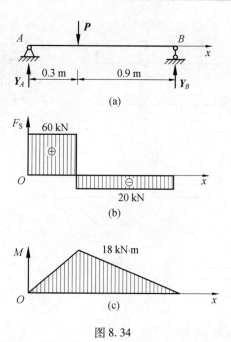

图 8.34

解　因为梁的荷载靠近支座 A，所以对弯曲的正应力强度、切应力强度应同时考虑。

（1）外力分析。

列平衡方程求支反力，得

$$Y_A = 60 \text{ kN}, \quad Y_B = 20 \text{ kN}$$

（2）内力分析。

绘制内力图如图 8.34（b）、（c）所示，确定最大剪力、弯矩为

$$|F_S|_{\max} = 60 \text{ kN}, \quad |M|_{\max} = 18 \text{ kN} \cdot \text{m}$$

（3）根据正应力强度条件选择截面。

由式（8.28），得

$$W_z \geqslant \frac{M}{[\sigma]} = \frac{18}{160} \times 10^3 = 112.5 \text{ （cm}^3\text{）}$$

查附录 Ⅱ 型钢规格表，可选用 16 工字钢，其抗弯截面模量 $W_z = 141$ cm^3，高 $h = 16$ cm，腿厚 $t = 9.9$ mm，腹板厚 $b_1 = 6$ mm。

（4）校核切应力强度。

由式（8.29），得

$$\tau_{\max} = k \frac{|F_S|_{\max}}{A} = \frac{|F_S|_{\max}}{b_1 h_1} = \frac{60 \times 10^3}{6 \times (160 - 2 \times 9.9)} = 71.34 \text{ （MPa）}$$

$\tau < [\tau]$，满足切应力强度条件，即所选型钢满足强度要求。

【**例 8.13**】　图 8.35（a）所示为 T 形截面铸铁梁。材料的许用拉应力 $[\sigma^+] = 40$ MPa，许用压力 $[\sigma^-] = 70$ MPa，已知截面对中性轴的惯性矩 $I_z = 2\,611$ cm^4 且 $y_1 = 142$ mm，试校核梁的正应力强度。

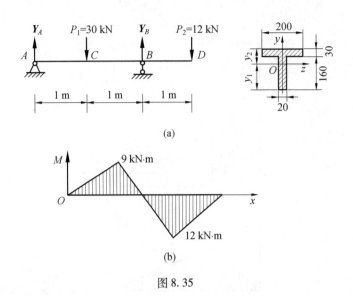

(a)

(b)

图 8.35

解 （1）外力分析。

由静力平衡方程求出梁的支反力：

$$Y_A = 9 \text{ kN}, \quad Y_B = 33 \text{ kN}$$

（2）内力分析。

画出梁的弯矩图，如图 8.35(b) 所示。由弯矩图知，全梁弯矩有正负变化，梁的材料是铸铁，其抗拉强度小于抗压强度，且中性轴 z 不是对称轴，故危险截面可能在 B、C 处。

（3）强度校核。

① B 处截面。

最大拉应力在截面上边缘点，其值为

$$\sigma_{B\max}^{+} = \frac{M_B y_2}{I_z} = \frac{12 \times 10^6 \times 48}{2\,611 \times 10^4} = 22.06 \text{ (MPa)}$$

最大压应力在截面下边缘点，其值为

$$\sigma_{B\max}^{-} = \frac{M_B y_1}{I_z} = \frac{12 \times 10^6 \times 142}{2\,611 \times 10^4} = 65.26 \text{ (MPa)}$$

② C 处截面。

最大拉应力在截面下边缘点，其值为

$$\sigma_{C\max}^{+} = \frac{M_C y_1}{I_z} = \frac{9 \times 10^6 \times 142}{2\,611 \times 10^4} = 48.95 \text{ (MPa)}$$

最大压应力在截面上边缘点，其值为

$$\sigma_{C\max}^{-} = \frac{M_C y_2}{I_z} = \frac{9 \times 10^6 \times 48}{2\,611 \times 10^4} = 16.55 \text{ (MPa)}$$

因 C 处截面最大拉应力超过铸铁材料的许用拉应力 $[\sigma^{+}] = 40$ MPa，所以梁强度不够。

【**例 8.14**】　梁 AD 为 32b 工字钢,受力如图 8.36(a) 所示,已知许用应力$[\sigma]=$160 MPa,$b=2$ m,试求此梁的许可荷载$[F]$。

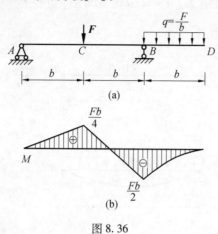

图 8.36

解　(1)确定危险截面。

作弯矩图如图 8.36(b) 所示,B 处截面弯矩最大,即 B 处截面是危险截面。

(2)求许可荷载。

查附录 Ⅱ 得 32b 工字钢的抗弯截面模量为

$$W_z = 726.33 \text{ cm}^3$$

(3)由

$$\sigma_{\max} = \frac{M_{\max}}{W_z} \leqslant [\sigma]$$

列不等式

$$\frac{\frac{1}{2} \times F \times 2 \times 10^3}{726.33 \times 10^3} \leqslant 160$$

得

$$F \leqslant 1.16 \times 10^5 \text{ N}$$

即此梁的许可荷载

$$[F] = 116 \text{ kN}$$

8.6.2　梁弯曲刚度条件及应用

梁除应满足强度条件外,还应满足刚度条件。根据工程实际的需要,梁的最大挠度和最大(或指定截面的)转角不应超过某一规定值,由此梁的刚度条件为

$$|y|_{\max} \leqslant [y] \tag{8.30}$$

$$|\theta|_{\max} \leqslant [\theta] \tag{8.31}$$

式中,许可挠度$[y]$和许可转角$[\theta]$的大小可在工程设计的有关规范中查到。

在梁的设计计算中,通常根据强度条件确定截面尺寸,然后用刚度条件进行校核。具体过程参见下面例题。

【例8.15】　图8.37(a)所示为一吊车梁,跨度 $l = 10$ m,起吊最大重力 $P = 32$ kN,梁截面为工字形,已知许用应力 $[\sigma] = 160$ MPa,许可挠度 $[y] = \dfrac{l}{600}$,弹性模量 $E = 200$ GPa。试选择工字钢型号。

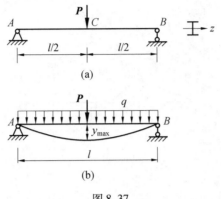

图 8.37

解　(1)按弯曲正应力强度条件设计截面尺寸,选择工字钢型号。

由于截面尺寸未定,暂不考虑梁的自重影响。因小车两轮很靠近及从偏安全考虑,图 8.37 中将荷载表示为一集中力 P。当起吊的重物在跨中 C 处时,C 处截面将产生最大弯矩和最大挠度。

最大弯矩为

$$M_{P\max} = \frac{1}{4}Pl = \frac{32 \times 10}{4} = 80 \ (\text{kN} \cdot \text{m})$$

根据强度条件,即式(8.28),得

$$W_z \geqslant \frac{M_{P\max}}{[\sigma]} = \frac{80 \times 10^6}{160} \times 10^{-3} = 500 \ (\text{cm}^3)$$

查型钢规格表,初选得 28a 工字钢,其 $W_z \approx 508$ cm^3,$I_z \approx 7\ 114$ cm^4。

(2)进行刚度校核。

$$|y|_{\max} = \frac{Pl^3}{48EI_z} = \frac{32 \times 10^3}{48 \times 200 \times 7\ 114} \times 10^5 = 46.86 \ (\text{mm})$$

$$[y] = \frac{l}{600} = \frac{10}{600} \times 10^3 = 16.67 \ (\text{mm})$$

由于 $|y|_{\max} > [y]$,28a 工字钢不能满足刚度要求,需据刚度条件重新选择型号。由式(8.28),得

$$I_z \geqslant \frac{Pl^3}{48E[y]} = \frac{32 \times 10^3}{48 \times 200 \times 16.7} \times 10^5 = 19\ 960 \ (\text{cm}^4)$$

查型钢规格表,选得 40a 工字钢,其 $I_z = 21\ 720$ cm^4,$W_z = 1\ 090$ cm^3。

(3)按选得的 40a 工字钢考虑自重影响,对梁的强度和刚度进行校核。

①强度校核。如图 8.37(b)所示,自重引起梁跨中最大弯矩为

$$M_{q\max} = \frac{1}{8}ql^2 = \frac{1}{8} \times 67.6 \times 9.8 \times 10^2 \times 10^{-3} = 8.28 \ (\text{kN} \cdot \text{m})$$

荷载和自重共同引起梁的最大正应力为

$$\sigma_{max} = \frac{M_{Pmax} + M_{qmax}}{W_z} = \frac{80 + 8.28}{1\,090} \times 10^3 = 80.99\ (\text{MPa})$$

$\sigma_{max} < [\sigma]$，满足强度条件。

② 刚度校核。查表 8.2，并用叠加法，得梁的最大的挠度为

$$|y|_{max} = y_{C,P} + y_{C,q} = \frac{Pl^3}{48EI_z} + \frac{5ql^4}{384EI_z}$$

$$= \left(\frac{32 \times 10^3}{48 \times 200 \times 21\,720} + \frac{5 \times 67.6 \times 9.8 \times 10^4}{384 \times 200 \times 21\,720} \right) \times 10^3$$

$$= 20.01\ (\text{mm})$$

$|y|_{max} > [y]$，不满足刚度条件。

由 ①、② 可得，40a 工字钢满足强度条件，但不满足刚度条件，因此，需另选工字钢型号（计算过程略）。

8.7 提高梁承载能力的措施

要提高构件的承载能力，需先研究保证构件安全工作的条件。不论何种变形，构件的安全强度条件应该是工作应力不超过允许应力，刚度条件应该是工作变形量不超过允许变形量。

8.7.1 提高梁强度的措施

要保证梁正常工作，提高强度，就必须设法降低工作应力（内力）和提高材料的许用应力。而提高材料的许用应力，就得选择造价高的优质材料，增加经济成本，因此，降低工作应力是提高构件承载能力的主要目标。为使梁达到既经济又安全的要求，采用的材料量应较少且价格便宜，同时梁又具有较高的强度。因弯曲正应力是控制梁强度的主要因素，所以由 $\sigma_{max} = \frac{|M|_{max}}{W_z}$ 不难看出，提高梁强度的措施是：降低$|M|_{max}$ 的数值，提高 W_z 的数值并充分利用材料的性能。

1. 降低最大弯矩的数值

（1）合理布置荷载的位置。

如图 8.38 所示，简支梁在跨中受到集中荷载 **F** 作用，若在梁的中部增设一辅助梁，使 **F** 通过辅助梁作用到简支梁上，可使梁的最大弯矩降低一半。

（2）合理布置支座位置。

如图 8.39 所示，简支梁受均布荷载作用，最大弯矩在跨中，值为 $ql^2/8$，若将两端支座向内移动 0.2l，最大弯矩值为 $ql^2/40$，仅为原来的 20%，这样在设计时可以相应地减小梁的截面尺寸。

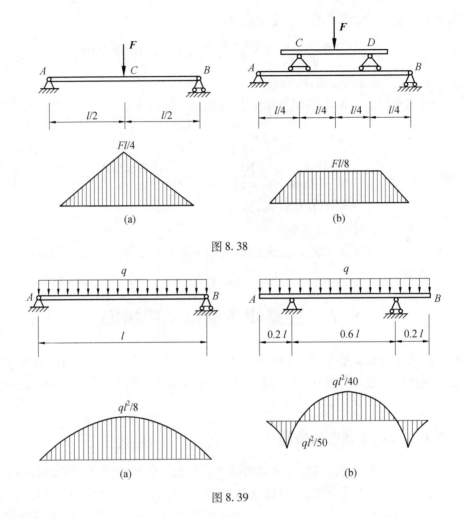

图 8.38

图 8.39

2. 选用合理截面

梁的合理截面应该是截面面积 A 尽量地小(即少用材料),而抗弯截面模量 W_z 尽量地大。因此,选择合理截面时,可采取下列措施。

(1) 选择合适的截面形式。

从弯曲正应力的分布规律来看,中性轴上的正应力为零,离中性轴越远处正应力越大。因此,在圆形、矩形、工字形三种截面中,圆形截面的很大一部分材料接近中性轴,没有充分发挥作用,显然是不经济的,而工字形截面则相反,很大一部分材料远离中性轴,较充分地发挥了承载作用。也就是说,面积相等而形状不同的截面,工字形截面最合理,圆形截面最不合理。所以,钢结构中的抗弯杆件截面常用工字形、箱形等。

(2) 使截面形状与材料性能相适应。

经济的截面形状应该使截面上的最大拉应力和最大压应力同时达到材料的许用应力。对抗拉和抗压强度相等的塑性材料,宜采用对称于中性轴的截面形状,如空心圆形、工字形等;对抗压强度大于抗拉强度的脆性材料,应采用中性轴靠近受拉一边的截面形状。

（3）选择恰当的放置方式。

当截面的面积和形状相同时，截面放置的方式不同，抗弯截面模量 W_z 也不同。如图 8.40 所示，矩形梁（令 $h > b$）长边立放时 $W_{z,\text{立}} = \dfrac{bh^2}{6}$，平放时 $W_{z,\text{平}} = \dfrac{hb^2}{6}$，两者之比为 $\dfrac{W_{z,\text{立}}}{W_{z,\text{平}}} = \dfrac{h}{b}$。可见，矩形截面长边立放比平放合理。

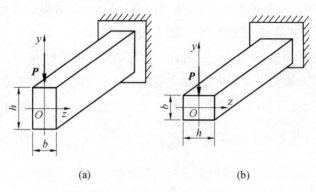

(a)　　　　　　　　　　　　(b)

图 8.40

3. 采用等强度梁

一般情况下，梁各个截面上的弯矩并不相等，而截面尺寸是按最大弯矩来确定的。因此，对等截面梁而言，除了危险截面以外，其余截面上的最大应力都未达到许用应力，材料未得到充分利用。为了节省材料，应按各个截面上的弯矩来设计各个截面的尺寸，使截面尺寸随弯矩的变化而变化，即为变截面梁。各横截面上的最大正应力都达到许用应力的梁为等强度梁。

如图 8.41 所示，设梁在任意截面上的弯矩为 $M(x)$，截面的抗弯截面模量为 $W(x)$，根据等强度梁的要求，应有

$$\sigma_{\max} = \frac{M(x)}{W(x)} = [\sigma]$$

即

$$W(x) = \frac{M(x)}{[\sigma]} \tag{8.32}$$

根据弯矩的变化规律由式（8.32）即可确定等强度梁的截面变化规律。

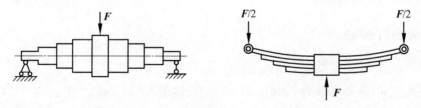

图 8.41

8.7.2　提高梁刚度的措施

梁的挠度和转角不仅与梁的支承、荷载情况有关,还与材料性质(E 值)、几何形状尺寸(I、l 值) 有关。从表8.2 中可看出,梁的最大挠度 y_{max} 与上述因素成比例关系,即

$$y_{max} = \frac{荷载}{系数} \frac{l^n}{EI} \tag{8.33}$$

式中,系数(n) 对不同荷载类型取值不同。对力矩 $M, n = 2$;对集中力 $P, n = 3$;对均布力 $q, n = 4$。因此,为了提高梁的刚度,可采取以下的一些措施。

(1) 从梁的材料和横截面形状、尺寸两方面增大梁的抗弯刚度 EI。

(2) 减小跨度和有关尺寸。例如,增加支座。这也可减小梁的变形。

(3) 改善荷载的作用方式。例如,将作用于简支梁中点的集中力 P 改变为均布在全梁的分布力 $q = \frac{P}{l}$,这可减小梁的最大挠度值。

【提示】　采用强度较高的优质钢材来代替强度较低的普通钢材,并不能明显提高梁的刚度,因为各种钢材的弹性模量 E 值非常接近,而价格差异甚大。

思考与练习

一、分析简答题

1. 什么是平面弯曲? 平面弯曲时,杆件上作用什么样的外力,横截面上产生什么样的内力,正负号如何定义?

2. 简述弯矩、剪力与荷载集度之间的关系。

3. 总结作弯矩图、剪力图的规律。

4. 梁弯曲时横截面上有什么应力,如何分布,最大值在何处?

5. 简述中性层、中性轴的概念。

6. 简述挠度、截面转角的概念。

7. 如何提高构件的承载能力?

二、分析计算题

1. 试求图 8.42 所示梁指定截面上的内力,即剪力和弯矩。

2. 列出图 8.43 所示梁的 $F_S(x)$、$M(x)$ 方程,作出 $F_S(x)$、$M(x)$ 图。

3. 用控制截面法和叠加法绘制图 8.44 中各梁的弯矩图。

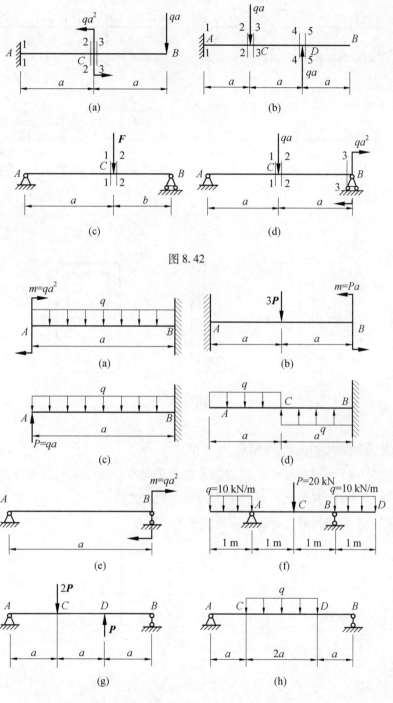

图 8.42

图 8.43

4. 梁的截面如图 8.45 所示,在平面弯曲情况下,若为正弯矩,试绘出沿直线 1—1 和 2—2 的弯曲正应力分布图(z 轴为中性轴)。

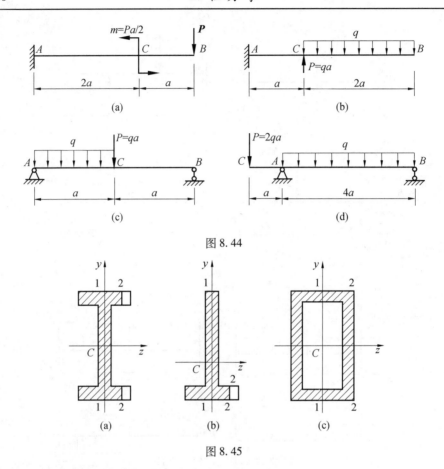

图 8.44

图 8.45

5. 一矩形截面梁如图 8.46 所示,尺寸单位为 cm。

(1) 计算 m—m 截面上 A、B、C、D 各点处的正应力,并指明是拉应力还是压应力;

(2) 计算 m—m 截面上 A、B、C、D 各点处的剪应力;

(3) 计算整根梁的最大弯曲正应力和最大切应力。

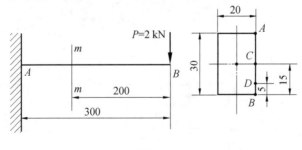

图 8.46

6. 已知图 8.47 所示梁截面的惯性矩 $I_z = 10^4 \ \text{cm}^4$。求最大拉应力和最大压应力的大小及所在截面位置。

7. 图 8.48 所示各梁抗弯刚度均为 EI,试求各梁的转角方程、挠度方程及指定截面的转角和挠度。

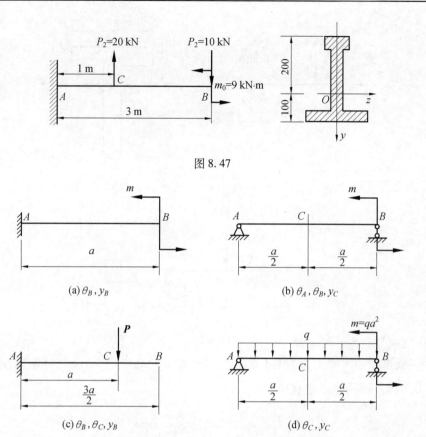

图 8.47

图 8.48

(a) θ_B, y_B

(b) θ_A, θ_B, y_C

(c) θ_B, θ_C, y_B

(d) θ_C, y_C

8. T 形截面外伸梁受力如图 8.49 所示，$y_C = 70$ mm，梁的材料 $[\sigma^+] = 30$ MPa，$[\sigma^-] = 60$ MPa。试校核梁的强度。

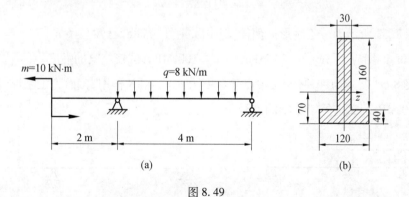

图 8.49

9. 图 8.50 所示为一 T 形截面铸铁梁，已知许用拉应力为 $[\sigma^+] = 30$ MPa，许用压应力为 $[\sigma^-] = 60$ MPa，$I_z = 764 \times 10^4$ mm^4。试校核梁的强度。

10. 图 8.51 所示为一矩形截面简支梁，跨中作用集中力 F，已知 $l = 4$ m，$b = 120$ mm，$h = 180$ mm，材料的许用应力 $[\sigma] = 10$ MPa。试求梁能承受的最大荷载 F。

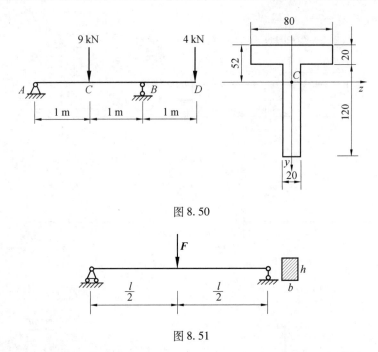

图 8.50

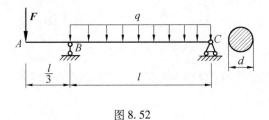

图 8.51

11. 一圆形截面木梁受力如图 8.52 所示,已知 $l = 3$ m,$F = 3$ kN,$q = 3$ kN/m,许用应力 $[\sigma] = 10$ MPa。试选择木梁直径。

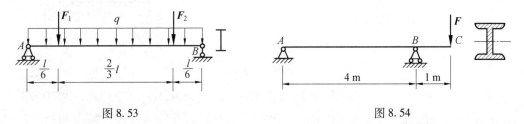

图 8.52

12. 图 8.53 所示为一工字形截面简支钢梁,钢号为 28a,已知 $l = 6$ m,$F_1 = F_2 = 50$ kN,$q = 8$ kN/m,许用应力 $[\sigma] = 170$ MPa,$[\tau] = 100$ MPa,试校核梁的强度。

13. 图 8.54 所示为一外伸梁,中点受集中力 $F = 20$ kN 作用,截面为工字形,许用应力 $[\sigma] = 160$ MPa。试选择工字钢的型号。

图 8.53

图 8.54

14. 图 8.55 所示为一 T 形截面铸铁外伸梁,$I_z = 2.59 \times 10^{-5}$ m^4。求最大拉应力和最大压应力。

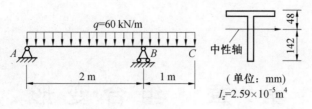

图 8.55

15. 图 8.56 所示为一外伸梁,已知 $q = 50$ kN/m,$a = 5$ m,许用应力 $[\sigma] = 160$ MPa,若矩形截面的尺寸关系为 $h/b = 2$,试确定梁的截面尺寸 h 和 b。

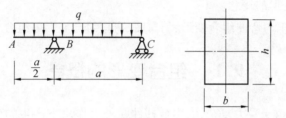

图 8.56

16. 图 8.57 所示为一空心管梁,已知管的外径 $D = 60$ mm,管的内径 $d = 38$ mm,许用应力 $[\sigma] = 150$ MPa。试校核梁的强度。

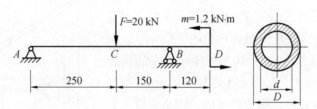

图 8.57

17. 简支梁由两根槽钢组成,受力如图 8.58 所示。已知 $l = 4$ m,$q = 10$ kN/m,$[\sigma] = 100$ MPa,$E = 200$ GPa,梁的许可挠度 $[y] = \dfrac{l}{800}$,许可转角 $[\theta] = 0.01$ rad。试选择槽钢的型号,并考虑梁的自重影响。

18. 图 8.59 所示的简支梁为 32a 工字钢,能承受的最大荷载 $F = 20$ kN,已知 $E = 20 \times 10^4$ MPa,$l = 8.76$ m,许用挠度 $[y] = (0.001 \sim 0.002)l$。试校核梁的刚度。

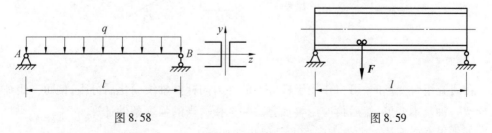

图 8.58　　　　　　　　　　　　　　　　　　图 8.59

第 9 章　组 合 变 形

【学习目标】

(1) 掌握组合变形的概念。

(2) 掌握拉(压)与弯曲组合变形、斜弯曲、弯扭组合变形等组合变形强度计算。

9.1　组合变形的概念

在工程实际中,由于受力复杂,大多数杆件在外力作用下产生的变形比较复杂,但经分析可知,这些变形均可看成由若干种基本变形组合而成的。同时发生的两种或两种以上的基本变形称为组合变形。

例如,如图 9.1 所示的横梁 CD 在 F_{1y}、F_{2y} 和 P 的作用下发生弯曲变形,在 F_{1x}、F_{2x} 的作用下发生压缩变形,因此,梁 CD 发生的是压缩和弯曲的组合变形。如图 9.2 所示的屋架上的檩条,其受到屋面传来的荷载作用,因为荷载的作用线与形心主轴成一定角度,所以檩条发生的变形为双向弯曲或斜弯曲。图 9.3 所示为电机轴驱动皮带轮传动,电机轴承受弯矩和扭矩作用,故电机轴产生弯曲和扭转组合变形。

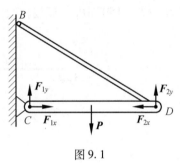

图 9.1

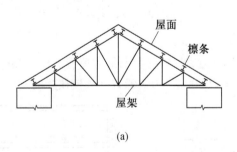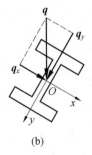

(a)　　　　　　　　　(b)

图 9.2

在研究组合变形时,可将作用于杆件上的外力向杆件轴线简化后分组,使每一组荷载只导致一种基本变形,然后再应用叠加方法并选择适当的强度条件计算。

处理组合变形构件的强度问题的一般步骤如下。

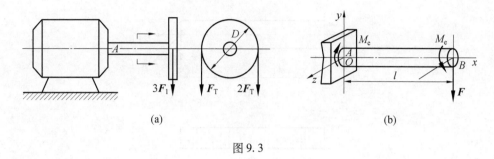

图 9.3

1. 外力分析

将荷载简化为符合基本变形外力作用条件的静力等效力系。

2. 内力分析

分别作出各基本变形的内力图,确定构件危险截面位置及内力分量。

3. 应力分析

根据基本变形下横截面上的应力变化规律,确定危险点位置及其应力分量,并应用叠加原理画出危险点的应力状态。

4. 强度分析

根据危险点的应力状态及材料的破坏可能性,选取适当的强度理论建立强度条件,进行强度计算。

9.2　拉(压)与弯曲组合变形及其强度计算

9.2.1　拉(压)与弯曲组合变形

图 9.4(a)所示悬臂梁 AB 在 B 端承受荷载 F 的作用,固定端 A 受约束反力 X_A、Y_A 及约束反力偶 m_A 的作用。为了分析变形,将荷载 F 分解成两个正交分量 F_x 和 F_y,则

$$F_x = F\cos\alpha, \quad F_y = F\sin\alpha$$

F_x 和 X_A 使杆轴向拉伸,F_y、Y_A 和 m_A 使杆发生弯曲,因此,杆 AB 发生轴向拉伸与弯曲的组合变形。

9.2.2　拉(压)与弯曲组合变形的强度计算

忽略剪力对杆的影响,画出杆的轴力图和弯矩图,如图 9.4(b)、(c)所示。由轴力图可知,A 端的截面为危险截面,该截面上的轴力 $F_N = F_x$,弯矩为 $M_A = F_y l$。危险截面上的应力分布情况如图 9.4(d) ~ (f)所示,其中,

$$\sigma_N = \frac{F_N}{A}, \quad \sigma_M = \frac{M}{W_z}$$

由应力分布图可知,危险点为 A 端截面的上边缘各点。由于两种基本变形在危险点引起的应力均为正应力,故危险点处于单向应力状态,只需要将这两个同向应力代数相

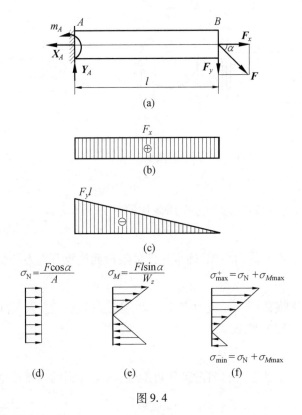

图 9.4

加,即得危险点的最大应力:

$$\sigma_{tmax} = \sigma_N + \sigma_M = \frac{F_x}{A} + \frac{F_y l}{W_z}$$

截面下边缘各点的应力(截面上的最大压应力)为

$$\sigma_{cmax} = \sigma_N - \sigma_M = \frac{F_x}{A} - \frac{F_y l}{W_z}$$

当杆件发生轴向拉(压)和弯曲组合变形时,对于拉、压强度相同的塑性材料,只需按截面上的最大应力进行强度计算,其强度条件为

$$| \sigma |_{max} = \left| \frac{F_N}{A} \right| + \left| \frac{M}{W_z} \right| \leqslant [\sigma] \tag{9.1}$$

对于脆性材料,则要分别根据最大拉应力和最大压应力进行强度计算,故强度条件为

$$\begin{cases} \sigma_{tmax} = \left| \pm \dfrac{F_N}{A} + \dfrac{M}{W_z} \right| \leqslant [\sigma^+] \\[3mm] \sigma_{cmax} = \left| \pm \dfrac{F_N}{A} - \dfrac{M}{W_z} \right| \leqslant [\sigma^-] \end{cases} \tag{9.2}$$

【提示】 式(9.2)中,$\dfrac{F_N}{A}$ 前取正号对应的是拉弯组合,取负号对应的是压弯组合。

【例9.1】 图9.5所示为一简支工字钢梁,型号为25a,受均布荷载 q 及轴向压力 N 的作用,已知 $q = 10$ kN/m,$l = 3$ m,$N = 20$ kN,$[\sigma] = 120$ MPa。试求最大正应力并校核梁的强度。

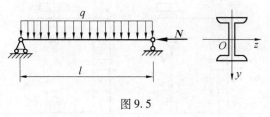

图 9.5

解 （1）变形分析。

钢梁同时受到横向力和轴向力的作用，因此其发生的变形为轴向压缩和弯曲的组合变形。横截面上的内力为轴力和弯矩。

（2）内力分析。

应力的最大值发生在内力最大的截面上，因此在求最大正应力前，需确定内力最大值的位置。根据前面的知识可知，梁上各截面的轴力值相等，弯矩的最大值在梁的跨中截面，其值为

$$M_{max} = \frac{1}{8}ql^2 = \frac{1}{8} \times 10 \times 3^2 = 11.25 \ (kN \cdot m)$$

（3）应力最大值计算。

查附录 Ⅱ，得 $W_z \approx 402 \ cm^3, A = 48.5 \ cm^2$，则

$$\sigma_{Mmax} = \frac{M_{max}}{W_z} = -\frac{11.25 \times 10^6}{402 \times 10^3} = -28.00 \ (MPa)$$

$$\sigma_N = \frac{F_N}{A} = -\frac{20 \times 10^3}{48.5 \times 10^2} = -4.12 \ (MPa)$$

梁的最大正应力为

$$\sigma_{max} = \sigma_{Mmax} + \sigma_N = -(28.00 + 4.12) = -32.12 \ (MPa)$$

$\sigma_{max} < [\sigma]$，故梁满足强度条件。

【提示】 由例 9.1 可看出，由弯曲引起的正应力远比由压缩引起的正应力大，在一般的工程问题中大致如此。因此，若此例问题改为选择工字钢型号，由于式（9.1）中包含 A 和 W_z 两个未知量，无法求解。这时可利用抓主要矛盾的方法，即先不考虑轴向压缩（或拉伸）引起的正应力，而按弯曲正应力强度条件 $\frac{M_{max}}{W_z} \leq [\sigma]$ 算得 W_z，据此初选工字钢型号，然后再考虑轴向压缩（或拉伸）引起的正应力，校核最大正应力。若能满足强度条件，则可用该型号的工字钢；若不满足强度条件，再另行选择。

【例 9.2】 夹具受力如图 9.6 所示，已知 $F = 2 \ kN, e = 60 \ mm, b = 10 \ mm, h = 22 \ mm$，材料许用应力 $[\sigma] = 170 \ MPa$。试校核夹具立杆的强度。

解 （1）变形分析。

当力 F 向立杆轴线平移后，可得到一个力 F 和一个力偶 M_e，简化后的 $M_e = Fe = 2 \ 000 \ N \times 0.06 \ m = 120 \ N \cdot m$，由此不难判断立杆变形为拉弯组合变形。

（2）内力分析。

立杆横截面上内力有轴力 $F_N = F = 2 \ kN$，弯矩 $M = M_e = 120 \ N \cdot m$。

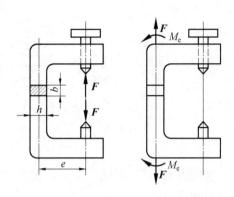

图 9.6

（3）强度计算。

$$| \sigma |_{\max} = \left| \frac{F_N}{A} \right| + \left| \frac{M}{W_z} \right| = \frac{2\,000}{10 \times 22} + \frac{120 \times 10^3}{\dfrac{10 \times 22^2}{6}} = 157.9\,(\text{MPa}) \leqslant [\,\sigma\,] = 170\,(\text{MPa})$$

故立杆强度足够。

【提示】　当力的作用线在杆的轴线上时,杆发生的变形是轴向拉（压）变形。而当力的作用线与杆的轴线平行但不重合时,其引起的变形称为偏心拉（压）,力的作用线与杆的轴线间的距离称为偏心矩,如图 9.7 所示。为研究此变形,可将力的作用线平移到轴上,得到一个压力和一力偶,其使杆发生压弯组合变形。

【例 9.3】　如图 9.8 所示,一矩形截面混凝土短柱受偏心压力 **P** 作用,**P** 作用在 y 轴上,偏心距为 e,已知 $P = 200\ \text{kN}$,$e = 40\ \text{mm}$,$b = 200\ \text{mm}$,$h = 120\ \text{mm}$。求任意截面的最大正应力。

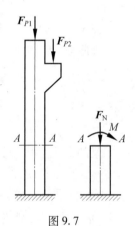

图 9.7

解　（1）变形分析。

短柱受到受偏心压力作用,发生的变形是压弯组合变形。

（2）外力分析。

将力 **P** 平移到立杆的轴线上,得到一力和作用在立杆纵向对称面内的力偶,如图 9.8（b）所示。力偶的力偶矩为

$$m_e = Pe = 2 \times 10^5 \times 40 = 8 \times 10^6 (\text{N} \cdot \text{mm})$$

（3）内力分析。

短柱横截面上的内力为轴力和弯矩,分别为

$$F_N = P = 2 \times 10^5\ \text{N}, \quad M = m_e = 8 \times 10^6\ \text{N} \cdot \text{mm}$$

（4）应力计算。

最大压应力在横截面的右边界,为

$$\sigma_{\max}^- = -\frac{F_N}{A} - \frac{M}{W_z} = -\frac{2 \times 10^5}{120 \times 200} - \frac{8 \times 10^6}{\dfrac{120 \times 200^2}{6}} = -18.33\,(\text{MPa})$$

最大拉应力在横截面的左边界,为

$$\sigma_{\max}^+ = -\frac{F_N}{A} + \frac{M}{W_z} = -\frac{2 \times 10^5}{120 \times 200} + \frac{8 \times 10^6}{\dfrac{120 \times 200^2}{6}} = 1.67 \ (\text{MPa})$$

在本例中,当偏心矩 e 的数值变化时,横截面上轴力及对应的正应力不变,但弯矩及其引起的应力会改变,从而使得横截面上各点的应力值也改变。当 e 取某一数值时,可使横截面上不出现拉应力,如图 9.8(c) 所示。

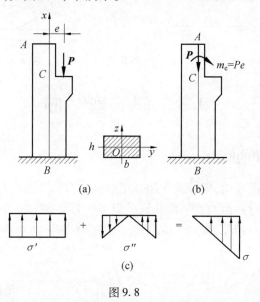

图 9.8

欲使横截面上不出现拉应力,应使力与力偶共同作用下横截面左侧边缘各点处的正应力 σ 等于零,即

$$\sigma = \sigma' + \sigma'' = -\frac{P}{A} + \frac{Pe}{W_z} = 0$$

或

$$-\frac{P}{hb} + \frac{Pe}{\dfrac{bh^2}{6}} = 0$$

解得 $e = \dfrac{h}{6}$,其即为所求的横截面上不出现拉应力的最大偏心距。由此可知,只要偏心距 $e \leqslant \dfrac{h}{6}$,横截面上就不会出现拉应力。

【提示】 通过例 9.3 可以看出,当偏心压力作用在过横截面形心的某个区域内时,横截面上只有压应力而无拉应力,这一区域称为截面核心。图 9.9 中两个截面的阴影部分就是其截面核心。在工程实际中,一些常见的抗拉性能较差而抗压性能较好的脆性材料,如砖、混凝土、铸铁等,用它们制成的构件价格便宜适合承压,当这些构件发生偏心压缩时,最好将压力作用在截面核心所在的区域,以提高构件的强度。

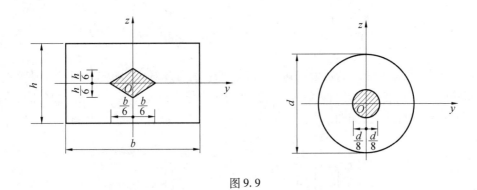

图 9.9

9.3 斜 弯 曲

9.3.1 斜弯曲的概念

本章研究的是平面弯曲,即荷载作用在梁的纵向对称面内且与轴线垂直,梁的轴线变形后成为一条在纵向对称面内的平面曲线。但当外力没有作用在梁的纵向对称面内而与轴线垂直时,如图 9.10 所示,梁变形后其挠曲线也不在纵向对称面内,这种弯曲称为斜弯曲。

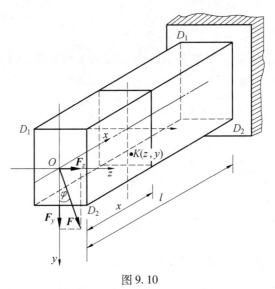

图 9.10

9.3.2 斜弯曲的强度计算

下面以如图 9.10 所示的矩形截面悬臂梁为例来分析斜弯曲的强度计算问题。

1. 外力分析

梁的自由端作用一集中力 F,F 过截面形心且与 y 轴夹角为 φ,建立如图 9.10 所示的坐标系,将力分解为 F_y 和 F_z,则这两个分力分别引起梁在铅垂面和水平面的弯曲,且有

$$F_y = F\cos\varphi, \quad F_z = F\sin\varphi$$

2. 内力分析

与自由端距离为 x 的截面上,两个分力 F_y 和 F_z 引起的弯矩分别为

$$M_z = F_y x = F\cos\varphi \cdot x = M\cos\varphi$$

$$M_y = F_z x = F\sin\varphi \cdot x = M\sin\varphi$$

式中,M 是 F 对 x 处截面的弯矩,即 $M = Fx$。

3. 应力分析

横截面上任意一点 K 的应力等于两个弯矩分别引起的应力的叠加,且只有正应力,没有剪应力,最大应力发生在弯矩最大处。

4. 强度条件

(1)若材料的抗拉和抗压强度相等,则斜弯曲的强度条件为

$$\sigma_{\max} = \frac{M_{y\max}}{W_y} + \frac{M_{z\max}}{W_z} \leqslant [\sigma] \tag{9.3}$$

式中,$W_y = \dfrac{I_y}{z_{\max}}$;$W_z = \dfrac{I_z}{y_{\max}}$。

(2)若材料的抗拉和抗压强度不同,则应分别对拉应力最大值点和压应力最大值点进行强度计算。

(3)对于不易确定危险点的截面,例如边界没有棱角而呈弧线的截面,需要研究应力的分布特点,确定中性轴的位置。

【例 9.4】 图 9.11 所示为一悬臂梁,采用 25a 工字钢;在竖直方向受到均布荷载作用,$q = 5$ kN/m;在自由端受到水平集中力作用,$F = 2$ kN。已知截面的参数为 $W_y = 48.28$ cm^3,$W_z = 401.90$ cm^3。求梁的最大拉应力和最大压应力。

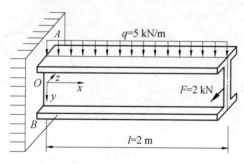

图 9.11

解 (1)变形分析。

均布荷载使梁在 xOy 面内弯曲,集中力使梁在 yOz 面内弯曲,故本例为双向弯曲问题。

(2)内力分析。

两个方向弯曲的最大弯矩全在固定端面上,分别为

$$M_y = Fl = 2 \times 2 = 4 \ (\text{kN} \cdot \text{m})$$

$$M_z = \frac{1}{2} q l^2 = \frac{1}{2} \times 5 \times 2^2 = 10 \ (\text{kN} \cdot \text{m})$$

（3）应力分析。

由变形情况可知,在固定端截面上的 A 点处有拉应力的最大值,而压应力的最大值在固定端截面上的 B 点处,则最大拉应力与最大压应力的值分别为

$$\sigma_A = \frac{M_y}{W_y} + \frac{M_z}{W_z} = \frac{4 \times 10^6}{48.28 \times 10^3} + \frac{10 \times 10^6}{401.90 \times 10^3} = 107.73 \ (\text{MPa})$$

$$\sigma_B = -\frac{M_y}{W_y} - \frac{M_z}{W_z} = -107.73 \ \text{MPa}$$

9.4　弯扭组合变形及其强度计算

机械中的转轴,通常在弯曲与扭转组合变形下工作。现以电机轴为例,讨论这种组合变形的强度计算过程。图 9.12(a) 所示的电机轴,在悬臂端装有带轮,工作时,电机轴输入一定转动力矩,通过带轮的带传递给其他设备。设带的紧边拉力为 $2F_T$,松边拉力为 F_T,不计带轮自重。

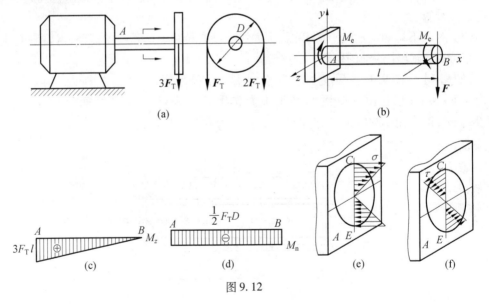

图 9.12

1. 外力分析

将电机轴的外伸部分简化为悬臂梁,把作用于带上的拉力向杆的轴线简化,得到一个力和一个力偶矩。

$$F = 3F_T$$

$$M_e = 2F_T \frac{D}{2} - F_T \frac{D}{2} = \frac{F_T D}{2}$$

力 F 使轴在垂直平面内发生弯曲,力偶 M_e 使轴扭转,故轴上产生弯曲与扭转组合变形。

2. 内力分析

轴的弯矩图和扭矩图如图 9.12(c)、(d) 所示。由图可知,固定端截面 A 为危险截面,其上的弯矩和扭矩分别为

$$M = 3F_\mathrm{T} l, \quad M_\mathrm{n} = M_e = \frac{F_\mathrm{T} D}{2}$$

3. 应力分析

由于在危险截面上同时作用着弯矩和扭矩,因此该截面上必然同时存在弯曲正应力和扭转切应力,其分布情况如图 9.12(e)、(f) 所示。由应力分布图可见,C、E 两点的正应力和切应力均达到了最大值。因此,C、E 两点为危险点,该两点的弯曲正应力和扭转切应力分别为

$$\sigma = \frac{M}{W_z}, \quad \tau = \frac{M_\mathrm{n}}{W_\mathrm{n}} \tag{9.4}$$

C、E 两点均属于平面应力状态,故需按强度理论来建立强度条件。本书直接应用了应力状态及强度理论的部分结论。

4. 建立强度条件

对于塑性材料制成的转轴,因其抗拉、压强度相同,所以 C、E 两点的危险程度是相同的,故只需对其中一点进行研究。现以 C 点为例建立强度条件。由于转轴一般由塑性材料制成,故采用第三或第四强度理论进行计算。由第三和第四强度理论,相当应力分别为

$$\sigma_{r3} = \sqrt{\sigma^2 + 4\tau^2} \tag{9.5}$$

$$\sigma_{r4} = \sqrt{\sigma^2 + 3\tau^2} \tag{9.6}$$

将式(9.4) 代入式(9.5) 和式(9.6),并注意到圆轴的 $W_\mathrm{n} = 2W_z$,即可得到按第三和第四强度理论建立的强度条件为

$$\sigma_{r3} = \frac{\sqrt{M^2 + M_\mathrm{n}^2}}{W_z} \leqslant [\sigma] \tag{9.7}$$

$$\sigma_{r4} = \frac{\sqrt{M^2 + 0.75M_\mathrm{n}^2}}{W_z} \leqslant [\sigma] \tag{9.8}$$

【提示】　需要指出的是,式(9.7) 和式(9.8) 只适用于由塑性材料制成的弯扭组合变形的圆截面和空心圆截面杆。

【例 9.5】　手动绞车受力及尺寸如图 9.13(a) 所示,绞车轴径 $d = 50$ mm,转轴材料的许用应力为 $[\sigma] = 120$ MPa。试用第三强度理论确定绞车许可吊重 $[G]$。

解　(1) 外力分析。

将作用于绞车轮上的 G 向轴线简化,得一个力 G 和一个力偶矩 $M_e = GR$,如图 9.13(b) 所示。

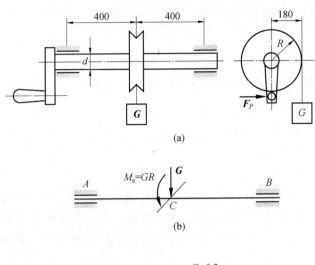

(a)

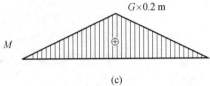

(b)

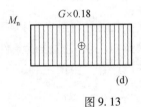

(c)

M_n

(d)

图 9.13

（2）内力分析。

作出轴的弯矩图和扭矩图（图 9.13(c)、(d)）。由图可见,轴中部的截面 C 为危险截面,其上的弯矩和扭矩分别为

$$M = \frac{Fl}{4} = G \times 0.2 \text{ m}$$

$$M_n = M_e = G \times 0.18$$

（3）确定绞车许可吊重 $[G]$。

将 $W_z = \dfrac{\pi d^3}{32}$ 和危险截面上的弯矩和扭矩代入式(9.7),得

$$\sigma_{r3} = \frac{\sqrt{M^2 + M_n^2}}{W_z} = \frac{\sqrt{(0.2G)^2 + (0.18G)^2} \times 10^6}{\dfrac{\pi \times 50^3}{32}} \leqslant 120 \ (\text{kN})$$

$$G \leqslant 120 \times \frac{\pi \times 50^3}{32 \times 10^6 \times \sqrt{(0.2)^2 + (0.18)^2}} = 5.47 \ (\text{kN})$$

故绞车许可吊重 $[G]$ 应不超过 5.47 kN。

思考与练习

一、填空题

1. 组合变形是指_____基本变形组合而成的变形。

2. 斜弯曲的受力特点是外力的作用面通过_____，但不与梁的纵向对称面_____。

3. 斜弯曲的受力特点是_____。

4. 弯扭组合变形的受力特点是_____。

5. 弯扭组合变形的变形特点是_____。

二、分析简答题

1. 何谓组合变形? 试判断图9.14中各杆件的变形类型,指出危险截面位置,并写出相应的强度表达式。

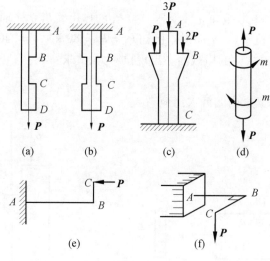

图 9.14

2. 简述组合变形杆件的强度分析步骤。

3. 偏心拉伸时是否可以使横截面上的应力都是拉应力?

4. 拉(压)弯组合变形横截面上有什么内力? 什么应力? 应力是如何分布的? 最大值如何计算?

5. 说明斜弯曲构件横截面上正应力的分布特点及中性轴的位置。

三、分析计算题

1. 图9.15所示为矩形截面悬臂梁,荷载 P 位于纵向对称面内,且与水平线成60°。已知 $P = 3$ kN, $l = 1.2$ m, $b = 40$ mm, $h = 80$ mm, $[\sigma] = 120$ MPa。试校核悬臂梁的强度。

2. 如图 9.16 所示的结构中,横梁 AB 由两根 20a 槽钢制成,已知 P = 40 kN,梁长 l = 3 m, 梁的许用应力[σ] = 120 MPa。试校核梁的强度。

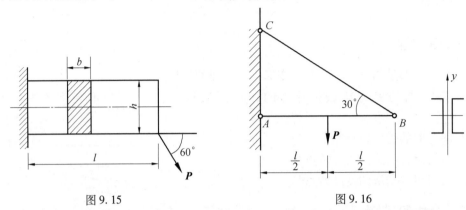

图 9.15　　　　　　　　　　　　　图 9.16

3. 矩形截面钢板如图 9.17 所示,已知拉力 P = 86 kN,板宽 b = 80 mm,板厚 t = 10 mm,缺口深度 a = 12 mm,钢板的许用应力[σ] = 160 MPa。若不考虑缺口处应力集中的影响,请校核钢板的强度。如果在缺口的对称位置再挖一个相同尺寸的缺口,此时钢板的强度有何变化?

4. 如图 9.18 所示,矩形截面立柱受压。力 P_1 的作用线与立柱轴线重合,力 P_2 的作用线与立柱轴线平行,且位于 xy 平面内。已知 $P_1 = P_2 = 80$ kN,b = 240 mm,力 P_2 的偏心矩 e = 100 mm。 如果要求立柱的横截面不出现拉应力,试求:

(1)截面尺寸 h;

(2)当 h 确定后,立柱内的最大压应力。

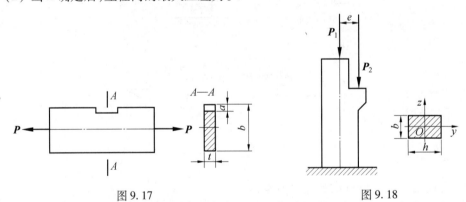

图 9.17　　　　　　　　　　　　　图 9.18

5. 如图 9.19 所示的悬臂梁,集中力 F_1、F_2 分别作用在铅垂对称面和水平对称面内,且与梁的轴线垂直,已知 $F_1 = 0.8$ kN,$F_2 = 1.6$ kN,l = 1 m,许用应力[σ] = 160 MPa。试确定以下两种情况下梁的横截面尺寸:

(1)截面为矩形,h = 2b;

(2)截面为圆形。

6. 工字钢简支梁受力如图 9.20 所示,已知 F = 7 kN,[σ] = 160 MPa,试选择工字钢型号。(先假定 W_z/W_y 的比值进行试选,再校核。)

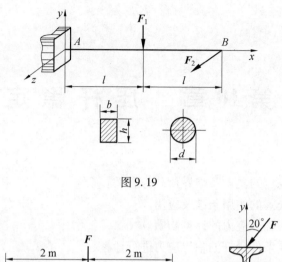

图 9.19

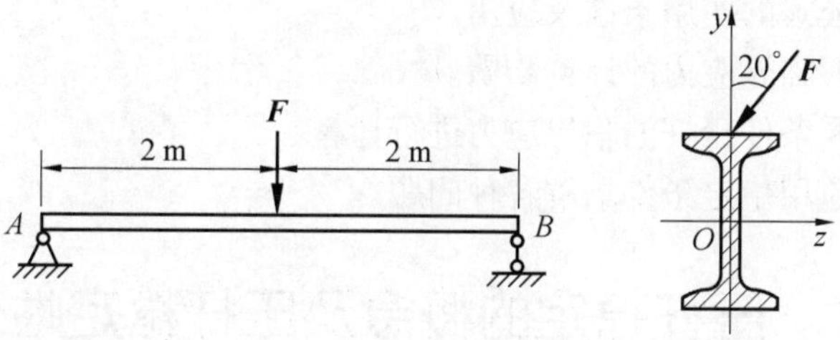

图 9.20

7. 图 9.21 所示为直角悬臂曲拐,一端固定,已知 $l = 200$ mm,$a = 150$ mm,$d = 50$ mm,材料许用应力$[\sigma] = 130$ MPa。试用第三强度理论确定悬臂曲拐许可荷载$[F_P]$。

8. 手动绞车受力及尺寸如图 9.22 所示,绞车轴径 $d = 35$ mm,转轴材料的许用应力为$[\sigma] = 100$ MPa,荷载为 $F_P = 1\ 000$ N。试用第三强度理论校核轴的强度。

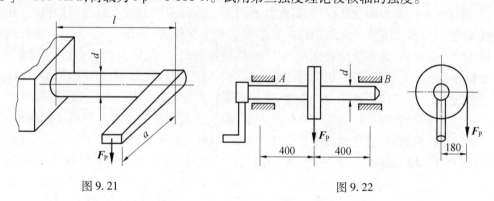

图 9.21   图 9.22

第 10 章　压 杆 稳 定

【学习目标】

（1）理解压杆稳定的概念及临界荷载的意义。

（2）掌握欧拉公式的使用条件及应用。

（3）理解并掌握临界应力的计算步骤。

（4）能够对不同条件压杆的临界应力进行计算。

（5）能够熟练应用稳定条件求解各种问题。

10.1　压杆稳定的概念及压杆稳定性分析

10.1.1　压杆稳定的概念

工程实际中把受到轴向压力的直杆称为压杆。通过前面知识的学习可知，压杆一般只考虑强度和刚度问题就可以了。但实践表明，对于短而粗的受压杆件，这一结论是成立的，而对于一些细而长的受压杆件，情况就不同了。当轴向压力增大到一定数值时，在强度破坏之前，压杆会突然产生侧向弯曲变形而丧失工作能力，如图 10.1 所示。这种细长压杆在轴向受压后，其轴线由直变弯的现象，称为丧失稳定，简称失稳。失稳是不同于强度破坏的又一种失效形式，它也会导致整个结构不能正常工作，而且由于失稳的发生往往是突然的，这会给结构带来很大的危害，造成严重的工程事故，因此必须引起重视。

综上所述，短粗的压杆只需考虑强度问题，而细长的压杆除了要考虑强度问题外，还应考虑稳定性问题，这也是设计中首先要考虑的问题，如桁架中的压杆（图 10.2）、托架中的压杆（图 10.3）及刚结构中的立柱等。因此，设计压杆时，进行稳定性计算非常重要。

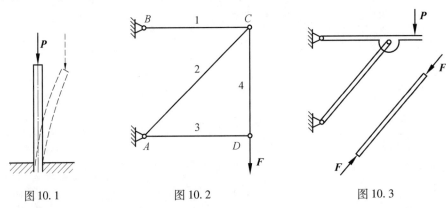

图 10.1　　　　　　　图 10.2　　　　　　　图 10.3

除了压杆有失稳现象外，截面窄而高的梁、受外压力作用的薄壁壳形容器等，也有失稳现象发生。此处仅讨论压杆的稳定问题。

10.1.2　压杆稳定性分析

以图 10.4(a) 所示细长压杆为例，它的一端固定，一端自由。当轴向压力 P 不大时，杆仍处于直线平衡状态。当用一个微小的干扰力横推压杆时，杆变弯，如图 10.4(b) 所示，当干扰力除去后，杆轴线将在摆动中逐渐恢复直线状态，如图 10.4(c) 所示，此时称压杆原来的直线平衡状态为稳定平衡。若当轴向压力 P 增大到某一数值时，轴线仍可暂时维持直线平衡状态，但稍受干扰，杆就变弯，排除干扰后压杆也不能恢复原有的直线平衡状态，而处于微弯的平衡状态，如图 10.4(d) 所示，则称压杆原有的直线平衡状态为不稳定平衡，或称压杆处于失稳的临界状态。当压力 P 增大到某一临界值 P_{cr} 时，弹性压杆将由稳定平衡过渡到不稳定平衡，对应的状态称为临界态，对应的临界值 P_{cr} 称为压杆的临界力或临界荷载，它标志着压杆由稳定平衡过渡到不稳定平衡的分界点。于是，压杆保持稳定的条件为 $P < P_{cr}$，压杆的失稳条件为 $P > P_{cr}$，失稳的临界条件为 $P = P_{cr}$。

不难看出，压杆的稳定性取决于临界力的大小：临界力越大，压杆的稳定性越强，压杆越不容易失稳；临界力越小，压杆的稳定性越差，压杆越容易失稳。解决压杆的稳定性问题关键是确定压杆的临界力。

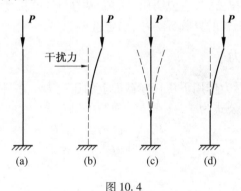

图 10.4

【提示】　细长压杆在轴向受压后丧失稳定性的现象，称为失稳。失稳是不同于强度不足而造成的破坏。压杆保持稳定的条件为 $P < P_{cr}$，即所受压力的大小 P 小于临界压力。

10.2　临界力和临界应力

10.2.1　临界力

临界力是反映压杆稳定的承载能力指标，临界力越大，压杆的稳定性越好。在材料服从胡克定律的条件下，压杆临界力的计算公式为

$$P_{cr} = \frac{\pi^2 EI}{(\mu l)^2} \tag{10.1}$$

式中,P_{cr} 为临界力;EI 为抗弯刚度;μ 为支座长度系数,数值取决于杆两端的约束情况(见表 10.1 压杆的长度系数);l 为杆的长度。

表 10.1　压杆的长度系数

杆端约束情况	两端铰支	一端固定一端自由	一端固定一端铰支	两端固定
挠曲线形状				
长度系数 μ	1	2	0.7	0.5
临界力 P_{cr}	$\dfrac{\pi^2 EI}{l^2}$	$\dfrac{\pi^2 EI}{(2l)^2}$	$\dfrac{\pi^2 EI}{(0.7l)^2}$	$\dfrac{\pi^2 EI}{(0.5l)^2}$

式(10.1)常称为欧拉公式,它说明压杆的临界力与杆的长度、截面形状尺寸、两端的约束形式及材料有关。细长的杆临界力小,稳定性差。

10.2.2　临界应力

临界应力是指在临界力作用下压杆横截面上的压应力。在材料服从胡克定律的条件下,压杆临界应力的欧拉公式为

$$\sigma_{cr} = \frac{P_{cr}}{A} = \frac{\pi^2 EI}{(\mu l)^2 A} = \frac{\pi^2 E}{\lambda^2} \tag{10.2}$$

其中

$$\lambda = \frac{\mu l}{i}, \quad i = \sqrt{\frac{I}{A}} \tag{10.3}$$

式中,σ_{cr} 为临界应力;E 为材料拉(压)弹性模量;λ 为压杆的柔度;i 为惯性半径;I 为轴惯性矩;A 为杆横截面面积。

λ 是一个无量纲的值,它取决于杆端约束情况、杆长和截面的形状与尺寸。压杆越是细长,λ 就越大,临界应力就越小,说明压杆越容易失稳;压杆越是粗短,λ 就越小,临界应力就越大,说明压杆的稳定性越好。

10.2.3　欧拉公式的适用条件

欧拉公式是在材料服从胡克定律的条件下推导出来的,因此压杆的应力不能超过比例极限 σ_p,即式(10.2)的适用条件为

$$\sigma_{cr} = \frac{\pi^2 E}{\lambda^2} \leqslant \sigma_p \quad 或 \quad \lambda \geqslant \pi\sqrt{\frac{E}{\sigma_p}} \tag{10.4}$$

令

$$\lambda_p = \pi \sqrt{\frac{E}{\sigma_p}}$$ (10.5)

则上述条件可写为

$$\lambda \geqslant \lambda_p$$ (10.6)

式中，λ_p 为柔度的界限值。

只有当压杆的实际柔度 $\lambda \geqslant \lambda_p$ 时，临界应力的欧拉公式即式(10.2)才适用。满足 $\lambda \geqslant \lambda_p$ 的压杆称为大柔度杆。例如，常用的 Q235 钢，其 $E = 200$ GPa、$\sigma_p = 200$ MPa，由式 (10.5)得 $\lambda_p = 100$，可见用 Q235 钢制成的压杆，当柔度 $\lambda \geqslant 100$ 时，可称大柔度杆，才可以应用式(10.2)。当压杆的柔度小于 λ_p 时，欧拉公式不成立。

根据压杆的实际柔度，临界应力的计算公式如下。

(1)$\lambda \geqslant \lambda_p$，杆是大柔度杆，欧拉公式成立。

临界应力的计算公式为式(10.2)，即

$$\sigma_{cr} = \frac{\pi^2 E}{\lambda^2}$$

(2)$\lambda_s < \lambda < \lambda_p$，杆是中柔度杆，欧拉公式不成立。

临界应力的计算公式为

$$\sigma_{cr} = a - b\lambda$$ (10.7)

式中，a、b 为与材料有关的常数，MPa。几种常见材料的 a、b 值见表 10.2。

对于塑性材料，

$$\lambda_s = \frac{a - \sigma_s}{b}$$ (10.8)

表 10.2　几种常见材料的 a、b 和 λ_p、λ_s 值

材料	a/MPa	b/MPa	λ_p	λ_s
低碳钢	304	1.12	100	61
优质碳钢	461	2.568	100	60
硅钢	578	3.744	100	60
铸铁	332	1.454	100	——
木材	28.7	0.194	59	——

(3)$\lambda \leqslant \lambda_s$，杆是小柔度杆，即短粗杆。

这类杆在失稳前工作应力就已达到屈服极限，材料发生较大的塑性变形，从而丧失工作能力，即这类杆失效的原因是强度问题，而非失稳。因此，对于小柔度杆只需考虑强度问题即可，临界应力为

$$\sigma_{cr} = \sigma^0$$

图 10.5 给出了临界应力与柔度之间的关系曲线，称为临界应力总图，该图显示了临界应力随柔度的变化规律。

通过上面的分析可知,当构件受到轴向压力作用时,需要考虑稳定性问题。在此过程中,应首先根据杆的情况计算其柔度,再确定临界应力的计算公式,并进行计算。

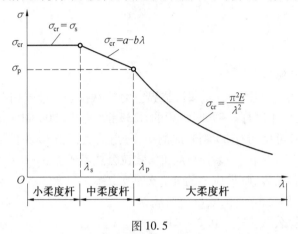

图 10.5

【提示】　临界应力随柔度 λ 的增大而呈逐渐减小的变化规律。也就是说,压杆越细越长,就越容易失去稳定。但对于柔度较小的短粗杆,其临界应力 σ_{cr} 接近材料的屈服极限 σ_s,曲线的曲率比较平缓,一般可取 σ_s 或 σ_b 作为临界应力。这说明短粗杆的破坏不是失稳而是强度破坏。

【例 10.1】　一压杆长 $l = 200$ mm,矩形截面宽 $b = 2$ mm,高 $h = 10$ mm,两端铰接,材料为 Q235 钢,$E = 200$ GPa。试计算其临界应力。

解　(1)求惯性半径。

由于截面为矩形,失稳应在刚度小的平面内发生,因此应求惯性半径的最小值,即

$$i = \sqrt{\frac{I_{\min}}{A}} = \sqrt{\frac{hb^3}{12bh}} = \frac{2}{\sqrt{12}}$$

(2)求柔度。

压杆两端铰接,由表 10.1 可得 $\mu = 1$,则有

$$\lambda = \frac{\mu l}{i} = \frac{1 \times 200 \times \sqrt{12}}{2} = 346.41$$

(3)求临界应力。

根据杆的柔度可知,$\lambda > \lambda_p$,杆是大柔度杆,欧拉公式成立,临界应力为

$$\sigma = \frac{\pi^2 E}{\lambda^2} = \frac{3.14^2 \times 200 \times 10^3}{346.41^2} = 16.45 \text{ (MPa)}$$

【例 10.2】　千斤顶如图 10.6 所示。已知丝杆长度 $l = 375$ mm,有效直径 $d = 40$ mm,材料为 45 钢,$\lambda_p = 100$,$\lambda_s = 60$,$a = 461$ MPa,$b = 2.568$ MPa。试计算丝杆的临界力。

解　(1)求惯性半径。

$$i = \sqrt{\frac{I}{A}} = \frac{d}{4} = 10 \text{ mm}$$

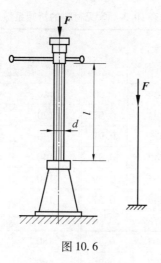

图 10.6

（2）求柔度。

丝杆简化为一端固定一端自由，查表 10.1 可得 $\mu = 2$，则

$$\lambda = \frac{\mu l}{i} = \frac{2 \times 375}{10} = 75$$

（3）求临界力。

由已知条件可知，$\lambda_s < \lambda < \lambda_p$，丝杆是中柔度杆，则由式（10.8）得临界力为

$$P_{cr} = \sigma_{cr} A = (a - b\lambda)A = (461 - 2.568 \times 75) \times \frac{\pi \times 40^2}{4} \times 10^{-3} = 374.98 \ (kN)$$

10.3　压杆稳定条件及计算

10.3.1　压杆稳定条件

在工程设计中，稳定计算常用两种方法，即安全系数法和折减系数法。此处只介绍折减系数法。

压杆的稳定条件是受压杆的最大工作应力 σ 不超过压杆稳定许用应力 $[\sigma_w]$，即

$$\sigma = \frac{P}{A} \leq [\sigma_w] \tag{10.9}$$

为了简化校核计算，将稳定许用应力 $[\sigma_w]$ 与强度许用应力 $[\sigma]$ 的比值定义为折减系数，并用 φ 表示，即 $\varphi = \dfrac{[\sigma_w]}{[\sigma]}$，则

$$[\sigma_w] = \varphi[\sigma] \tag{10.10}$$

折减系数 φ 是一个小于 1 的系数，φ 值取决于压杆的柔度 λ 和材料种类。常见材料的折减系数见表 10.3。这样，压杆的稳定条件可以写成

$$\sigma = \frac{P}{A} \leq \varphi[\sigma] \tag{10.11}$$

式（10.11）称为压杆稳定条件，利用稳定条件可进行稳定校核、截面设计及求许可荷载。

表 10.3　常见材料的折减系数

柔度 $\lambda = \dfrac{\mu l}{i}$	低碳钢 （Q235 钢）	低合金钢 （16 锰钢）	铸铁	柔度 $\lambda = \dfrac{\mu l}{i}$	低碳钢 （Q235 钢）	低合金钢 （16 锰钢）	铸铁
0	1.00	1.000	1.00	110	0.536	0.384	—
10	0.995	0.993	0.97	120	0.466	0.325	—
20	0.981	0.973	0.91	130	0.401	0.279	—
30	0.958	0.940	0.81	140	0.349	0.242	—
40	0.927	0.895	0.69	150	0.306	0.213	—
50	0.888	0.840	0.57	160	0.272	0.188	—
60	0.842	0.776	0.44	170	0.243	0.168	—
70	0.789	0.705	0.34	180	0.218	0.151	—
80	0.731	0.627	0.26	190	0.197	0.136	—
90	0.669	0.546	0.20	200	0.180	0.124	—
100	0.604	0.462	0.16				

10.3.2　压杆稳定计算

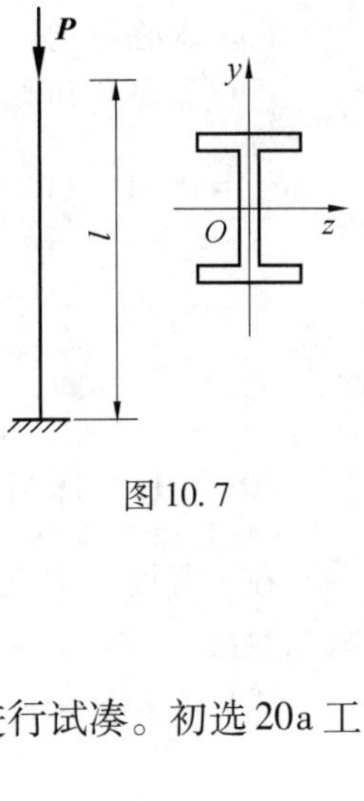

【例 10.3】　图 10.7 所示为一端固定、一端自由的压杆($\mu = 2$)，材料为 Q235 钢。已知 $P = 200$ kN，$l = 1.5$ m，$[\sigma] = 160$ MPa。试选择工字钢型号。

解　本题是一个压杆稳定问题。因为工字钢型号未知，不能计算，也就查不出 φ 值，所以无法应用式(10.11)进行校核。这时，可从强度上先估算出截面面积。

由 $\dfrac{P}{A} \le [\sigma]$，可得

$$A \ge \frac{P}{[\sigma]} = \frac{200 \times 10^3}{160} = 1\ 250\ (\text{mm}^2)$$

从附录 Ⅱ 中按估算面积的 2.5 倍(31.25 cm²)，即取 $\varphi = 0.5$ 进行试凑。初选 20a 工字钢，$A = 35.5$ cm²，最小惯性半径 $i_y = 2.12$ cm，则有

$$\lambda = \frac{\mu l}{i_y} = \frac{2 \times 150}{2.12} = 142$$

由表 10.3 按线性插值法找出 φ，即

$$\frac{\varphi - 0.349}{142 - 140} = \frac{0.306 - 0.349}{150 - 140}$$

得

$$\varphi = 0.34$$

则

$$\sigma = \frac{P}{A} = \frac{200 \times 10^3}{3\ 550} = 56.34\ (\text{MPa})$$

图 10.7

$$\varphi[\sigma] = 0.34 \times 160 = 54.40 \text{ (MPa)}$$

$\sigma \geqslant \varphi[\sigma]$,但

$$\frac{\sigma - \varphi[\sigma]}{\varphi[\sigma]} = \frac{56.34 - 54.40}{54.40} = 0.035\ 7$$

这说明工作应力 σ 超出 $\varphi[\sigma]$ 约 3.5%，不超过 5%，所选工字钢 20a 是可用的。

【提示】 在工程设计中，一般允许的误差为 ±5%。

【例 10.4】 某钢架材料为 Q235 钢,其尺寸、受力如图 10.8 所示。已知 AB 杆、BC 杆都为圆截面钢杆,AB 杆直径 $d = 60$ mm,BC 杆直径 $d = 50$ mm,许用应力 $[\sigma] = 160$ MPa。求构架能承受的最大荷载 P。

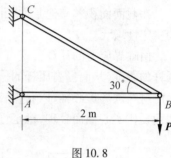

图 10.8

解 (1) 按强度条件估算最大荷载 P。

由平衡条件可确定 AB 杆、BC 杆的轴力分别为

$$F_{NAB} = \sqrt{3}P（压）, \quad F_{NBC} = 2P（拉）$$

根据两杆的强度条件建立不等式组

$$\begin{cases} \sigma_{AB} = \dfrac{F_{NAB}}{A_1} = \dfrac{\sqrt{3}P}{\pi\ 60^2/4} \leqslant 160 \text{ (MPa)} \\[3mm] \sigma_{BC} = \dfrac{F_{NBC}}{A_2} = \dfrac{2P}{\pi \times 50^2/4} = \dfrac{8P}{\pi \times 50^2} \leqslant 160 \text{ (MPa)} \end{cases}$$

解得 $P \leqslant 157.08$ kN,即构架按拉压强度条件能承受的荷载 $P \leqslant 157.08$ kN。

(2) 根据稳定条件估算最大荷载 P。

AB 杆是压杆,因此需要对 AB 杆进行稳定分析。

$$i = \frac{d}{4} = 15 \text{ mm}, \quad \lambda = \frac{\mu l}{i} = \frac{1 \times 2\ 000}{15} = 133$$

查表 10.3,用线性插值法得 $\varphi = 0.385$。

由压杆稳定条件,即 $\sigma = \dfrac{\sqrt{3}P}{A} \leqslant \varphi[\sigma]$,得

$$P \leqslant \frac{A\varphi[\sigma]}{\sqrt{3}} = \frac{\pi \times 60^2}{4 \times \sqrt{3}} \times 0.385 \times 160 = 100.66 \text{ (kN)}$$

由(1)和(2)可知,当 $P \leqslant 100.66$ kN 时,钢架能同时满足强度和压杆稳定的要求,因此钢架能承受的最大荷载为 100 kN。

10.4　提高压杆稳定性的措施

根据前面的分析、推导可知,要想提高压杆的稳定性,关键在于提高压杆的临界力和临界应力。由临界应力的计算公式可知,临界应力的大小取决于杆的尺寸及截面形状、杆两端的约束形式及材料的性质等,因此可从下面几点出发来提高压杆的稳定性。

1. 合理选择材料

由欧拉公式可知,大柔度杆的临界应力与材料的弹性模量成正比,所以选择弹性模量

大的材料可以提高杆的临界应力,从而提高压杆的稳定性。但是,各种钢材的弹性模量差别不大,选用高强度钢并不能明显提高大柔度杆的临界应力,却会提高造价,故大柔度杆一般选用普通碳钢即可。中、小柔度杆的临界应力则与材料的强度有关,因此,选用高强度钢可以提高这类杆件的稳定能力。

2. 降低杆的柔度

(1) 选用合理的截面形状。

在截面面积和其他条件相同的情况下,选用合理的截面形状能提高临界应力,则压杆的稳定性增大。

由临界应力的计算公式可知,临界应力与惯性矩成正比,增大截面的惯性矩,可以降低杆的柔度,从而提高压杆的稳定性。这说明在横截面面积相同的情况下,应尽可能使截面的材料远离形心轴,以获得较大的惯性矩,也就是说,在横截面面积相同的情况下,空心截面要比实心截面合理,稳定性更好,如图 10.9 所示。

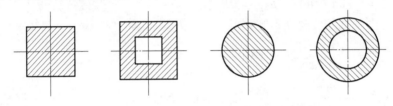

图 10.9

此外,由于压杆总是在柔度较大的纵向平面内首先失稳,因此应尽可能使压杆在各个纵向平面内的柔度都相等,以使其获得较高的稳定性。例如,在图 10.10 所示的两种型钢的组合截面中,图 10.10(a) 所示截面对应杆件的稳定性不如图 10.10(b)。

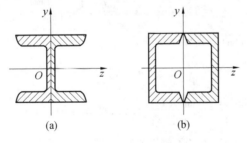

图 10.10

(2) 减小压杆的长度。

柔度大的杆容易失稳,而柔度与杆的长度成正比,因此,在满足工程需要的情况下,应尽可能减小压杆的长度,以降低其柔度,从而提高杆的稳定性。

(3) 改善支撑情况,减小长度系数。

通过柔度及欧拉公式可知,压杆两端的约束情况不同,长度系数就不同,则柔度不同,得出的临界力也就不同。在其他条件相同的情况下,加固杆两端的约束,减小长度系数,也就降低了杆的柔度,增大了临界力,提高了杆的稳定性。

【提示】　工程实际中,常采用合理设计构件的截面形状、改善支撑情况的方法来提高压杆的稳定性。

思考与练习

一、分析简答题

1. 何谓压杆稳定？简述临界力、临界应力的概念。

2. 压杆柔度与哪些因素有关？

3. 何为大、中、小柔度杆，它们的临界应力如何确定？

4. 欧拉公式的适用范围如何？如超范围使用，结果会如何？

5. 如何区分稳定平衡与不稳定平衡？

6. 只要保证压杆的稳定就能保证其承载能力，对吗？

7. 如图 10.11 所示的各种截面的杆件，两端都是铰支座，失稳时其截面分别绕哪根轴转动？

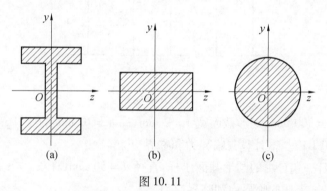

图 10.11

二、分析计算题

1. 如图 10.12 所示的两组截面，每组中的两个截面面积相等，当作为压杆时（两端为球铰支座），各组中哪一种截面更为合理？

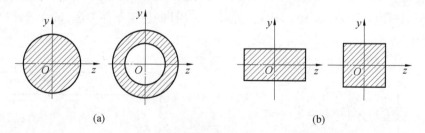

图 10.12

2. 图 10.13 所示的某连杆材料为 Q235 钢，弹性模量 $E = 206$ GPa，横截面面积 $A = 44$ cm^2，惯性矩 $I_y = 120 \times 10^4$ mm^4，$I_z = 797 \times 10^4$ mm^4，在 xy 平面内，长度系数 $\mu_z = 1$，在 xz 平面内，长度系数 $\mu_y = 0.5$。试计算其临界力和临界应力。

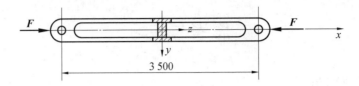

图 10.13

3. 如图 10.14 所示的三根压杆,其直径和材料皆相同。试判断哪一根能承受的压力最大,哪一根能承受的压力最小。若 $E = 210$ GPa, $d = 150$ mm,试求各杆的临界力。

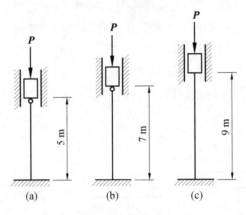

图 10.14

4. 有一长 $l = 300$ mm,矩形截面宽 $b = 2$ mm,高 $h = 10$ mm 的压杆,两端铰接,材料为 Q235 钢, $E = 200$ GPa。试计算其临界力和临界应力。

5. 一端固定,一端自由的圆形截面压杆,直径 $d = 50$ mm,杆长 $l = 1$ m,材料的弹性模量 $E = 108$ GPa,试求杆的临界力和临界应力。

6. 如图 10.15 所示,构架由两根直径相同的圆杆构成,杆的材料为 Q235 钢,直径 $d = 20$ mm,材料的许用应力 $[\sigma] = 170$ MPa,已知 $h = 0.4$ m,作用力 $F = 15$ kN。试在计算平面内校核两杆的稳定性。

7. 某支架如图 10.16 所示,BD 杆为正方形截面的 Q235 钢杆,长度 $l = 2$ m,横截面边长 $a = 0.1$ m,许用应力 $[\sigma] = 160$ MPa。从满足 BD 杆的稳定条件考虑,试计算该支架能承受的最大荷载 F。

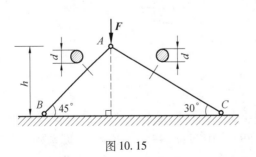

图 10.15

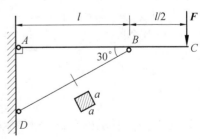

图 10.16

8. 图 10.17 所示为一梁柱结构,已知竖柱 CD 的截面为圆形,直径 $d = 20$ mm,材料为 Q235 钢,许用应力 $[\sigma] = 160$ MPa,$F = 10$ kN。试校核竖柱 CD 的稳定性。

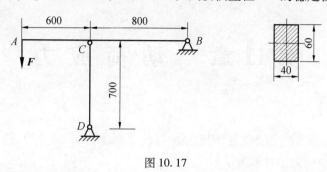

图 10.17

第11章　动荷应力

【学习目标】

（1）理解冲击荷载、交变应力、疲劳极限等相关概念。

（2）掌握动荷应力的计算方法。

（3）掌握循环特征和疲劳强度的关系。

（4）掌握影响疲劳极限的因素。

11.1　构件受冲击时的应力计算

汽锤锻造，落锤打桩，金属冲压加工，打夯，铆接，高速飞轮突然制动等，都是冲击问题的实例。以一定的速度将冲击物撞击到另一构件上，在极短的瞬间，冲击物的速度急剧下降到零，得到了巨大的负加速度，这就对构件施加了巨大的惯性力，即冲击荷载。在工程上，有效地利用冲击是某些加工工艺的需要。对于不利于结构的冲击荷载，又应设法避免或减小。不论哪种情况，都需要研究冲击问题。

现以自由落体的冲击问题为例，设重力为 G 的重物从 A 点自高度 h 处自由落下，冲击梁上的 1 点（图 11.1）。假设：

（1）重物在冲击时其变形可忽略。

（2）冲击过程中，梁的应力与应变仍服从胡克定律，并略去能量损失。

（3）被冲击物的质量很小。

当重物到达 1 点时，便附着在梁上并向下运动到最低位置 1′点。此时重物速度为零，梁达到了最大的弯曲变形，该点的挠度 δ_d 就是动变形。而梁则

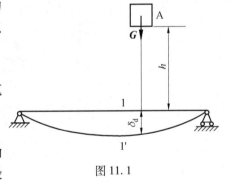

图 11.1

承受着冲击荷载 P_d。重物在 A 点及在 1′点时，速度皆为零。没有动能变化，即 $T = 0$。但位能则减少了 V，即 $V = G(h + \delta_d)$。根据机械能守恒定律可知，在冲击过程中，重物所减少的动能 T 和位能 V 的和应等于被冲击物体所增加的变形能 U_d，即

$$T + V = U_d$$

或

$$G(h + \delta_d) = U_d \tag{11.1}$$

从另一方面讲，变形能 U_d 应等于冲击荷载 P_d 在路程 δ_d 上所作的功。而 P_d 和 δ_d 都从零增加到最大值，并在全过程中服从胡克定律。

因此有

$$U_d = \frac{1}{2} P_d \delta_d \tag{11.2}$$

若将重物视为静荷载 G 作用于梁上 1 点,则产生静变形(静挠度)δ_j。由荷载与变形成正比的关系可得

$$\frac{P_d}{\delta_d} = \frac{G}{\delta_j}$$

或

$$P_d = \frac{G}{\delta_j} \delta_d \tag{11.3}$$

将式(11.2)、式(11.3)代入式(11.1),则得

$$G(h + \delta_d) = \frac{1}{2} \frac{G}{\delta_j} \delta_d^2$$

或

$$\delta_d^2 - 2\delta_j \delta_d - 2h\delta_j = 0$$

解得

$$\delta_d = \delta_j \left(1 \pm \sqrt{1 + \frac{2h}{\delta_j}} \right)$$

式中,根号前显然该取正号,即得到

$$\delta_d = \delta_j \left(1 + \sqrt{1 + \frac{2h}{\delta_j}} \right) = K_d \delta_j \tag{11.4}$$

式中,K_d 为冲击时的最大位移 δ_d 与静位移 δ_j 的比值,即

$$K_d = 1 + \sqrt{1 + \frac{2h}{\delta_j}} \tag{11.5}$$

称 K_d 为冲击动荷系数。

将式(11.4)代入式(11.3),得到冲击荷载为

$$P_d = K_d P \tag{11.6}$$

相应的冲击应力为

$$\sigma_d = K_d \sigma_j \tag{11.7}$$

这样,构件受冲击时的强度条件为

$$\sigma_{dmax} = K_d \sigma_{jmax} \leqslant [\sigma]$$

或

$$\sigma_{jmax} \leqslant \frac{[\sigma]}{K_d} \tag{11.8}$$

式中,σ_{dmax} 与 σ_{jmax} 分别为构件的最大冲击应力和最大静应力;$[\sigma]$ 为材料在静荷载作用下的许用应力。

【提示】　对于自由落体的冲击问题的讨论,以上的推导过程适用于所有形状的弹性结构。如对柱的轴向冲击(图 11.2(a))、对悬臂梁的冲击(图 11.2(b))。关键是求冲击动荷系数 K_d。至于冲击荷载、冲击应力和冲击变形,只需用 K_d 分别乘静荷载、静应力和静

变形即得。

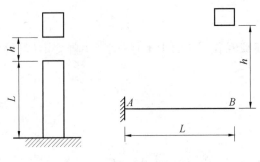

图 11.2

当重物直接突然地加在构件上,称为突加荷载。即 $h = 0$,由式(11.5)得动荷系数 $K_d = 2$。可见,在突加荷载作用下,构件内产生的变形和应力为静荷载作用下的两倍。

当冲击开始时,若已知重物的速度为 ν,则根据自由落体公式 $\nu^2 = 2gh$,或 $2h = \dfrac{\nu^2}{g}$,由式(11.5)得到该情况下的冲击动荷系数为

$$K_d = 1 + \sqrt{1 + \frac{\nu^2}{g\delta_j}} \tag{11.9}$$

【例 11.1】 重力为 P 的物体自高度 h 处自由落下,冲击悬臂梁端点 B,如图 11.2(b)所示。

梁的抗弯刚度 EI 和抗弯截面模量 W 均为已知。试求 A 端的最大正应力和 B 端的最大挠度。

解 （1）求静位移。

P 以静荷载方式作用于受冲击点 B,则 B 点之静位移为

$$\delta_j = y_B = \frac{Pl^3}{3EI}$$

（2）求冲击动荷系数。

将 δ_j 代入式(11.5),得到

$$K_d = 1 + \sqrt{1 + \frac{2h}{\delta_j}} = 1 + \sqrt{1 + \frac{6EIh}{Pl^3}}$$

（3）求 B 端冲击挠度。

应用式(11.4),得到 B 端冲击挠度(即动变形)为

$$\delta_{Bd} = K_d\delta_j = \left(1 + \sqrt{1 + \frac{6EIh}{Pl^3}}\right)\frac{Pl^3}{3EI}$$

（4）求 A 端最大正应力。

A 端的静弯矩和最大静应力分别为

$$M_A = Pl$$

$$\sigma_{Aj} = \frac{M_A}{W} = \frac{Pl}{W}$$

应用式(11.7),A 端最大正应力(动应力)为

$$\sigma_{Ad} = K_d \sigma_{Aj} = \left(1 + \sqrt{1 + \frac{6EIh}{Pl}}\right) \frac{Pl}{W}$$

11.2　交变应力与循环特征

运动构件的应力的大小和方向,常常随时间而周期变化,工程上称为交变应力。例如齿轮啮合中的轮齿,如图 11.3 所示,其根部产生的应力从开始的零变到最大,然后又从最大值变到脱离啮合时的零。齿轮每转一周,每个轮齿就这样循环一次。又如图 11.4(a)所示的车轴,虽然所受荷载 P 并不变化,但轴内任一点(图 11.4(b))的圆周点 A 到中性轴 z 的垂直距离是变化的,故该点之弯曲正应力的大小和方向随时间周期地改变。这就是循环作用的交变应力。

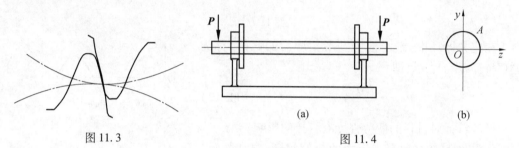

| 图 11.3 | (a)　　　(b)
图 11.4 |

在交变应力作用下,虽然应力低于材料的静荷载强度极限,甚至低于屈服极限,但经多次重复作用后,构件将产生肉眼可见的裂纹或完全断裂,这个现象称为疲劳破坏。这与一般静荷载作用下的破坏有本质的不同,即使是塑性很好的材料,疲劳破坏时也没有明显的塑性变形,而是突然发生脆性断裂。在断口上,通常呈现两个明显的区域,一个是光滑区,一个是粗糙区(图 11.5)。在光滑区内可以看到由交变应力作用产生的微裂纹,它作为裂纹源,又能看到它逐渐向外扩张的弧形曲线。在裂纹扩张过程中,由于应力的交替变化,裂纹表面的材料时而互相挤压,时而分离,时而正向错动,时而反向错动,这就形成了断口的光滑区;当裂纹扩展达到临界尺寸时,构件会产生突然的脆性断裂,从而形成了断口的粗糙区。

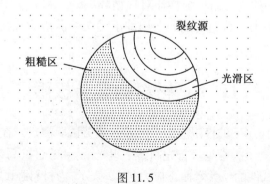

图 11.5

对于循环的一般情况,可以把交变应力 σ 随时间 t 的变化画成曲线(图 11.6)。其中

σ_{max} 与 σ_{min} 分别是循环中的最大与最小应力,σ_m 为平均应力,σ_a 为振幅应力。即

$$\sigma_m = \frac{1}{2}(\sigma_{max} + \sigma_{min}) \tag{11.10}$$

$$\sigma_a = \frac{1}{2}(\sigma_{max} - \sigma_{min}) \tag{11.11}$$

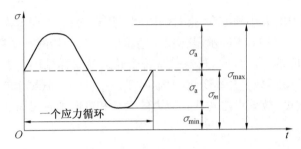

图 11.6

在应力循环中,最小应力与最大应力的比值,称为循环特征,用 r 表示,即

$$r = \frac{\sigma_{min}}{\sigma_{max}} \tag{11.12}$$

循环特征对材料的疲劳强度有直接的影响。

如果最大应力和最小应力的数值相等,方向相反,即 $\sigma_{max} = -\sigma_{min}$(图 11.7(a)),称此种应力循环为对称循环。车轴的弯曲正应力即是此种交变应力。其循环特征为

$$r = \frac{\sigma_{min}}{\sigma_{max}} = -1$$

对称循环情况将是本书重点讨论对象。

当 $\sigma_{min} = 0, \sigma_{max} > 0$(或 $\sigma_{max} = 0, \sigma_{min} < 0$)时,即 $r = 0$(或 $r = \infty$)时,称此种应力循环为脉动循环,如图 11.7(b)所示。

【提示】 $r \neq -1$ 的应力循环统称非对称循环。σ_{max} 和 σ_{min} 分别保持任意值,如图 11.6 所示,它是交变应力的普遍情况。当构件承受交变剪应力作用时,上述的概念仍然适用。

11.3 材料的疲劳极限

材料在交变应力作用下的极限应力只能通过疲劳试验测定。在对称循环下测定疲劳极限,技术上比较简单,最为常见。首先制备一组光滑标准试件(每组试件约为10根),直径为 7 ~ 10 mm。以试件的最大弯曲正应力(用 σ 表示,为材料强度极限的0.5 ~ 0.7倍)进行试验。设试件经历循环次数 N 后发生折断,则得到一组记录值(σ, N)。显然当 σ 值大时,N 值就小,随着 σ 值的降低,其破坏前的循环次数 N(称疲劳寿命)将很快增大。现

以 σ 为纵坐标,以疲劳寿命 N 的对数值 $\lg N$ 为横坐标,可将测得的各组试验值 (σ, N) 描成一条曲线(图 11.8),称为应力寿命 $(\sigma - N)$ 曲线。

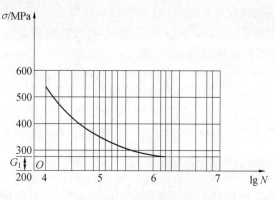

图 11.8

从图 11.8 中可见,当最大弯曲正应力 σ 降到一定数值后,其疲劳寿命 N 很大,而试件仍无破坏趋势,曲线呈水平状,对于钢材试件,如果循环到 10^7 次仍不破坏,就认为试件可经受无限多次的应力循环。由试验所得的这个循环数称为循环基数。钢材试件的循环基数就等于 10^7 次。

试件达到循环基数仍不破坏时的最大应力值,称为材料的疲劳极限(或持久极限)。

材料在对称循环下的疲劳极限用 σ_{-1} 表示,是材料疲劳性能的一个基本数据。由试验可知,钢材在弯曲对称循环时的疲劳极限与其强度极限 σ_{b} 之间有如下的近似关系:

$$\sigma_{-1} = (0.4 \sim 0.5)\sigma_{\mathrm{b}}$$

【提示】　也可用试验测定材料在拉压或扭转交变应力作用下的疲劳极限。

11.4　影响构件疲劳极限的主要因素

材料的疲劳极限都是用光滑标准试件测得的。事实上,在交变应力下,构件的外形、尺寸、表面质量等都将影响构件的疲劳极限。这里仅以构件的弯曲对称循环为例来分别研究这些影响因素。

11.4.1　构件外形的影响

在交变应力作用下,带有孔、槽、缺口等的构件,其疲劳极限总比同样尺寸的光滑试件低。这是因为应力集中现象容易产生裂纹并促使它扩展。通常用有效应力集中系数 K_σ 表示应力集中对疲劳极限的影响程度,即

$$K_\sigma = \frac{\text{同样尺寸的光滑试件的疲劳极限}}{\text{具有应力集中的试件的疲劳极限}}$$

K_σ 恒大于1,由试验测定,并可在有关手册中查到。圆角半径 r 越小,有效应力集中系数 K_σ 就越大,表示应力集中现象越严重。强度极限 σ_{b} 越大,应力集中现象表现也越显著。因此,设计构件时,应增大构件变截面处的过渡圆角半径。并将孔、槽等尽可能配置在低应力区以内,以减轻应力集中。

11.4.2　构件尺寸的影响

试验表明,横截面为大尺寸的试件,其疲劳极限总要比横截面为小尺寸的试件低。这是因为尺寸越大,容纳杂质、缺陷的机会就多,疲劳裂纹就越容易发生。通常用尺寸系数 ε_σ 表示尺寸增大使疲劳极限降低的程度,即

$$\varepsilon_\sigma = \frac{\text{大尺寸光滑标准试件的疲劳极限}}{\text{小尺寸光滑标准试件的疲劳极限}}$$

ε_σ 恒小于1。其试验值可以从有关手册中查到。由此可见,直径 d 越大,尺寸系数 ε_σ 越小,疲劳极限降低得越多。另外,强度极限 σ_b 越高,构件的疲劳极限下降得越显著。

11.4.3　构件表面质量的影响

构件表面上的刀痕、擦伤和粗糙度等都会引起应力集中,从而降低构件的疲劳极限。其降低的程度可用表面质量系数 β 表示,即

$$\beta = \frac{\text{在各种加工情况下试件的疲劳极限}}{\text{表面经磨光后试件的疲劳极限}}$$

β 一般小于1。工程技术手册给出了各种钢材表面质量系数与强度极限之间的关系曲线表。由该表可知,β 越小,疲劳极限降低得越多。因此,对承受交变应力的构件,提高表面光洁度和严禁碰伤,可以提高其疲劳极限。若对构件进行表面强化处理,经验表明可使疲劳极限提高若干倍,使构件的寿命增加几十倍。

此外,构件所处的工作条件,例如高温环境、腐蚀介质等,对构件的疲劳极限也会产生影响。但在通常的工作条件下,仍以前述的三个因素,即构件外形、尺寸和表面质量为主要影响因素。

于是,构件在弯曲对称循环时的疲劳极限为

$$(\sigma_{-1})_{构件} = \frac{\varepsilon_\sigma \beta}{K_\sigma} \sigma_{-1} \tag{11.13}$$

【提示】　得到构件的疲劳极限后,再考虑适当的安全系数,即可校核构件的疲劳强度。

【例 11.2】　如图 11.9 所示车轴,已知该轴的材料为 45 钢,$\sigma_b = 600$ MPa,弯曲对称循环疲劳极限 $\sigma_{-1} = 275$ MPa。表面精车,粗糙度 R_a 为 1.6。其余尺寸如图。试计算此构件的疲劳极限。

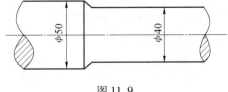

图 11.9

解　(1)确定有关系数。

①有效应力集中系数 K_σ。

根据

$$\frac{D}{d} = \frac{50}{40} = 1.25, \quad \frac{r}{d} = \frac{2}{40} = 0.05$$

$\sigma_b = 600$ MPa，通过查表得 $K_\sigma = 1.95$。

② 尺寸系数 ε_σ。

由表查得，当 $d = 40$ mm 时，对于 $\sigma_b = 500$ MPa 的钢材 $\varepsilon_\sigma = 0.84$。对于 $\sigma_b = 1\,200$ MPa 的钢材 $\varepsilon_\sigma = 0.73$。因此，对于 $\sigma_b = 600$ MPa 的车轴，它的 ε_σ 可按内插法求得。即有

$$\frac{\varepsilon_\sigma - 0.73}{600 - 1\,200} = \frac{0.84 - 0.73}{500 - 1\,200}$$

③ 表面质量系数 β。

根据表面精车，粗糙度 R_a 为 1.6 和 $\sigma_b = 600$ MPa，查表得 $\beta = 0.94$。

（2）计算疲劳极限。

将 $\sigma_{-1} = 275$ MPa 和查得的 K_σ、ε_σ 及 β 一并代入式（11.13），即得

$$(\sigma_{-1})_{构件} = \frac{\varepsilon_\sigma \beta}{K_\sigma} \sigma_{-1} = \frac{0.82 \times 0.94}{1.95} \times 275 \text{ MPa} = 108 \text{ MPa}$$

思考与练习

一、分析简答题

1. 举例说明动荷载的概念。

2. 在动荷载作用下，构件强度计算的基本方法是什么？

3. 在设计承受冲击荷载的构件时，为了减小动应力，应使构件的刚度较大还是较小？

4. 等加速运动构件的动应力是否一定比静应力大？

5. 若冲击物高度和冲击点位置均不变，冲击物重力增加一倍时，冲击应力是否也增加一倍？为什么？

6. 为什么冲击荷载属于动荷载？

7. 材料疲劳破坏的有什么特点？

8. 材料疲劳破坏的原因是什么？

9. 什么是材料的持久极限？

10. 提高构件疲劳强度的措施有哪些？

二、分析计算题

1. 如图 11.10 所示，梁受自由下落的重物冲击。已知 $G = 50$ N，$E = 200$ GPa。求最大的动应力。

2. 如图 11.11 所示，重物自高度 h 处自由下落在简支梁的 D 点处，求梁在 C 点的动荷应力时能否应用冲击动荷系数 $K_d = \sqrt{1 + \dfrac{2h}{\delta_j}}$ 计算？这时 δ_j 应该取哪一点的静位移？

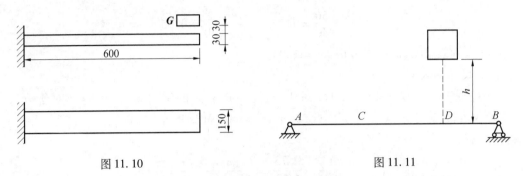

图 11.10　　　　　　　　　　　　图 11.11

3. 如图 11.12 所示,重物在距离梁的支座 B 为 $\dfrac{l}{3}$ 处的 C 点的正上方,从高度 h 处自由下落,梁的 EI 已知。求梁受冲击时的最大动荷应力和动变形。

4. 如图 11.13 所示,弯曲对称循环的钢轴,已知 $D = 60$ mm, $d = 40$ mm, $r = 4$ mm,材料的强度极限 $\sigma_b = 1\ 000$ MPa, $\sigma_{-1} = 350$ MPa,钢轴表面采用精车加工。计算此构件的疲劳极限。

5. 在上题中,设旋转钢轴的危险截面上承受着 $M = 400$ N·m 的弯矩。试校核该截面的疲劳强度,以确定该钢轴是否安全。

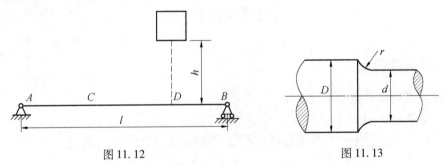

图 11.12　　　　　　　　　　　　图 11.13

第 12 章　　质点运动力学

【学习目标】

（1）掌握点的运动方程、轨迹。
（2）掌握点的速度、加速度的确定方法。
（3）掌握质点运动与受力之间的关系。
（4）掌握动静法的应用。
（5）掌握用直角坐标法确定点的运动方程、速度和加速度的方法。
（6）掌握速度合成定理，并能运用它解点的速度合成运动问题。

12.1　点的运动方程、速度、加速度

点的运动规律是指点相对于某参考系的几何位置随时间变化的规律，包括点的运动方程、轨迹方程、速度和加速度。为了描述点的运动规律，必须首先确定点在空间的位置，下面介绍两种常用的方法。

12.1.1　自然法（弧坐标法）

1. 点的运动方程

动点运动时，在空间经过的实际路线称为动点的轨迹。如图 12.1 所示，设动点 M 沿已知轨迹 AB 运动，轨迹上任取一点 O 为参考原点，在原点的两侧规定出正负方向。动点的 M 位置用弧坐标 $s(OM)$ 来表示。弧坐标 s 随时间 t 而改变，因此弧坐标 s 是时间 t 的单值连续函数，即

$$s = f(t) \tag{12.1}$$

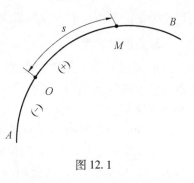

图 12.1

式（12.1）称为点沿已知轨迹的运动方程或以弧坐标表示的运动方程。

显然，用自然法确定点的运动必须具备两个条件：

（1）已知运动轨迹；
（2）已知沿轨迹的运动方程 $s = f(t)$。

应当注意，路程和位移是不一样的。位移是指动点位置的移动，常以由起始位置到终止位置的有向线段表示。弧坐标是代数量，路程是算术量，而位移是矢量。

2. 点的速度

如图12.2所示,动点 M 沿平面曲线 AB 运动,瞬时 t,动点的弧坐标为 s,瞬时 $t_1 = t + \Delta t$,动点运动到 M_1 位置,其弧坐标为 $(s + \Delta s)$,即在 Δt 时间内,动点由 M 移动到 M_1。矢量 $\overrightarrow{MM_1}$ 是动点在 Δt 时间内的位移,而位移 $\overrightarrow{MM_1}$ 与时间 Δt 之比,称为动点在 Δt 时间内的平均速度,以 $\boldsymbol{v}^*$ 表示,即

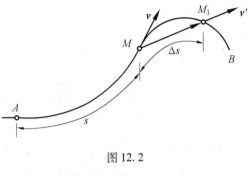

图 12.2

$$\boldsymbol{v}^* = \frac{\overrightarrow{MM_1}}{\Delta t}$$

显然,速度是矢量。当 Δt 趋近于零时,M_1 趋近于 M,平均速度趋近于某一极限值,该极限值就是动点在位置 M 处(即时刻 t)的瞬时速度,即

$$\boldsymbol{v} = \lim_{\Delta t \to 0} \boldsymbol{v}^* = \lim_{\Delta t \to 0} \frac{\overrightarrow{MM_1}}{\Delta t} \tag{12.2}$$

当 $\Delta t \to 0$ 时,线段 MM_1 趋近于弧长 Δs,即 $|\overrightarrow{MM_1}|$,所以瞬时速度的大小为

$$v = \lim_{\Delta t \to 0} \frac{|\overrightarrow{MM_1}|}{\Delta t} = \lim_{\Delta t \to 0} \frac{\Delta s}{\Delta t} = \frac{\mathrm{d}s}{\mathrm{d}t} \tag{12.3}$$

因为速度是矢量,所以不仅要确定它的大小,还要确定它的方向。平均速度的方向与位移 $\overrightarrow{MM_1}$ 的方向相同,瞬时速度 $\boldsymbol{v}$ 的方向则应与位移 $\overrightarrow{MM_1}$ 在 Δt 趋近于零时的极限方向相同。当 $\Delta t \to 0$ 时,割线 MM_1 的极限位置为曲线在 M 点的切线方向,所以动点瞬时速度的速度矢是沿着轨迹上该点的切线方向,并指向运动的一方的。

3. 点的加速度

加速度是表示速度变化的一个物理量。动点沿平面曲线运动时,一般情况下,其速度的大小和方向都会发生变化。

设动点沿已知的平面曲线运动,在瞬时 t 位于 M 点,其速度为 $\boldsymbol{v}$,经 Δt 时间间隔后,动点运动到 M_1 点,其速度为 $\boldsymbol{v}_1$,如图12.3所示。为了观察在 Δt 时间间隔内动点的速度变化情况,将速度 $\boldsymbol{v}_1$

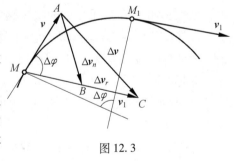

图 12.3

平移到 M 点,由矢量法则可得 Δt 时间间隔内动点速度的改变量为 $\Delta \boldsymbol{v} = \boldsymbol{v}_1 - \boldsymbol{v}$。于是,在 Δt 时间间隔内动点的平均加速度为 $\boldsymbol{a}^* = \dfrac{\Delta \boldsymbol{v}}{\Delta t}$,$\boldsymbol{a}^*$ 是矢量,它的方向与 $\Delta \boldsymbol{v}$ 的方向相同。当 $\Delta t \to 0$ 时,平均加速度 $\boldsymbol{a}^*$ 趋近于某一极限值,这个极限值就是动点在瞬时 t 的加速度 $\boldsymbol{a} = \lim_{\Delta t \to 0} \dfrac{\Delta \boldsymbol{v}}{\Delta t}$。由于速度增量 $\Delta \boldsymbol{v} = \boldsymbol{v}_1 - \boldsymbol{v}$ 是由速度的大小和方向两方面的变化引起的,因此为

了明确表示加速度的几何意义,可将 Δv 分解为两个分量。为此,在 v_1 上截取 MB,使其长度等于 v 的长度 MA,连接 AB,如图 12.3 所示,于是

$$\Delta v = \overrightarrow{AC} = \overrightarrow{AB} + \overrightarrow{BC}$$

令 $\Delta v_n = \overrightarrow{AB}$,它是由动点速度的方向变化引起的速度增量。令 $\Delta v_\tau = \overrightarrow{BC}$,它是由动点速度的大小变化引起的速度增量。则 $\Delta v = \Delta v_n + \Delta v_\tau$。这样,加速度可表示为

$$a = \lim_{\Delta t \to 0} \frac{\Delta v}{\Delta t} = \lim_{\Delta t \to 0} \frac{\Delta v_\tau}{\Delta t} + \lim_{\Delta t \to 0} \frac{\Delta v_n}{\Delta t}$$

即加速度 a 可分解为两个分量。一个分量是 $\lim_{\Delta t \to 0} \frac{\Delta v_\tau}{\Delta t}$,当 $\Delta t \to 0$ 时,$\Delta \varphi \to 0$,$\lim_{\Delta t \to 0} \frac{\Delta v_\tau}{\Delta t}$ 的方向趋近于 Δv_τ 的极限方向,与轨迹在 M 点的切线相重合。因此,这个分量称为切向加速度,并以 a_τ 表示。

$$a_\tau = \lim_{\Delta t \to 0} \frac{|\Delta v_\tau|}{\Delta t} = \lim_{\Delta t \to 0} \frac{\Delta v}{\Delta t} = \frac{dv}{dt} \tag{12.4}$$

切向加速度的方向沿轨迹上点的切线方向,当 $dv/dt > 0$ 时,指向轨迹的正向;当 $dv/dt < 0$ 时,指向轨迹的负向。a_τ 的正负号不能说明点是做加速运动还是减速运动,只有当 dv/dt 与 v 同号时,点才做加速运动,反之做减速运动。加速度 a 的另一分量是 $\lim_{\Delta t \to 0} \frac{\Delta v_n}{\Delta t}$,因 Δv_n 是 Δt 时间内速度方向的变化引起的速度增量,所以它表明速度的方向对时间的变化率。当 $\Delta t \to 0$ 时,$\Delta \varphi \to 0$,$\angle MAB \to 90°$,$\lim_{\Delta t \to 0} \frac{\Delta v_n}{\Delta t}$ 的方向趋近于 Δv_n 的极限方向,与速度 v 垂直,即指向轨迹曲线在该点的曲率中心。所以这个分量称为法向加速度,也称向心加速度,并以 a_n 表示(省略推导)即

$$a_n = \frac{v^2}{\rho} \tag{12.5}$$

a_n 恒为正值,其方向沿着轨迹曲线的法线,总是指向轨迹曲线的曲率中心。

综上所述,可得结论:切向加速度 a_τ 表示速度大小对时间的变化率,其大小为 dv/dt,法向加速度 a_n 则表示速度方向对时间的变化率,沿轨迹曲线上点的曲率半径并指向曲率中心;点的全加速度 a 等于切向加速度 a_τ 和法向加速度 a_n 的矢量和,即

$$a = a_\tau + a_n \tag{12.6}$$

因 a_τ 与 a_n 互相垂直,故全加速度的大小为

$$a = \sqrt{a_\tau^2 + a_n^2} = \sqrt{\left(\frac{dv}{dt}\right)^2 + \left(\frac{v^2}{\rho}\right)^2} \tag{12.7}$$

全加速度的方向可由 a 与 a_n 所夹的锐角 θ 确定,如图 12.4 所示

$$\tan \theta = \frac{|a_\tau|}{a_n} \tag{12.8}$$

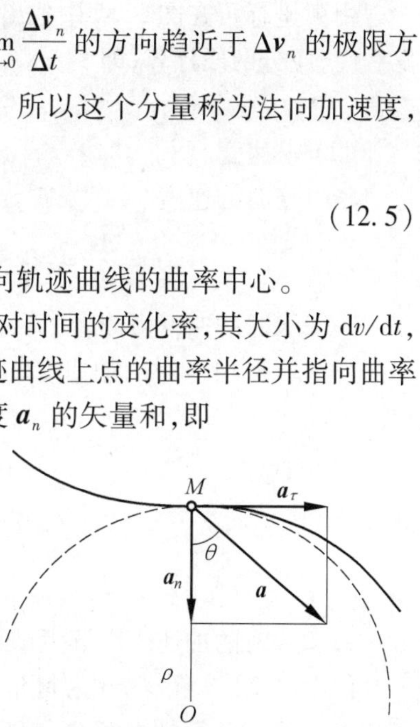

图 12.4

匀变速曲线运动是曲线运动的一种特殊情况,若切向加速度 a_τ 已知,则可导出速度和弧坐标的相应计算公式,有

$$s = s_0 + v_0 t + \frac{1}{2} a_\tau t^2 \qquad (12.9)$$

$$v^2 - v_0^2 = 2 a_\tau (s - s_0) \qquad (12.10)$$

$$v = v_0 + a_\tau t \qquad (12.11)$$

式中,下标为零者均为 $t = 0$ 时的参数初始值。

【例 12.1】 点 M 沿半径 $r = 100$ mm 的圆周运动,如图 12.5 所示,其运动方程为 $s = 20t^2 - 50t - 30$,弧坐标的单位为 mm,时间 t 的单位为 s(秒)。试求初瞬时及 $t = 1$ s、$t = 2$ s 时点的位置、速度、加速度,并求时间间隔 1 ~ 2 s 内动点的路程。

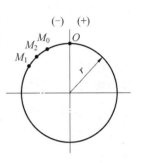

图 12.5

解 (1)求弧坐标、路程。

将 $t = 0$、$t = 1$、$t = 2$ 分别代入运动方程中,便可以求出各瞬时动点的弧坐标。

$t = 0$ 时的坐标为

$$s_0 = 0 - 0 - 30 = -30 \ (\text{mm})$$

$t = 1$ s 时的坐标为

$$s_1 = 20 - 50 - 30 = -60 \ (\text{mm})$$

$t = 2$ s 时的坐标为

$$s_2 = 20 \times 2^2 - 50 \times 2 - 30 = -50 \ (\text{mm})$$

由弧坐标可在图 12.5 中找出 $t = 1$ s 和 $t = 2$ s 时动点的位置 M_1、M_2,计算 1 ~ 2 s 内的路程时,应分两段计算,即

$$s_{1-2} = s_2 - s_1 = -50 - (-60) = 10 \ (\text{mm})$$

(2)求速度。

$t = 1$ s 时的速度

$$v = \frac{\mathrm{d}s}{\mathrm{d}t} = 40t - 50 = 40 \times 1 - 50 = -10 \ (\text{mm/s})$$

$t = 2$ s 时的速度由读者试算。

(3)求 $t = 1$ s 时的加速度。

$$a_\tau = \frac{\mathrm{d}v}{\mathrm{d}t} = 40 \ \text{mm/s}^2$$

$$a_n = \frac{v^2}{\rho} = \frac{(-10)^2}{100} = 1 \ (\text{mm/s}^2)$$

$$a = \sqrt{a_\tau^2 + a_n^2} = \sqrt{40^2 + 1^2} = 40.01 \ (\text{mm/s}^2)$$

$t = 2$ s 时的加速度由读者试算。

【例 12.2】 图 12.6 为料斗提升机示意图,料斗通过钢丝绳由绕水平轴 O 转动的卷筒提升。已知卷筒的半径 $R = 100$ mm,料斗沿铅直方向提升重物的运动方程为 $y = 20t^2$,y 以 mm 计,t 以 s 计。求卷筒边缘上一点 M 在 $t = 2$ s 时的速度和加速度。

解 (1)运动分析。

卷筒边缘上的 M 点沿半径为 R 的圆周运动。

（2）列运动方程，求未知量。

设 $t = 0$ 时，料斗在 A_0 位置，M 点在 M_0 处；在某一瞬时 t，料斗到达 A 处，M 点到达 M' 处。取 M_0 为弧坐标原点，则 M 点的弧坐标为 $s = 20t^2$，该式为 M 点沿已知轨迹的运动方程。由式（12.3）得

$$v = \frac{\mathrm{d}s}{\mathrm{d}t} = 40t$$

当 $t = 4$ s 时，M 点的速度为

$$v = 40 \times 2 = 80 \ (\text{mm/s})$$

这时 M 点的切向加速度为

$$a_\tau = \frac{\mathrm{d}v}{\mathrm{d}t} = 40 \ (\text{mm/s}^2)$$

而法向加速度为

$$a_n = \frac{v^2}{R} = \frac{80^2}{100} = 64 \ (\text{mm/s}^2)$$

所以，当 $t = 4$ s 时，M 点全加速度的大小为

$$a = \sqrt{a_\tau^2 + a_n^2} = \sqrt{40^2 + 64^2} = 75.5 \ (\text{mm/s}^2)$$

方向为

$$\tan \theta = \frac{|a_\tau|}{a_n} = \frac{40}{64} = 0.625$$

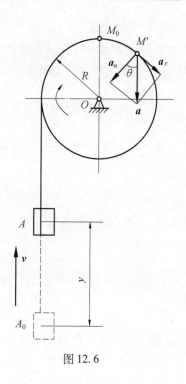

图 12.6

12.1.2　直角坐标法

1. 点的运动方程、轨迹方程

设动点 M 相对于参考系 Oxy 运动，则 M 点在任一瞬时 t 的位置可由其坐标 x、y 来确定（图 12.7）。x、y 均为时间 t 的单值连续函数，即

$$\begin{cases} x = f_1(t) \\ y = f_2(t) \end{cases} \tag{12.12}$$

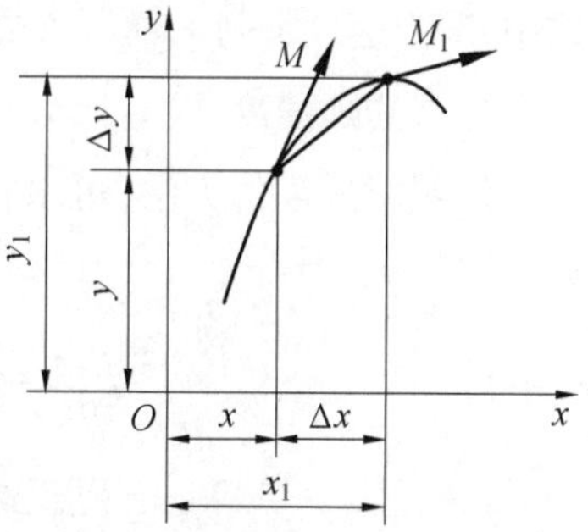

式（12.12）称为直角坐标表示的点的运动方程。由这个方程可以求出瞬时动点的坐标 x、y，从而确定该瞬时点在平面的位置。

将不同瞬时的 t 值代入直角坐标表示的点的运动方程，求出相应的坐标值，即确定各瞬时点在空间的位置，并将它们连接成光滑曲线，就可得到动点的运动轨迹。此外还可消去式（12.12）中的参数 t，得到两坐标间的函数关系：

图 12.7

$$y = F(x) \tag{12.13}$$

式（12.13）为动点的轨迹方程。

2. 点的速度

设动点 M 在直角坐标系 Oxy 内做平面曲线运动,在瞬时 t,点在 M 处,其坐标为 x,y;在瞬时 t_1,点在 M_1 处,其坐标为 x_1,y_1,如图 12.7 所示。显然,在 Δt 时间内点的平均速度为 $v_{\mathrm{p}} = \dfrac{\overrightarrow{MM_1}}{\Delta t}$,点的瞬时速度为 $v = \lim\limits_{\Delta t \to 0} \dfrac{\overrightarrow{MM_1}}{\Delta t}$,可以把点的曲线运动看成沿 x、y 轴的两个方向运动合成的结果。将 Δt 时间内的位移 $\overrightarrow{MM_1}$ 的投影在 x、y 轴上,则得坐标 x、y 的增量:

$$\Delta x = x_1 - x, \quad \Delta y = y_1 - y$$

这样,点在 x 轴方向的平均速度为 $v_{xp} = \dfrac{\Delta x}{\Delta t}$。当 $\Delta t \to 0$ 时,v_{xp} 的极限值称为动点的瞬时速度在 x 轴上的投影,并记为 v_x,于是有

$$v_x = \lim\limits_{\Delta t \to 0} \frac{\Delta x}{\Delta t} = \frac{\mathrm{d}x}{\mathrm{d}t} = f'_1(t) \tag{12.14}$$

同理,可得动点的瞬时速度在 y 轴上的投影为

$$v_y = \lim\limits_{\Delta t \to 0} \frac{\Delta y}{\Delta t} = \frac{\mathrm{d}y}{\mathrm{d}t} = f'_2(t) \tag{12.15}$$

即动点在某瞬时的速度可沿 x、y 轴方向分解为两个分速度(图 12.8),其大小就等于速度在 x、y 轴上的投影。

综上所述可知:速度可用它在 x、y 轴上的投影表示,速度在 x、y 轴上的投影 v_x、v_y 等于坐标 x、y 对时间的一阶导数。根据 v_x、v_y 可求出速度的大小和方向,其大小为

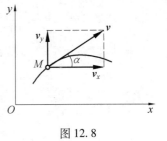

图 12.8

$$v = \sqrt{\left(\frac{\mathrm{d}x}{\mathrm{d}t}\right)^2 + \left(\frac{\mathrm{d}y}{\mathrm{d}t}\right)^2} \tag{12.16}$$

方向为

$$\tan a = \left| \frac{v_y}{v_x} \right| \tag{12.17}$$

式中,α 为速度 v 与 x 轴所夹之锐角。α 的指向由 v_x、v_y 的正负判定。

3. 点的加速度

仿照求速度的方法,可求得加速度在 x、y 轴上的投影 a_x、a_y(图 12.9)为

$$a_x = \frac{\mathrm{d}v_x}{\mathrm{d}t} = \frac{\mathrm{d}^2 x}{\mathrm{d}t^2} = f''_1(t) \tag{12.18}$$

$$a_y = \frac{\mathrm{d}v_y}{\mathrm{d}t} = \frac{\mathrm{d}^2 y}{\mathrm{d}t^2} = f''_2(t) \tag{12.19}$$

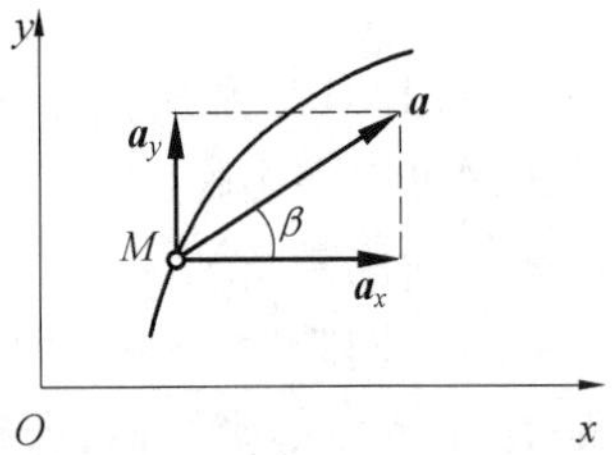

图 12.9

全加速度的大小为

$$a = \sqrt{a_x^2 + a_y^2} = \sqrt{\left(\frac{\mathrm{d}^2 x}{\mathrm{d}t^2}\right)^2 + \left(\frac{\mathrm{d}^2 y}{\mathrm{d}t^2}\right)^2} \tag{12.20}$$

全加速度的方向为

$$\tan \beta = \left| \frac{a_y}{a_x} \right| \tag{12.21}$$

式中,β 为全加速度 a 与 x 轴所夹之锐角。β 的指向由 a_x、a_y 的正负判定。

【例 12.3】　椭圆规机构如图 12.10 所示。已知 $AC = CB = OC = r$。曲柄 OC 转动时,$\varphi = \omega t$,带动 AB 尺运动,A、B 分别在铅直和水平槽内滑动。求 BC 中点 M 的速度、加速度。

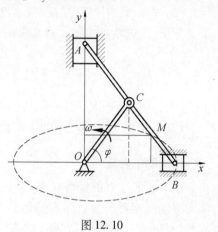

图 12.10

解　（1）运动分析。

曲柄 OC 转动时,带动 AB 尺运动,而 CB 中点 M 做平面曲线运动。M 点轨迹未知,故需采用直角坐标法。

（2）列运动方程,求未知量。

选 O 为原点,作直角坐标系 O_{xy}。根据图示的几何关系,M 点的坐标为

$$\begin{cases} x = \overline{OC}\cos \varphi + \overline{CM}\cos \varphi \\ y = \overline{BM}\sin \varphi \end{cases}$$

将 $\varphi = \omega t$ 及 r 代入上式中,便得

$$\begin{cases} x = \dfrac{3}{2}r\cos \omega t \\ y = \dfrac{1}{2}r\sin \omega t \end{cases}$$

这就是 M 点的直角坐标运动方程。从运动方程中消去时间 t,得出 M 点的轨迹方程。

$$\frac{x^2}{(3r/2)^2} + \frac{y^2}{(r/2)^2} = 1$$

$$4x^2 + 36y^2 = 9r^2$$

上式表明,M 点的运动轨迹是一个椭圆。又因

$$v_x = \frac{dx}{dt} = -\frac{3}{2}r\omega\sin \omega t$$

$$v_y = \frac{dy}{dt} = \frac{r}{2}\omega\cos \omega t$$

故 M 点速度的大小为

$$v = \sqrt{v_x^2 + v_y^2} = \frac{1}{2}r\omega \sqrt{9\sin^2\omega t + \cos^2\omega t} = \frac{1}{2}r\omega \sqrt{1 + 8\sin^2\omega t}$$

又因

$$a_x = \frac{dv_x}{dt} = -\frac{3}{2}r\omega^2\cos \omega t, \quad a_y = \frac{dv_y}{dt} = -\frac{1}{2}r\omega^2\sin \omega t$$

故 M 点加速度的大小为

$$a = \sqrt{a_x^2 + a_y^2} = \frac{1}{2} r\omega^2 \sqrt{9\cos^2\omega t + \sin^2\omega t} = \frac{1}{2} r\omega \sqrt{1 + 8\cos^2\omega t}$$

【提示】　（1）学习质点的运动学,就是从几何的角度研究物体的运动。

（2）表示点的位置、速度、加速度有两种方法,其中自然法侧重于动点轨迹已知时的运动分析,动点轨迹未知时通常采用直角坐标法。

12.2　点的复合运动

12.2.1　复合运动的基本概念

1.运动的合成

在上节研究点的运动时,都是在所选定的坐标系中直接考察动点相对于该坐标系的运动。但这种方法对研究有些较复杂的问题并不方便。如图 12.11 所示的车间中的吊车,在小车 A 沿桥轨做直线平动时,小车上的卷扬机同时提升重物 M,这时重物相对于地面的运动也可看成小车相对于地面的简单平动与重物相对于小车上升的简单的直线运动合成。

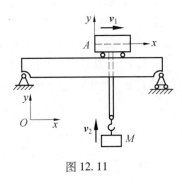

图 12.11

2.两种坐标系和三种运动

根据上述可知,在运用复合运动方法时,存在着两种不同坐标系,分别称为定(或静)坐标系和动坐标系。通常,将与地球固连的坐标系称为定坐标系,而选在其他相对于地球有运动的物体上的坐标系称为动坐标系。

除了上述两种坐标系之外,还可看到这样三种运动:动点相对定坐标系的运动,动点相对动标系的运动,以及动坐标系相对定坐标系的运动。现在对这三种运动分别给以如下的定义:动点相对定坐标系的运动称为绝对运动;动点相对动坐标系的运动称为相对运动;动坐标系相对定坐标系的运动称为牵连运动。吊车吊起的重物 M 是这里所说的动点(也就是研究对象);重物 M 相对于地面的运动为绝对运动;重物 M 相对于小车 A 的运动是相对运动;小车的运动则是牵连运动。

3.点在三种运动中的速度和加速度

有了两种坐标系和三种运动的概念之后,下面将进一步研究三种运动的速度之间以及三种运动的加速度之间的关系。对动点的绝对运动、相对运动的运动方程之间及轨迹之间的关系,这里不作讨论。为此,先来定义各种运动的速度和加速度。

（1）动点的绝对速度和加速度,就是动点相对静坐标系运动的速度和加速度,分别记为 v_a 和 a_a。

（2）动点的相对速度和加速度,就是动点相对动坐标系运动的速度和加速度,分别记为 v_r 和 a_r。

（3）牵连速度和加速度。对于牵连运动,前面已指出,它是指动坐标系(而不是动点)

的运动。由于动坐标系是一个刚体而不是一个点,故坐标系上各点的运动一般是不相同的(平动时除外)。所谓动坐标系的牵连运动,就是在每一瞬时,动坐标系都通过该瞬时动点的牵连点来"牵"着动点一起运动。于是,我们将牵连点的速度和加速度称为该瞬时动点的牵连速度和牵连加速度,记为 v_e 和 a_e。应当指出,由于动点存在相对运动,因此在不同瞬时,动点的牵连点是不同的。由此可见,在确定动点牵连速度和牵连加速度时,只要明确了它是与动坐标系相连的刚体上那个牵连点的速度和加速度,就易于确定了。

12.2.2　点的速度合成定理

设动点 M 沿相对轨迹弧 AB 按一定的规律运动,同时,弧 AB 又随同动坐标系一起相对于定坐标系 $Oxyz$ 运动,如图 12.12 所示。现确定绝对速度、牵连速度和相对速度三者的关系。

在此问题中,动点为 M,定坐标系为 $Oxyz$,动坐标系 $Ax'y'z'$ 与曲线固连在一起(为使图中线条清楚,没有画出动坐标系)。动点的相对运动为沿弧 AB 的曲线运动,牵连运动为动坐标系随同曲线的运动。

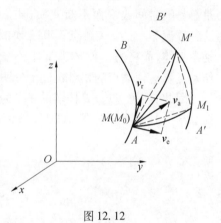

图 12.12

设瞬时 t,动点 M 位于曲线上的 M_0 点,M_0 为瞬时 t 动点的牵连点。经过时间间隔 Δt 后,弧 AB 连同动坐标系运动到弧 $A'B'$ 位置,动点 M 相应从 M_0 经弧 MM' 运动到 M' 位置,弧 MM' 就是动点的绝对轨迹,而 $\overrightarrow{MM'}$ 就是动点的绝对位移 Δr_a,经过 Δt 之后,牵连点 M_0 运动到了 M_1 点,故 $\overrightarrow{M_0M_1}$ 就是牵连点的位移,即牵连位移 Δr_e。至于 $\overrightarrow{M_1M'}$ 显然应是动点的相对位移 Δr_r。由图 12.12 可知,这三种位移间存在如下关系,即

$$\overrightarrow{MM'} = \overrightarrow{M_0M_1} + \overrightarrow{M_1M'} \quad \text{或} \quad \Delta r_a = \Delta r_e + \Delta r_r$$

由于这三种位移都是在 Δt 内完成的,可得

$$\lim_{\Delta t \to 0} \frac{\Delta r_a}{\Delta t} = \lim_{\Delta t \to 0} \frac{\Delta r_e}{\Delta t} + \lim_{\Delta t \to 0} \frac{\Delta r_r}{\Delta t}$$

根据速度的定义可知: $\lim\limits_{\Delta t \to 0} \dfrac{\Delta r_a}{\Delta t}$ 就是动点的绝对速度 v_a; $\lim\limits_{\Delta t \to 0} \dfrac{\Delta r_e}{\Delta t}$ 就是动点在瞬时 t 的牵连点 M_0 的速度,即动点的牵连速度 v_e;而 $\lim\limits_{\Delta t \to 0} \dfrac{\Delta r_r}{\Delta t}$ 就是动点的相对速度 v_r。上述分析结果可写为

$$v_a = v_e + v_r \tag{12.22}$$

即在任一瞬时,动点的绝对速度等于牵连速度与相对速度的矢量和。这就是点的速度合成定理。

对 v_a、v_e、v_r 中的六个量(三个速度的大小及方向),必须知道其中的四个才能求出另外两个。在具体解题时,一般遵循以下步骤。

第一步:正确选动点、动坐标系。

第二步:分析三种运动、三种速度及轨迹(对牵连运动是分析牵连点的轨迹)。

第三步:画出速度分析图,按速度合成定理式(12.22)作速度平行四边形(或速度三角形),求解所需要的各量。

【例 12.4】　仿形床中的凸轮顶杆机构如图 12.13 所示。已知凸轮速度为 v,方向水平向右,求图示位置($\varphi = 60°$)时推杆 AB 的速度。

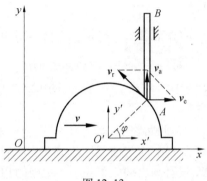

解　凸轮和推杆这两个刚体的公共接触点各有其特点:在整个运动过程中,一个刚体的接触点总是不变,在另一刚体上滑动;而另一刚体上的接触点则是总是随时间改变而不断变换(本题中的凸轮就是这种情况)。常将接触点不断变换的那个物体选作动参考体,而将另一刚体上那个不变换的接触点选作动点。这使动点的相对轨迹十分明显。

图 12.13

因此,本题应选 AB 杆端的 A 点为动点,动坐标系固连于半圆凸轮上,定坐标系则与地面固结。其速度分析图如图 12.13 所示。按速度合成定理将各速度沿 OA 方向投影,则得

$$v_a \sin \varphi = v_e \cos \varphi$$

所以

$$v_a = v_e \cot \varphi = v \cot 60° = \frac{\sqrt{3}}{3} v$$

由于推杆做平动运动,故 $v_a = \dfrac{\sqrt{3}}{3} v$ 就是推杆的速度。

【例 12.5】　刨床急回机构简图如图 12.14 所示,已知曲柄 OA 长 40 cm,以转速 $n = 120$ r/min 绕定轴 O 顺时针方向转动,求在图示位置 $OA \perp O_1O$, $\varphi = 60°$ 时,摇杆 O_1B 的角速度 ω_1。

解　曲柄 OA 的转动是通过滑块 A(视为一个点)与摇杆 O_1B 的滑动接触实现的,且在运动过程中,曲柄 OA 上的 A 点总是与摇杆接触,而摇杆上的接触点则在不断地变换。因此,本题应以 A 为动点,动坐标系与摇杆固结,用复合运动方法求得摇杆上牵连点的速度 v_e 之后,即可求得此时摇杆的角速度。

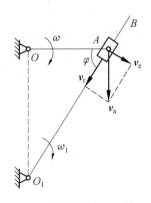

在确定了动点和两种坐标系之后,即可作出如图 12.14 所示的速度分析图,这些速度按速度合成定理组成图示的平行四边形。其中 v_a 的大小为

图 12.14

$$v_a = 40 \times \frac{120\pi}{30} = 160\pi \ (\text{cm/s})$$

方向与 OA 垂直。

由速度平行四边形可得

$$v_e = v_a \cos \varphi = 160\pi \cos 60° = 80\pi \ (\text{cm/s})$$

于是可得摇杆在此瞬时的角速度为

$$\omega_1 = \frac{v_e}{O_1 A} = \frac{80\pi}{80} = 3.14 \ (\text{rad/s})$$

其转向由 v_e 的方向即可判定,如图 12.14 所示。

12.2.3　点的加速度合成公式及应用

速度合成定理所得的结论,对任何形式的牵连运动都是适用的。但是,加速度合成的问题,对于平动和转动的牵连运动,其结论有所不同。

1. 加速度合成公式

(1)当牵连运动为平动时,其合成公式为

$$\boldsymbol{a}_a = \boldsymbol{a}_e + \boldsymbol{a}_r \tag{12.23}$$

式(12.23)说明动点的绝对加速度 $\boldsymbol{a}_a$ 等于动系的牵连加速度 $\boldsymbol{a}_e$ 与动点相对于动系的加速度 $\boldsymbol{a}_r$ 的矢量和

(2)当牵连运动为定轴转动时,其合成公式为

$$\boldsymbol{a}_a = \boldsymbol{a}_e + \boldsymbol{a}_r + \boldsymbol{a}_k \tag{12.24}$$

式中

$$\boldsymbol{a}_k = 2\boldsymbol{\omega}_e \times \boldsymbol{v}_r \tag{12.25}$$

其中,ω_e 为动系转动的角速度;v_r 为动点的相对速度。

$\boldsymbol{a}_k$ 称科氏加速度。式(12.25)说明动点的绝对加速度 $\boldsymbol{a}_a$ 等于动系做平动时牵连点的牵连加速度 $\boldsymbol{a}_e$ 与动点的相对加速度 $\boldsymbol{a}_r$ 及科氏加速度 $\boldsymbol{a}_k$ 的矢量和。关于加速度合成公式的证明省略,读者可参阅有关书籍。

2. 加速度合成公式的应用

【例 12.6】　计算例 12.4 中推杆 AB 的加速度。

解　仍选推杆 AB 的 A 端点为动点,动坐标系固结于凸轮上,静坐标系固结于机架上,根据例 12.4 中的速度分析在可求得 $v_r = \dfrac{2}{\sqrt{3}} v$。现做加速度分析如图 12.15 所示。

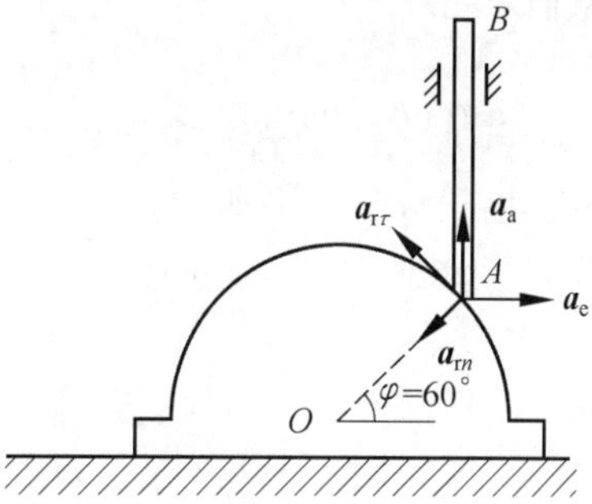

应用牵连运动是平动的加速度合成公式即式(12.23)可知,在 $\boldsymbol{a}_a = \boldsymbol{a}_e + \boldsymbol{a}_{rr} + \boldsymbol{a}_{rn}$ 这个平面矢量方程中只有两个未知数,所以是可解的。为了使求解尽可能简单,避开与问题无关的未知量 $\boldsymbol{a}_{rr}$,把加速度公式沿 OA 投影,得

$$a_a \sin \varphi = a_e \cos \varphi - a_{rn}$$

整理并代入 $\varphi = 60°$,得

图 12.15

$$a_a = \frac{\sqrt{3}}{3}\left(a - \frac{8}{3}\frac{v^2}{R}\right)$$

【例12.7】 如图12.16所示,曲柄导杆机构中,曲柄 OA 的转动角速度是 ω_0,角加速度是 ε_0(转向如图所示)。设曲柄的长度是 r,试求当曲柄与导杆中线的夹角是 $\theta < \pi/2$ 时导杆的加速度。

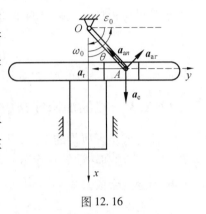

图12.16

解 (1)确定动点、动系并做运动分析。

当曲柄 OA 转动时,通过滑块 A 带动导杆做铅直平动,在滑块 A 与平动的导杆之间存在着相对运动。现在选滑块 A 为动点,导杆上固结动坐标系。

绝对运动: A 绕点 O 的圆周运动。

相对运动: A 沿导杆滑槽的水平直线运动。

牵连运动:导杆的铅直平动,它"牵"着滑块 A 运动。

(2)加速度分析。

点 A 的加速度 $\boldsymbol{a}_a$ 可以分解成切向分量 $\boldsymbol{a}_{a\tau}$ 和法向分量 $\boldsymbol{a}_{an}$,又可以根据上述加速度合成定理分解成相对加速度 $\boldsymbol{a}_r$ 和牵连加速度 $\boldsymbol{a}_e$。画出各加速度分量,如图12.16所示。

(3)求加速度。

应用加速度合成公式即式(12.23),有

$$\boldsymbol{a}_a = \boldsymbol{a}_{a\tau} + \boldsymbol{a}_{an} = \boldsymbol{a}_e + \boldsymbol{a}_r$$

本题中,只有两个未知量,故可由此平面矢量方程求出解。于是,有投影方程

$$- a_{a\tau}\sin\theta - a_{an}\cos\theta = a_e$$

即

$$- r\varepsilon_0\sin\theta - r\omega_0^2\cos\theta = a_e$$

从而求得

$$a_e = - r(\varepsilon_0\sin\theta + \omega_0^2\cos\theta)$$

可见,当 θ 在第一象限内时,a_e 得负值。负号表示 a_e 的实际指向与图中假设指向相反。由于导杆做平动,点 A 的牵连加速度 $\boldsymbol{a}_e$(等于导杆上与 A 瞬时重合之点的加速度)就代表了整个导杆的加速度。

12.3 质点动力学基本定律

12.3.1 动力学基本定律

在研究作用于物体上的力与物体运动之间的关系时,是以动力学基本定律作为基础的。这些定律是牛顿在总结前人成果的基础上提出来的,称为牛顿三定律。

第一定律(惯性定律) 不受力作用的质点,将永远保持静止或做匀速直线运动。

这个定律表明,任何物体都有保持其原有运动状态(即速度的大小和方向)不变的属性,这种属性称为惯性。故第一定律也称惯性定律。

　　惯性是物体的重要力学性质。一切物体在任何情况下,总是有惯性的。当物体不受外力作用时,惯性表现为保持其原有的运动状态。当物体受到外力作用时,惯性表现为物体对迫使它改变运动状态具有反抗作用。

　　虽然一切物体都有惯性,但不同物体的惯性大小不同。在相同的外力作用下,速度容易改变(加速度大)的物体惯性小,速度较难改变的物体惯性大。

　　这一定律还表明,如果要使物体原来的运动状态发生改变,就必须对它施加外力。所以,力是改变物体运动状态的原因,这个定律定性地说明了力和运动状态改变的关系。

　　第二定律(力与加速度关系定律)　　质点受力作用时将产生加速度。加速度的方向与力的方向相同,加速度与质点质量的乘积等于质点所受的力。

　　若以 F 表示质点所受的力,以 m 表示质点的质量,以 a 表示质点在力 F 作用下产生的加速度,则第二定律可表示为

$$F = ma \tag{12.26}$$

　　式(12.26)称为动力学基本方程。应当指出,式(12.26)中的力 F 应当理解为质点上所受的合外力。

　　下面来研究质量的意义。由第二定律可以看出,在相同的外力作用下,质量较小的质点产生的加速度较大,即改变其原来的运动状态较易,因而惯性较小;质量较大的质点产生的加速度较小,即改变其原来的运动状态较难,因而惯性较大。由此可得质量的物理意义:质量是质点惯性大小的度量。

　　在地球表面,任何物体都受到重力 G 的作用。在重力 G 作用下得到的加速度,称为重力加速度,常用 g 表示。根据第二定律,有

$$G = mg$$

或

$$m = \frac{G}{g} \tag{12.27}$$

即物体的质量等于它的重力除以重力加速度。

　　应当注意,虽然物体的质量和重力存在着上述关系,但是它们的意义却是完全不同的,质量是物体惯性的量度。

　　力学中常采用的单位制如下。

　　(1)国际单位制。

　　以长度、时间和质量的单位为基本单位,而以力的单位为导出单位。在国际单位制中,长度单位是米(m),时间单位是(s),质量单位是千克(kg),由公式 $F = ma$ 导出的力的单位是牛顿(N)。能使 $m = 1$ kg 质量的物体产生 $a = 1$ m/s^2 加速度的力为 1 N,即

$$1 \text{ N} = 1 \text{ kg} \times 1 \text{ m/s}^2$$

　　(2)工程单位制。

$$1 \text{ kgf} \approx 1 \text{ kg} \times 9.8 \text{ m/s}^2 = 9.8 \text{ N}$$

　　第三定律(作用与反作用定律)　　两个质点相互作用的力,总是大小相等、方向相反、沿同一直线同时分别作用在这两个质点上。

　　这个定律不仅适用于静力平衡的物体,对运动着的物体仍然适用。

12.3.2　质点运动微分方程

动力学基本定律给出了解动力学问题的基本方程式(12.26)。在解决工程实际问题时,常把这个矢量等式投影到坐标轴上,这样应用起来就更为方便。

1. 质点运动微分方程的直角坐标形式

图 12.17 表示质量为 m 的质点 M 在合外力 F 作用下沿平面曲线运动,其加速度为 a。根据动力学基本方程有

$$m\boldsymbol{a} = \boldsymbol{F} \quad 或 \quad m\boldsymbol{a} = \sum \boldsymbol{F}$$

取直角坐标系 Oxy,并将上式投影在 x、y 轴上,即得

$$ma_x = \sum F_{ix}, \quad ma_y = \sum F_{iy}$$

将 $a_x = \dfrac{\mathrm{d}^2 x}{\mathrm{d}t^2}, a_y = \dfrac{\mathrm{d}^2 y}{\mathrm{d}t^2}$ 代入上式,得

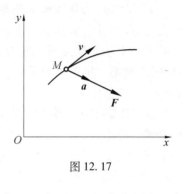

图 12.17

$$\begin{cases} m\dfrac{\mathrm{d}^2 x}{\mathrm{d}t^2} = \sum F_{ix} \\ m\dfrac{\mathrm{d}^2 x}{\mathrm{d}t^2} = \sum F_{iy} \end{cases} \tag{12.28}$$

式(12.28) 即为质点运动微分方程的直角坐标形式。式中 $\sum F_{ix}$(或 $\sum F_{iy}$) 为作用在质点上的诸外力在 x(或 y) 轴上投影的代数和,x(或 y) 为质点的坐标。

2. 质点运动微分方程的自然坐标形式

如果质点的运动轨迹已知,则用弧坐标表示点的运动方程,确定点的运动较为方便。这时,可把动力学基本方程向质点运动轨迹的切向和法向投影(图 12.18),得

$$ma_\tau = \sum F_{i\tau}$$
$$ma_n = \sum F_{in}$$

将

$$a_\tau = \frac{\mathrm{d}v}{\mathrm{d}t} = \frac{\mathrm{d}^2 s}{\mathrm{d}t^2}, \quad a_n = \frac{v^2}{\rho} = \frac{1}{\rho}\left(\frac{\mathrm{d}s}{\mathrm{d}t}\right)^2$$

代入上式,得

$$\begin{cases} m\dfrac{\mathrm{d}^2 s}{\mathrm{d}t^2} = \sum F_{i\tau} \\ \dfrac{m}{\rho}\left(\dfrac{\mathrm{d}s}{\mathrm{d}t^2}\right)^2 = \sum F_{in} \end{cases} \tag{12.29}$$

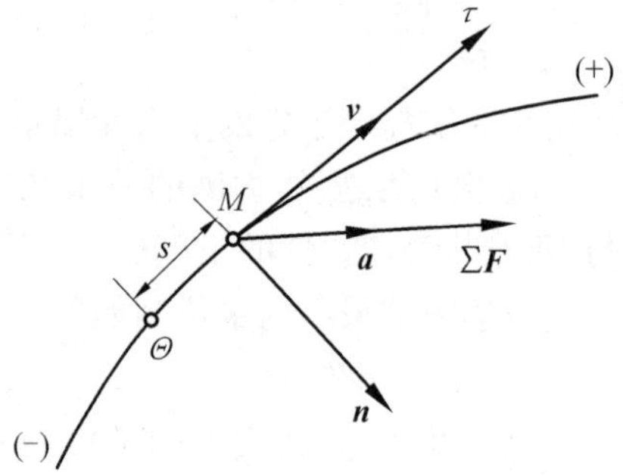

图 12.18

式中,$\sum F_{i\tau}$ 和 $\sum F_{in}$ 分别为作用于质点上的诸外力在切线和法线方向的投影之和;s 为质点的弧坐标;ρ 为运动轨迹在点 M 处的曲率半径。

3. 质点动力学的两类问题

(1) 第一类问题:已知质点的运动,求作用于质点上的力。

在这类问题中,一般质点的运动方程是已知的,通过求导数的运算可以求出加速度 a_x、a_y、a_τ 和 a_n,代入式(4.23)或式(4.24)即可求出未知力。

【例 12.8】　图 12.19 所示桥式起重机上的小车吊着质量为 m 的重物,沿横向做匀速运动,速度为 v,绳长为 l。因故急刹车,重物因惯性绕悬挂点 O 向前摆动。求刹车瞬时,钢绳的最大拉力。

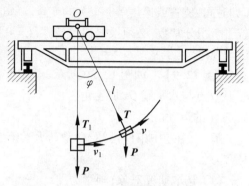

图 12.19

解　(1)选取研究对象,画受力图。

取重物为研究对象,其上作用有重力 P,钢绳拉力 T,如图 12.19 所示。

(2)运动分析。

刹车前,重物做匀速直线运动,处于平衡状态,故

$$T_1 = P = mg$$

刹车后,小车不动,由于惯性,重物绕 O 点摆动,即重物在以 O 为圆心,以 l 为半径的一段圆弧上运动。

(3)选轨迹上动点处的切线和法线为坐标轴,列质点运动微分方程,求未知量,由于运动轨迹已知,故应用式(12.29)得

$$m\frac{\mathrm{d}^2 s}{\mathrm{d}t^2} = -P\sin\varphi \tag{a}$$

$$m\frac{v^2}{l} = T - P\cos\varphi \tag{b}$$

由式(b)可得

$$T = m\left(g\cos\varphi + \frac{v^2}{l}\right)$$

式中,v 及 $\cos\varphi$ 均为变量。

由式(a)可知,重物做减速运动,摆角越大,重物的速度越小,T 将越小。因此,当 $\varphi = 0$ 时,钢绳具有最大的拉力,其值为

$$T_{\max} = m\left(g + \frac{v_0^2}{l}\right)$$

因此,刹车时,钢绳拉力的变化为

$$\Delta T = T_{\max} - T_1 = m\frac{v_0^2}{l}$$

如果 $m = 10^4$ kg,$v_0 = 1$ m/s,$l = 1$ m,则

$$T_1 = mg = 98 \text{ kN}$$

$$\Delta T = m\frac{v_0^2}{l} = 10 \text{ kN}$$

这表明,在刹车瞬时,钢绳拉力突然增大了 10 kN。故起重机在运动中应力求平稳,速度不宜太高,并应避免急刹车,尽量不使钢绳中产生过大的动拉力,以保证安全。

（2）第二类问题：已知质点所受的力，求质点的运动。

这类问题比较复杂，因为作用于质点上的力可以是常力，也可以是和许多物理因素（如时间、位置或速度等）有关的变量。解这类问题的运算中，对微分方程积分时，将出现若干个积分常数，必须根据初始条件（$t=0$ 时质点的位置和速度）来确定，以求得质点的运动规律。

【例 12.9】 如图 12.20 所示，设质点 M 以初速度 ν_0 从 O 点与水平线 Ox 成 α 角射出，不计空气阻力，求此质点 M 的运动。

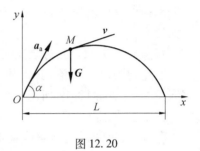

图 12.20

解 由题中条件可知，这是动力学第二类问题，力是常力。

（1）选取研究对象，画受力图。

取质点 M 为研究对象。它在被射出后的全部运动过程中，仅受重力 G 作用，如图 12.20 所示。

（2）运动分析。

由于质点的受力方向与速度方向成一角度，因此质点 M 做平面曲线运动，需求出其运动规律。

（3）选坐标轴，列运动微分方程并求解运动规律。

选取直角坐标轴 Oxy，如图 12.20 所示。由式（12.28）得

$$\begin{cases} m\dfrac{\mathrm{d}^2 x}{\mathrm{d}t^2} = 0 \\ m\dfrac{\mathrm{d}^2 y}{\mathrm{d}t^2} = -G = -mg \end{cases} \tag{a}$$

或写成

$$\begin{cases} \dfrac{\mathrm{d}\nu_x}{\mathrm{d}t} = 0 \\ \dfrac{\mathrm{d}\nu_y}{\mathrm{d}t} = -g \end{cases} \tag{b}$$

对式（b）积分一次得

$$\begin{cases} \dfrac{\mathrm{d}x}{\mathrm{d}t} = C_1 \\ \dfrac{\mathrm{d}y}{\mathrm{d}t} = -gt + C_2 \end{cases} \tag{c}$$

再对式（c）积分，得

$$\begin{cases} x = C_1 t + C_3 \\ y = -\dfrac{1}{2}gt^2 + C_2 t + C_4 \end{cases} \tag{d}$$

式中，C_1、C_2、C_3、C_4 为积分常数，可由运动的初始条件确定。即当 $t=0$ 时，$x=0$，$y=0$，$\nu_x = \nu_0 \cos\alpha$，$\nu_y = \nu_0 \sin\alpha$。将这些初始条件代入式（c）和式（d）中，即得

$$C_1 = \nu_0 \cos\alpha$$

$$C_2 = v_0 \sin \alpha$$
$$C_3 = 0$$
$$C_4 = 0$$

于是可得质点 M 的运动方程为

$$\begin{cases} x = v_0 t \cos \alpha \\ y = v_0 t \sin \alpha - \dfrac{1}{2} g t_2 \end{cases} \tag{e}$$

从式(e)中消去参数 t，得质点的轨迹方程

$$y = xyga - \frac{g x^2}{2 v^2 \cos^2 \alpha}$$

上式表明,质点的轨迹为一抛物线。

(4) 分析讨论,当抛物体到达射程 L 时,$y = 0$,代入轨迹方程,得

$$L = \frac{v_0^2}{g} \sin 2\alpha$$

从上式可以看出,对于同样大小的初速度 v_0,当 $\alpha = 45°$ 时,射程最大。由于未计空气阻力,因此实际射程比上式计算出的值要小。

【提示】　在求解动力学第二类问题时,不仅要已知力,还要知道运动的初始条件,才能确定质点的运动。

12.4　动　静　法

动静法是将动力学问题在形式上化为静力学问题的一种方法,这种方法在工程实践中得到广泛应用,尤其在求解约束动反力时甚为方便。

12.4.1　惯性力的概念

惯性力是动静法的基础,所以先通过实例来说明惯性力的概念。

在光滑的水平直线轨道上推车时(图 12.21),为了使车产生加速度 a,人必须对车作用一推力 F。由于车的惯性力图保持它原来的运动状态,因此车给人以反作用力 Q,此力作用在人的手上,称为车的惯性力。根据牛顿第二定律 $F = ma$(式中 m 是小车的质量),又由牛顿第三定律 $Q = -F$,所以 $Q = -ma$。即车的惯性力等于车的质量和加速度的乘积,其方向和加速度的方向相反。

通过上面的讨论,可将惯性力的概念概括如下,当物体受到力的作用而使其运动状态发生变化时,由于物体的惯性,对外界产生反作用力抵抗运动的变化,这种抵抗力称为惯性力。惯性力的大小等于质量与加速度之积,方向与加速度相反,作用在使此物体产生加速度的其他物体上。设质量为 m 的质点 M 受力 F 作用而做曲线运动(图 12.22),其加速度为 a,与加速度方向相反的惯性力为 Q。Q 的切线方向的分力 Q_τ 和法线方向的分力 Q_n 分别称为切向惯性力和法向惯性力(或离心惯性力)。显然有

$$Q = Q_\tau + Q_n = -ma_\tau - ma_n$$

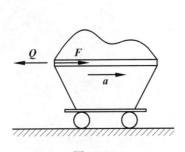

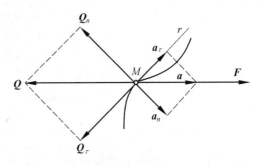

图 12.21　　　　　　　　　　　　　　　　　图 12.22

切向惯性力和法向惯性力的大小为

$$\begin{cases} Q_\tau = m\dfrac{\mathrm{d}\nu}{\mathrm{d}t} \\[2mm] Q_n = \dfrac{\nu^2}{\rho} \end{cases} \tag{12.30}$$

12.4.2　动静法及其应用

设一质量为 m 的非自由质点 M 受主动力 F 和约束反力 N 的作用, F 和 N 的合力为 R, 质点具有加速度 a, 如图 12.23 所示。由

$$F + N = ma$$

假想在质点 M 上加上惯性力

$$Q = -ma$$

则

$$F + N + Q = 0 \tag{12.31}$$

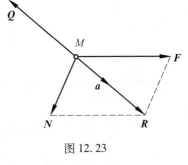

上式表明, 如果在做加速运动的质点上假想地加上惯性力, 则作用于质点的主动力、约束反力与惯性力在形式上构成一个平衡力系。这就是质点的达朗伯原理。实际上, 这是用静力学的方法来处理动力学问题, 故称为动静法。

图 12.23

将式(12.31)投影在直角坐标轴上, 则得

$$\begin{cases} F_x + N_x + Q_x = 0 \\ F_y + N_y + Q_y = 0 \end{cases} \tag{12.32}$$

式中, F_x、N_x、Q_x 分别为主动力、约束反力和惯性力在 x 轴上的投影, $|Q_x| = m\dfrac{\mathrm{d}^2 x}{\mathrm{d}t^2}$; F_y、N_y、Q_y 分别为主动力、约束反力和惯性力在 y 轴上的投影, $|Q_y| = m\dfrac{\mathrm{d}^2 y}{\mathrm{d}t^2}$。

将式(12.31)投影在切线和法线方向, 则得

$$\begin{cases} F_\tau + N_\tau + Q_\tau = 0 \\ F_n + N_n + Q_n = 0 \end{cases} \tag{12.33}$$

式中, F_τ、F_n 为主动力在切向和法向的投影; N_τ、N_n 为约束反力在切向和法向的投影; Q_τ、

Q_n 为切向惯性力和法向惯性力。

【提示】　由于惯性力并不作用在质点上,因此动静法中所说的"平衡"并非实际情况。动静法并未改变动力学问题的性质,只是解决力学问题的一种方法。

【例12.10】　为测定列车的加速度,采用一种称为加速度测定摆的装置。这种装置就是在车厢顶上挂一单摆,如图 12.24 所示。当车厢做匀加速直线运动时,摆将偏向一方,与垂线成一不变角 α。求车厢的加速度 **a** 与 α 角的关系。

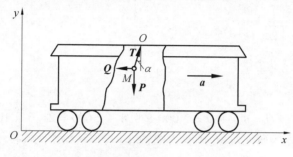

图 12.24

解　(1)选取研究对象,画受力图。

取摆 M 为研究对象,它受重力 **P** 及绳的拉力 **T** 作用。

(2)运动分析,加惯性力。

摆 M 具有与车厢相同的加速度 **a**,在摆 M 上加惯性力 **Q**,其大小 $Q = ma$,其方向与 **a** 的方向相反。

(3)列平衡方程,求未知量,由式(12.32)可得

$$T\sin \alpha - ma = 0 \tag{a}$$
$$T\cos \alpha - mg = 0 \tag{b}$$

由式(a)和式(b)可得

$$\tan \alpha = \frac{a}{g}$$

即

$$a = g\tan \alpha$$

测得摆偏离铅垂线的角度 α,即可算出车厢的加速度。

【例12.11】　绞车装在梁中点,梁的两端放置在支座上,绞车提起质量为 2 000 kg 的重物 B,以 1 m/s² 的等加速度上升。已知绞车和梁的质量共为 800 kg,其他尺寸如图 12.25(a)所示,试求支座 C 与 D 的反力。绳和绞车中转动部分的质量不计。

解　由题意知重物 B 有加速度,绞车和梁则处于平衡状态。所以,对重物 B 可应用动静法求出绳的拉力,然后可用静力平衡条件求支座反力。

(1)以重物 B 为研究对象,画受力图并加惯性力,如图 12.25(b)所示,应用动静法求绳拉力 **T**。惯性力大小为

$$Q = ma = 2\ 000 \times 1 = 2\ (kN)$$

应用动静法,由式(12.32)有

$$T - G - Q = 0$$

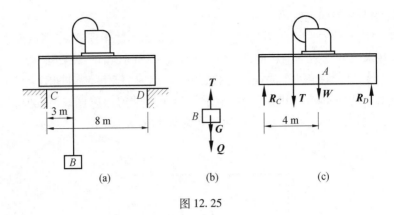

图 12.25

所以
$$T = G + Q = mg + Q = 2\ 000 \times 9.8 + 2\ 000 = 21.6 \times 10^3 (\text{N})$$

（2）以梁和绞车为研究对象，画受力图，如图 12.25（c）所示，有

$$\sum M_C = 0, \quad R_D \times 8 - W \times 4 - T \times 3 = 0$$

$$R_D = \frac{0.8 \times 9.8 \times 4 + 21.6 \times 3}{8} = 12 \text{ kN}$$

由
$$\sum F_y = 0, \quad R_C + R_D - T - W = 0$$

得
$$R_C = T + W - R_D = 21.6 \times 10^3 + 800 \times 9.8 - 12 \times 10^3$$
$$= 17.4 \times 10^3 \text{ N} = 17.3 \text{ kN}$$

【提示】　通过以上例题的分析，可归纳出用动静法求解动力学问题的步骤如下。

（1）根据题意确定研究对象。

（2）分析作用在研究对象上的主动力和约束反力，画出研究对象的受力图。

（3）分析运动情况，确定惯性力，把惯性力加画在受力图上。

（4）应用动静法列出平衡方程，求解未知量。

思考与练习

一、分析简答题

1. 举例说明弧坐标、路程、位移的区别。

2. 点的运动方程与轨迹方程有何区别？

3. 点在某瞬时的速度为零，那么该瞬时点的加速度是否也等于零？

4. 做曲线运动的质点能否不受任何力的作用？

5. 点做直线运动时，如果某瞬时 $v = 5$ m/s，根据 $a_\tau = \dfrac{\mathrm{d}v}{\mathrm{d}t}$ 求得该瞬时加速度为零对吗？为什么？

6. 为什么电梯向上启动时,人感觉重力加大,而向下启动时感觉重力减小? 若电梯向下的加速度等于重力加速度 g,情况如何?

7. 图 12.26 所示两种情况的速度平行四边形有无错误? 若无请说明理由,若有,请指出错在哪里。

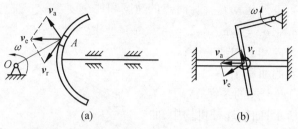

(a)　　　　　　　　(b)

图 12.26

8. 什么是动点的绝对轨迹、相对轨迹?

9. 什么是动点的牵连速度、牵连加速度? 是否动参考系中任一点的速度(或加速度)就是动点的牵连点的牵连速度(或牵连加速度)?

10. 为什么说动坐标系平动时,在某一瞬时动坐标系的速度和加速度就是该瞬时动点的牵连速度和牵连加速度?

11. 当动坐标系做定轴转动时,为什么必须是牵连点的速度和加速度才是动点在该瞬时的牵连速度和牵连加速度?

二、分析计算题

1. 已知点的运动方程如下,求其轨迹方程,并计算点在时间 $t = 2$ s,$t = 4$ s 时的位置。

$$(1)\begin{cases} x = 4 + 3\sin t \\ y = 3\cos t \end{cases} \qquad (2)\begin{cases} x = 8t \\ y = 16t - 4t^2 \end{cases}$$

2. 如图 12.27 所示,曲柄连杆机构 $r = L = 60$ cm,$MB = \dfrac{1}{3}L$,$\varphi = 4t$,t 以秒(s)计,求连杆上 M 点的轨迹,并求 $t = 0$ 时,该点的速度和加速度。

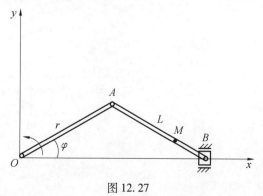

图 12.27

3. 点 A 沿 $R = 60$ cm 的圆周运动,并满足方程 $S = 3\pi\sin\dfrac{\pi}{2}t$ cm,t 以(s)计,求在 $t = 4$ s 时 A 点的速度和加速度。

4. 某工厂使用自由落锤砸碎废铁,已知重锤被升高到 9.6 m,然后松开,让锤自由落下砸碎废铁。求重锤刚落到废铁上时的速度和下落所需的时间。

5. 已知点的运动方程为:$x = t^2 - t$,$y = 2t$。求点的轨迹方程及 $t = 1$ s 时点的速度、加速度。

6. 点沿曲线做匀变速运动。某瞬时点的速度和加速度在 x、y 轴上的投影分别为 $\nu_x = 3.2$ m/s,$\nu_y = 2.4$ m/s,$a_x = 1$ m/s²,$a_y = -3$ m/s²。求:

(1) 此时点的切向和法向加速度;

(2) 点所在位置的曲率半径;

(3) 此后 6 s 内点走过的路程。

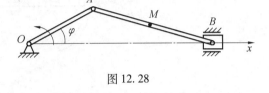

图 12.28

7. 如图 12.28 所示,曲柄连杆机构中,曲柄以 $\varphi = \omega t$ 绕 O 轴转动。已知 $OA = r$,$AB = L$,连杆上 M 点距 A 端长度为 b,运动开始时滑块 B 在最右端位置。求:

(1) 滑块 B 的运动方程;

(2)M 点的运动方程和 $t = 0$ 时的速度和加速度。

8. 偏心轮的半径为 r,偏心转轴到轮心的偏心距 $OC = a$,坐标轴如图 12.29 所示。求从动杆 AB 的运动规律。已知 $\varphi = \omega t$,ω 为常数。

9. 如图 12.30 所示,摇杆机构的滑杆 AB 在某段时间内以匀速 u 向上运动,试分别用直角坐标法和自然法建立摇杆 C 点的运动方程和在 $\varphi = \pi/4$ 时该点速度的大小。设初瞬时 $\varphi = 0$,摇杆长 $OC = b$。

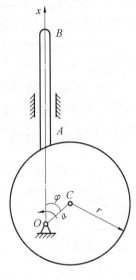

10. 如图 12.31 所示,杆 AB 在半径等于 r 的固定圆环平面中以匀速 u 沿垂直于杆本身的方向移动。求同时套在杆与圆环上的小环 M 的自然法运动方程及速度。设初瞬时,小环 M 在大环的最高点 M_0,以后向右边运动。

图 12.29

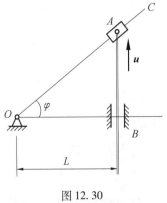

图 12.30

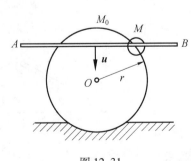

图 12.31

11. 图 12.32 所示为一锥摆。小球 M 的质量为 $m = 1$ kg,系于长 $l = 30$ cm 的绳上,绳的上端固定于 O 点,小球 M 则在水平面内做匀速圆周运动。已知绳与铅垂线间的夹角 $\alpha =$

30°,求小球的速度和绳的张力。

12. 小船按与河岸成 α 角的航向横渡一条宽234 m的河,在2.5 min内到达与河岸相垂直的直线 AB 上的点 B,如图12.33所示。设河水的流速 $u = 3.24$ km/h,河的宽度不变。求 α 角。

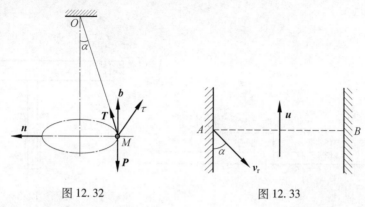

图 12.32　　　　　　　　图 12.33

13. 曲杆长 $r = OA = 12$ cm,其转动规律 $\varphi = \dfrac{\pi}{3} t^2$($t$ 以 s 计),并带动滑槽做往复运动,如图12.24所示。求在 $t = 5$ s 时滑槽的速度和滑块 A 相对于滑槽的速度。

14. 小环 M 连接固定杆 AB 和按规律 $\varphi = \dfrac{\pi}{3} \sin \dfrac{\pi}{6} t$ 绕点 O 转动的杆 OD,如图12.35所示,设 $CO = 54$ cm,求在时间 $t = 1$ s 时小环 M 的绝对速度和相对速度。

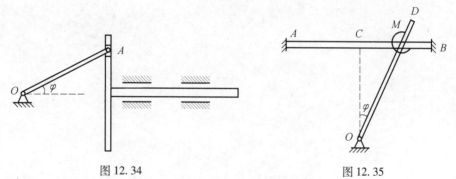

图 12.34　　　　　　　　　　　图 12.35

15. 半圆形凸轮半径为 R,若已知凸轮的移动速度为 $\boldsymbol{v}_0$,加速度为 $\boldsymbol{a}_0$,求在图12.36所示位置时杆 AB 的移动速度和加速度。

16. 如图12.37所示,A、B 两物体用绳连在一起,并放在光滑的水平面上,A 物体重力大小 $G_A = 200$ N,B 物体重力大小 $G_B = 80$ N,求 A、B 的加速度和绳子的拉力。

17. 如图12.38所示,一质量为 m 的物块放在匀速转动的水平转台上,其重心距转轴的距离为 r。如物块与台面之间的摩擦系数为 f,求物块不致因转台旋转而滑出的最大速度。

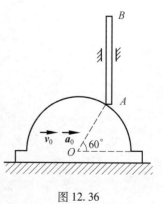

图 12.36

18. 求证质点在倾角为 α, 摩擦系数为 f 的斜面上滑下时的加速度为 $a = g\sin(\alpha - f\cos\alpha)$。

19. 行驶于水平道路上的汽车, 刹车时经过 2 s 后才停止, 停止前滑行的距离为 9.8 m。若刹车过程中汽车做匀变速运动, 试求轮胎与地面间的摩擦系数。

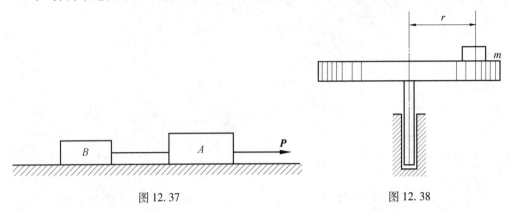

图 12.37　　　　　　　　　　图 12.38

第 13 章　　刚体运动力学

【学习目标】

（1）掌握刚体的平动和定轴转动的基本概念。

（2）掌握刚体平动和定轴转动的速度和加速度的计算。

（3）掌握刚体平面运动的基本概念，以及运动合成与分解的基本概念和方法。

（4）理解刚体的转动惯量的概念和平行移轴定理。

（5）能正确判断刚体的平动和定轴转动。

（6）能熟练地求解定轴转动刚体的角速度和角加速度及刚体内各点的速度和加速度的有关问题。

（7）能正确计算刚体的转动惯量。

（8）能熟练运用基本法、速度瞬心法和速度投影法求解有关速度的问题。

13.1　　刚体的平动

刚体运动时，如果刚体内任一直线都始终保持与原来的位置平行，则这种运动称为刚体的平行移动，简称为平动。例如摆式筛沙机的筛子的运动，如图 13.1 所示。因为在结构上 AC 平行且等于 BD，即 $ACDB$ 是平行四边形，所以筛子在摆动过程中，当 AC 杆任意摆动至另一位置时，槽底直线 $C'D'$ 必与原来的直线 CD 保持平行，所以筛子的运动也是平行移动，即平动。

刚体平动时，如果刚体内各点的轨迹是直线，则称为直线平动，如图 13.1 中车厢的运动；如果刚体内各点的轨迹是曲线，则称为曲线平动，如图 13.2 中筛子的运动。

略去证明可得如下结论：当刚体平动时，刚体内各点的轨迹相同；在同一瞬时，刚体内各点的速度、加速度也相同。因此，刚体的平动可以用点的运动来描述。习惯上用刚体上一个点（质心）的运动规律来代替整个刚体平动的运动规律。

当刚体沿直线轨道移动（平动）时，可把刚体看成质量集中在质心（对均质物体重心即是质心）的质点，这样，只要把惯性力加在平动刚体的质心就可以应用动静法了。这时，平动刚体的惯性力的大小等于刚体的总质量与质心加速度的乘积，惯性力的方向与加速度的方向相反。

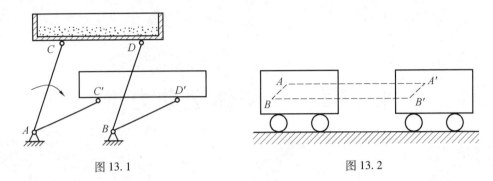

图 13.1　　　　　　　　　　　　　图 13.2

虽然求解直线平动刚体的动力学问题可以和质点一样应用动静法，但是，对于质点，虚加惯性力后得到的形式上的平衡力系是汇交力系，故可用汇交力系的平衡条件求解未知量；而对直线平动的刚体，虚加惯性力后，得到的形式上的平衡力系往往是平面任意力系。所以，对于直线平动的刚体，应用动静法时必须采用下面的方程：

$$\begin{cases} \sum F_{ix} + \sum N_{ix} + Q_x = 0 \\ \sum F_{iy} + \sum N_{iy} + Q_y = 0 \\ \sum m_O(\boldsymbol{F}_i) + \sum m_O(\boldsymbol{N}_i) + m_O(\boldsymbol{Q}) = 0 \end{cases} \tag{13.1}$$

式中，$\sum F_{ix}(\sum F_{iy})$ 为所有主动力在 $x(y)$ 轴上投影的代数和；$\sum N_{ix}(\sum N_{iy})$ 为所有约束反力在 $x(y)$ 轴上投影的代数和；$Q_x(Q_y)$ 为惯性力在 $x(y)$ 轴上的投影；$\sum m_O(\boldsymbol{F}_i)$ 为所有主动力对任意矩心 O 的力矩的代数和；$\sum m_O(\boldsymbol{N}_i)$ 为所有约束反力对任意矩心 O 的力矩的代数和；$m_O(\boldsymbol{Q})$ 为惯性力对任意矩心 O 的力矩。

因为直线平动刚体加惯性力后，成为形式上平衡的平面任意力系，所以在应用上面的公式解决具体问题时，也可将它改为二矩式（请读者自行写出）。

【例 13.1】 汽车连同货物的总质量是 M，质心 C 距地面的高度为 h，汽车的前、后轮到通过质心的铅直线的距离分别是 b 和 d（图 13.3）。求当汽车以加速度 a 沿水平直线道路行驶时，前、后轮给路面的铅直压力。轮子的质量不计。

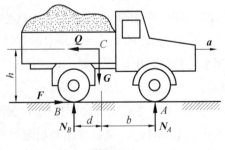

图 13.3

解　（1）选取研究对象，画受力图。

取汽车连同货物为研究对象。实际承受的外力有:重力 G,地面的反力 N_A、N_B,水平摩擦力 F(图中只画出后轮摩擦力,前轮一般是被动轮,当忽略轮的质量时,其摩擦力可以不计)。

(2) 运动分析,加惯性力。

因为车做直线平动,故可应用动静法。惯性力加在质心 C,惯性力的大小 $Q = Ma$,方向和加速度 a 相反(水平向左)。

(3) 列平衡方程,求解未知量。

$$\sum m_B(F) + \sum m_B(N) + m_B(Q) = 0$$

$$Qh - Gd + N_A(b + d) = 0$$

所以

$$N_A = \frac{M(gd - ah)}{b + d}$$

$$\sum F_y + \sum N_y + Q_y = 0$$

$$N_A + N_B - G = 0$$

所以

$$N_B = G - N_A = Mg - \frac{M(gd - ah)}{b + d} = \frac{M(gb + ah)}{b + d}$$

前、后轮给地面的压力与相应的反力大小相等,方向相反。

【提示】 刚体平动具有"三相同",即速度、加速度和运动轨迹相同。如果已知刚体上一点的速度、加速度和运动轨迹,刚体上其他点的速度、加速度和轨迹和已知点相同。

13.2   刚体绕定轴转动

电动机转子的运动、机器中齿轮的运动、钟表指针的运动等,都是定轴转动的实例。提取它们运动的共同特征,可得刚体绕定轴转动的定义:刚体运动时,刚体内有一直线始终保持不动,而这条直线以外的各点都绕此直线做圆周运动。刚体的这种运动称为刚体绕定轴转动,简称转动。刚体内固定不动的直线称为转动轴。

13.2.1   转动方程、角速度、角加速度

1. 转动方程

某刚体绕固定轴 z 转动(图 13.4)。为了确定刚体在转动过程中任一瞬时的位置,可先通过转轴 z 作一固定平面 Ⅰ,再通过转轴及刚体内任一点 A 作一随刚体转动的平面 Ⅱ。这样,任一瞬时刚体的位置,可以用动平面 Ⅱ 与固定平面 Ⅰ 的夹角 φ 来确定。φ 称为刚体在任一瞬时的转角。转角 φ 的单位为弧度(rad)。由于 φ 随时间 t 的变化而变化,所以它是时间 t 的单值连续函数,即

$$\varphi = f(t)$$

上式称为刚体的转动方程,即刚体转动时的运动规律。

为了区分刚体转动的方向,规定:从转动轴 z 的正端向负端看,刚体逆时针转动时,φ 为正;顺时针转动时,φ 为负。可见,φ 是一个代数量。

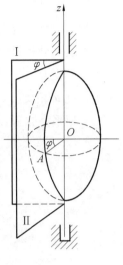

图 13.4

2. 角速度

角速度是表示刚体转动快慢和转动方向的物理量。瞬时角速度常用符号 ω 表示,它是转角 φ 对时间 t 的一阶导数,即

$$\omega = \lim_{\Delta t \to 0} \frac{\Delta \varphi}{\Delta t} = \frac{\mathrm{d}\varphi}{\mathrm{d}t} = f'(t) \tag{13.2}$$

如果 $\dfrac{\mathrm{d}\varphi}{\mathrm{d}t}$ 在某瞬时的值为正,表示 ω 的转向与转角 φ 的正向一致,是逆时针转动;反之为负。在定轴转动中,角速度是代数量。

角速度的单位为弧度 / 秒(rad/s)。工程中常用转速 n 表示刚体转动的快慢,其单位为转 / 分(r/min)。角速度 ω 与转速 n 之间的换算关系为

$$\omega = \frac{2\pi n}{60} = \frac{\pi n}{30} \tag{13.3}$$

3. 角加速度

角加速度是表示角速度变化快慢的物理量。瞬时角加速度常用符号 ε 表示,它是角速度 ω 对时间 t 的一阶导数,也是转角对时间 t 的二阶导数,即

$$\varepsilon = \lim_{\Delta t \to 0} \frac{\Delta \omega}{\Delta t} = \frac{\mathrm{d}\omega}{\mathrm{d}t} = \frac{\mathrm{d}^2\varphi}{\mathrm{d}t^2} \tag{13.4}$$

角加速度的单位为弧度 / 秒^2(rad/s^2)。$\varepsilon > 0$,表示它沿逆时针方向;$\varepsilon < 0$,表示它沿顺时针方向。当 ε 与 ω 同号时,刚体加速转动;当 ε 与 ω 异号时,刚体减速转动。

转角 φ、角速度 ω、角加速度 ε 都是描述刚体转动的物理量,称之为角量。因为在同一时间间隔内,刚体上各点转过的角度(角位移)都相等,所以在同一瞬时,刚体内各点的角量 ω 和 ε 都是相同的。

刚体在转动过程中,若角速度不变(ω = 常量),则称为匀速转动;若角加速度不变(ε = 常量),则称为匀变速转动。根据

$$\omega = \frac{\mathrm{d}\varphi}{\mathrm{d}t} = 常量$$

及

$$= \frac{\mathrm{d}\omega}{\mathrm{d}t} = 常量$$

通过积分即可导出匀速、匀变速转动时的相关公式。实际上,对刚体定轴转动的描述和对点的平面曲线运动的描述存在着一定的对应关系,所以,通过对比的方法也可直接得到刚

体定轴转动的有关公式。现列于表 13.1 中。

表 13.1 点的平面曲线运动与刚体定轴转动相关公式

	点的平面曲线运动	刚体定轴转动	
对应关系	弧坐标 s 速度 v 切向加速度 a_τ	转角 ω 角速度 ω 角加速度 ε	
匀速	$s = s_0 + vt$	$\varphi = \varphi_0 + \omega t$	(13.5)
匀加速	$v = v_0 + a_\tau t$	$\omega = \omega_0 + \varepsilon t$	(13.6)
	$s = s_0 + v_0 t + \dfrac{1}{2} a_\tau t^2$	$\varphi = \varphi_0 + \omega_0 t + \dfrac{1}{2}\varepsilon t^2$	(13.7)
	$v^2 - v_0^2 = 2a_\tau(s - s_0)$	$\omega^2 - \omega_0^2 = 2\varepsilon(\varphi - \varphi_0)$	(13.8)

注:下标"0"者,均为 $t = 0$ 时的有关参数的初始值。

【**例 13.2**】 已知发动机主轴的转动方程为 $\varphi = 2t^3 + 4t - 3$（φ 的单位为 rad，t 的单位为 s），试求当 $t = 2$ s 时转动的角度、角速度及角加速度。

解 （1）角度为

$$\varphi = 2 \times 2^3 + 4 \times 2 - 3 = 21 \ (\mathrm{rad})$$

（2）角速度为

$$\omega = \frac{\mathrm{d}\varphi}{\mathrm{d}t} = \frac{\mathrm{d}}{\mathrm{d}t}(2t^3 + 4t - 3) = 6t^2 + 4 = 6 \times 2^2 + 4 = 28 \ (\mathrm{rad/s})$$

（3）角加速度为

$$\varepsilon = \frac{\mathrm{d}\omega}{\mathrm{d}t} = 12t = 12 \times 2 = 24 \ (\mathrm{rad/s^2})$$

【**例 13.3**】 已知车床主轴的转速 $n_0 = 600$ r/min，要求主轴在两圈后立即停车，以便很快反转。设停车过程是匀变速转动，求主轴的角加速度。

解 由式（13.3）得

$$\widetilde{\omega}_0 = \frac{\pi n_0}{30} = \frac{600\pi}{30} = 20\pi \ (\mathrm{rad/s})$$

由题意知

$$\omega = 0$$
$$\varphi = 2 \times 2\pi = 4\pi \ (\mathrm{rad})$$

由式（13.8）得

$$0 - (20\pi)^2 = 2\varepsilon \times 4\pi$$

故

$$\varepsilon = -\frac{400\pi^2}{8\pi} = -50\pi \ (\mathrm{rad/s^2})$$

因为 ε 和 ω 异号，所以转动是减速的。

13.2.2 转动刚体内各点的速度和加速度

刚体转动时，刚体内各点都将在垂直于转轴的平面内做圆周运动，圆心在轴线上，点

到转轴的距离为 r,称为转动半径,如图 13.5(a) 所示。若 M_0 为点运动的参考原点,在瞬时 t 点运动到圆周上 M 处,其弧坐标为

$$s = r\varphi \tag{13.9}$$

式(13.9) 表明,刚体内任一点的弧坐标,等于刚体的转角与该点转动半径的乘积。

1. 速度

速度的大小为

$$\nu = \frac{\mathrm{d}s}{\mathrm{d}t} = \frac{\mathrm{d}(r\varphi)}{\mathrm{d}t} = r\frac{\mathrm{d}\varphi}{\mathrm{d}t} = r\omega \tag{13.10}$$

式(13.10) 表明,转动刚体内任一点的速度,等于该点的转动半径与刚体角速度的乘积,其方向垂直于转动半径并指向与 ω 转向相同的一方。

由式(13.10) 知,转动刚体内点的速度与其转动半径成正比。离转动轴越远的点速度越大,离转动轴越近的点速度越小,在转动轴轴线上的点速度为零。刚体内各点的速度分布规律如图 13.5(b) 所示。

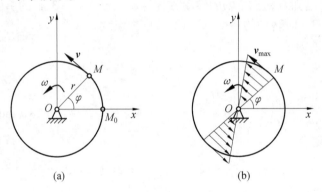

图 13.5

2. 加速度

因为转动刚体上的各点做圆周运动,所以其加速度应包括切向加速度 a_τ 及法向加速度 a_n。

切向加速度的大小为

$$a_\tau = \frac{\mathrm{d}\nu}{\mathrm{d}t} = \frac{\mathrm{d}(r\omega)}{\mathrm{d}t} = r\frac{\mathrm{d}\omega}{\mathrm{d}t} = r\varepsilon \tag{13.11}$$

法向加速度的大小为

$$a_n = \frac{\nu^2}{\rho} = \frac{(r\omega)^2}{r} = r\omega^2 \tag{13.12}$$

即转动刚体上任一点的切向加速度,等于该点的转动半径和刚体角加速度的乘积,方向与转动半径垂直;法向加速度等于该点的转动半径与刚体角速度平方的乘积,方向指向圆心 O,如图 13.6(a) 所示。

任一点全加速度的大小和方向为

$$\begin{cases} a = \sqrt{a_\tau^2 + a_N^2} = \sqrt{(r\varepsilon)^2 + (r\omega^2)^2} = r\sqrt{\varepsilon^2 + \omega^4} \\ \tan\theta = \dfrac{|a_\tau|}{a_n} = \dfrac{|r\varepsilon|}{r\omega^2} = \dfrac{|\varepsilon|}{\omega^2} \end{cases} \tag{13.13}$$

式中,θ 为全加速度 a 与转动半径的夹角,如图 13.6(a) 所示。

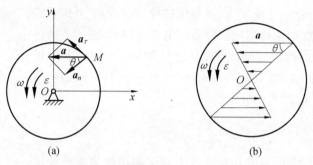

图 13.6

由式(13.13) 可知,在任一瞬时,转动刚体内某点的全加速度的大小与点的转动半径成正比。各点的全加速度与其转动半径间的夹角都相等。刚体内点的全加速度的分布规律如图 13.6(b) 所示。

【例13.4】 半径 $r = 0.3$ m 的圆轮绕定轴 O 做逆时针方向的转动,如图 13.7 所示,轮子的转动方程为 $\varphi = -2t^2 + 3t$,φ 以弧度(rad) 计,t 以秒(s) 计。此轮上绕一绳索,绳的下端有一重物 A。求 $t = 2$ s 时轮缘上任一点 M 和重物 A 的速度和加速度。

解 为求 A 的速度和加速度,可先由式(13.3) 和式(13.4) 求轮的角速度 ω 及角加速度 ε:

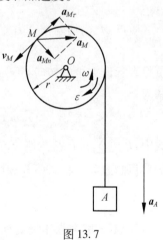

$$\omega = \frac{\mathrm{d}\varphi}{\mathrm{d}t} = \frac{\mathrm{d}}{\mathrm{d}t}(-2t^2 + 3t) = -4t + 3$$

$$\varepsilon = \frac{\mathrm{d}\omega}{\mathrm{d}t} = \frac{\mathrm{d}}{\mathrm{d}t}(-4t + 3)$$

$t = 1$ s 时,有

$$\omega_1 = \omega_0 + \varepsilon t = 3 - 4 \times 2 = -5 \ (\mathrm{rad/s})$$

$$\varepsilon_1 = -4 \ \mathrm{rad/s^2}$$

$$\nu_M = r\omega_1 = -0.3 \times 5 = -1.5 \ (\mathrm{m/s})$$

重物 A 与轮缘上点的速度相等,即

$$\nu_A = \nu_M = -1.5 \ \mathrm{m/s}$$

图 13.7

M 点的切向加速度和法向加速度为

$$a_{M\tau} = r\varepsilon = 0.3 \times (-4) = -1.2 \ (\mathrm{m/s^2})$$

$$a_{Mn} = r\omega^2 = 0.3 \times (-5)^2 = 7.5 \ (\mathrm{m/s^2})$$

M 点全加速度的大小为

$$a_M = \sqrt{a_{M\tau}^2 + a_{Mn}^2} = \sqrt{(-1.2)^2 + (7.5)^2} = 7.6 \ (\mathrm{m/s^2})$$

重物的加速度等于 M 点的切向加速度,即

$$a_A = a_{M\tau} = -1.2 \ \mathrm{m/s^2}(方向向下)$$

13.2.3　刚体绕定轴转动的动力学基本方程

1. 基本方程

设有一个刚体,在力系 $F_1, F_2, \cdots, F_N$ 作用下绕定轴 z 转动。

某瞬时刚体转动的角速度为 ω,角加速度为 ε,若把刚体看成由无数个质点组成的,则根据定轴转动的定义可知,除轴线上的各点外,其他质点都做圆周运动。在刚体上任取一质点 M_i,其质量为 m_i,转动半径为 r_i。由上节的知识可知,此质点的切向加速度 $a_{i\tau}$ 和法向加速度 a_{in} 的大小分别为

$$a_{i\tau} = r_i \varepsilon$$
$$a_{in} = r_i \omega^2$$

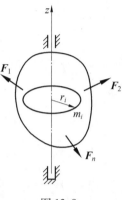

图 13.8

应用动静法,将各质点的切向惯性力和法向惯性力假想地加在各对应质点上,则刚体在外力、内力和惯性力作用下,在形式上处于平衡。于是,上面所说的力系平衡条件就成为:所有外力与所有切向惯性力对 z 轴的力矩的代数和应为零。若以 $\sum m_z(F_i)$ 表示所有外力对 z 轴的力矩的代数和,以 $\sum m_z(Q_{i\tau})$ 表示各质点的切向惯性力对 z 轴的力矩的代数和,则有

$$\sum m_z(F_i) + \sum m_z(Q_{i\tau}) = 0 \tag{13.14a}$$

质点 M_i 的切向惯性力 $Q_{i\tau} = m_i r_i \varepsilon$,它对 z 轴的力矩为

$$m_z(Q_{i\tau}) = -(m_i r_i \varepsilon) r_i = -m_i r_i^2 \varepsilon$$

负号表示该力矩的转向与 ε 的转向相反,而所有质点的切向惯性力对 z 轴的力矩的代数和为

$$\sum m_z(Q_{i\tau}) = -\sum m_i r_i^2 = -\varepsilon \sum m_i r_i^2 = -J_z \varepsilon \tag{13.14b}$$

式中, $J_z = \sum m_i r_i^2$ 称为刚体对 z 轴的转动惯量,它是刚体各质点的质量与其转动半径平方的乘积的总和。将式(13.14b)代入式(13.14a)可得

$$\sum M_z(F_i) = J_z \frac{\mathrm{d}\omega}{\mathrm{d}t} = J_z \frac{\mathrm{d}^2\varphi}{\mathrm{d}t^2} \tag{13.14c}$$

式(13.14c)称为刚体绕定轴转动的动力学基本方程。它表明:刚体绕定轴转动时,作用在刚体上的外力对转动轴的力矩的代数和,等于刚体对该轴的转动惯量与其角加速度的乘积;角加速度的转向与转动力矩 $\sum m_z(F_i)$ 的转向相同。

2. 转动惯量

由上节可知,刚体对转动轴 z 的转动惯量为

$$J_z = \sum m_i r_i^2 \tag{13.15}$$

式中, m_i 为刚体内任一点的质量; r_i 为该质点的转动半径(质点到转动轴的距离)。

在国际单位制中, J_z 的单位是千克·米²(kg·m²)。刚体的转动惯量具有明确的物理

意义。由 $\sum m_z(F_i) = J_z\varepsilon$ 可以看出,不同的刚体受到相等的力矩的作用时,转动惯量大的刚体角加速度小,转动惯量小的刚体角加速度大,即转动惯量大的刚体不易改变其运动状态。所以,转动惯量是转动刚体惯性的量度。由式(13.15)可知,转动惯量的大小不仅取决于刚体质量的大小,而且与质量的分布情况有关,如机械上的飞轮,边缘较厚而中间却挖空,将大部分材料分布在远离转轴的地方以增大其转动惯量,使机器运转平稳。反之,在一些仪表中,为使指针反应灵敏,就应当减小它的转动惯量,所以制造时要选择密度较小的材料,并力求尺寸做得小些。

转动惯量可以由式(13.15)计算,对于形状简单、质量分布均匀连续的物体,亦可用积分法求得。

(1)均质等截面细直杆 AB 长 l,质量为 M(图13.9)。

求该直杆对于对称轴 z 的转动惯量。

将直杆分为无限多个微段 dx,令其线密度(单位长度的质量)为 ρ_1,即 $M = l\rho_1$,而微段 dx 的质量为 $dm = \rho_1 dx = \dfrac{M}{l}dx$,于是细杆对 z 轴的转动惯量为

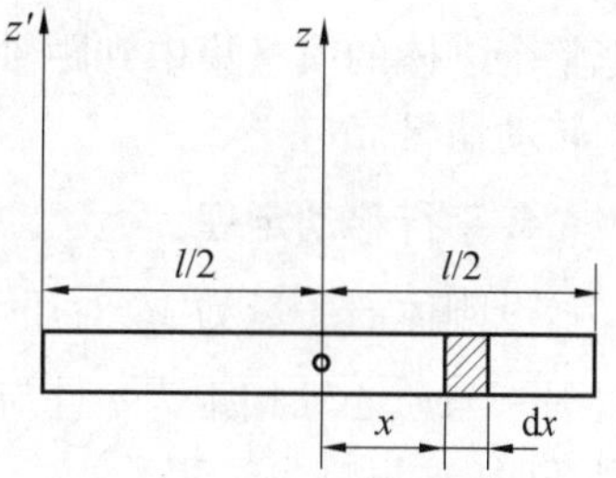

$$J_z = \int_M x^2 dm = \int_{-\frac{l}{2}}^{\frac{l}{2}} \frac{M}{l} x^2 dx = \frac{M}{l}\int_{-\frac{l}{2}}^{\frac{l}{2}} x^2 dx = \frac{1}{12}Ml^2$$

即

$$J_z = \frac{1}{12}Ml^2 \tag{13.16}$$

图 13.9

(2)均质细圆环。

设圆环的半径为 R,质量为 M(图13.10(a))。用积分法即可求得它对于通过中心 O 且与圆盘面相垂直的 z 轴的转动惯量为

$$J_z = MR^2 \tag{13.17}$$

(3)圆盘和圆柱。

设均质圆盘的半径为 R,质量为 M(图13.10(b))。同样用积分法可求得它对通过中心 O 且垂直于盘面的 z 轴的转动惯量为

$$J_z = \frac{1}{2}MR^2 \tag{13.18}$$

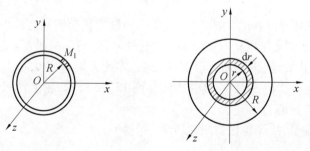

图 13.10

3. 回转半径

如果把

$$J_z = \sum m_i r_i^2$$

改写成

$$J_z = M\rho^2$$

则

$$\rho = \sqrt{\frac{J_z}{M}} \tag{13.19}$$

式中,M 为整个刚体的质量;ρ 为某点距转动轴的距离,称为回转半径。ρ 的含义是:设想把整个刚体的质量集中到距轴等于 ρ 的一点,而 ρ^2 与质量 M 的乘积,恰好是刚体对转动轴的转动惯量。

4. 平行移动定理

设刚体的质量为 M,对质心轴 z 的转动惯量是 J_z(图 13.11),而对另一与质心轴相距为 d 且与 z 轴平行的轴 z' 的转动惯量为 J'_z。可以证明(这里略去过程)

$$J'_z = J_z + Md^2 \tag{13.20}$$

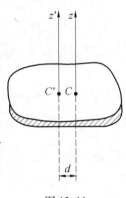

图 13.11

式(13.20)表明:刚体对任意轴 z' 的转动惯量 J'_z,等于刚体对通过质心且与 z' 轴平行的 z 轴的转动惯量,再加上物体的总质量 M 与二轴距离 d 的平方之积。这一关系称为转动惯量的平行移轴定理。

图 13.9 中的细直杆对 z' 轴的转动惯量 $J'_z = \frac{1}{3}Ml^2$,这个结论可用平行移轴定理来证明。因 $J_z = \frac{1}{12}Ml^2, d = \frac{l}{2}$,故

$$J'_z = J_z + Md^2 = \frac{Ml^2}{12} + M\left(\frac{l}{2}\right)^2 = \frac{1}{3}Ml^2$$

即

$$J'_z = \frac{Ml^2}{3}$$

由平行移轴定理可以看出,刚体对通过质心的轴的转动惯量为最小。

【例 13.5】 已知飞轮以 $n = 600$ r/min 的转速转动,转动惯量 $I_0 = 2.5$ kg·m²,制动时要使它在 1 s 内停止转动,设制动力矩 M 为常数,求此力矩 M 的大小。

解 (1)取飞轮为研究对象,其受力图如图 13.12 所示,轮上作用有制动力矩 M,轴承反力 N 及飞轮自重 G。

(2)因 M 为常量,故飞轮做匀减速转动。

因 $\omega_0 = \frac{600\pi}{3} = 20\pi$ rad/s,$\omega = 0, t = 1$ s,有

$$0 = 20\pi - \varepsilon t$$

$$\varepsilon = 20\pi \ \text{rad/s}^2$$

（3）以 ω 方向为正向，并由式（13.14）可得

$$-J_0\varepsilon = -M$$

故

$$M = J_0\varepsilon = 2.5 \times 20\pi = 157 \ (\text{N} \cdot \text{m})$$

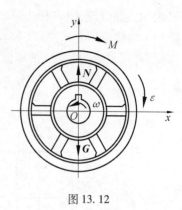

图 13.12

【提示】 （1）对刚体绕定轴转动的特征及其上点的速度、加速度分布规律，要熟练掌握已知刚体转动规律，会求其上一点的运动规律，已知转动刚体上一点的运动规律要会求其上各点的运动规律及整体的转动规律。

（2）要能正确计算刚体的转动惯量，动力学部分需要用到转动惯量求解问题。

13.3 刚体的平面运动

本节将讨论刚体的一种较复杂的运动形式 —— 刚体的平面运动。刚体的这种运动形式，在工程实际中是最常见的。本节将在刚体的平动和定轴转动的基础上，运用复合运动的方法将刚体的平面运动分解为平动和转动这两种基本运动，然后应用运动合成的概念，建立起求平面运动刚体上各点的速度和加速度的方法。

13.3.1 刚体平面运动的简化和分解

1. 刚体平面运动及其简化

汽车沿直线行驶时的车轮，曲柄连杆机构中的连杆等，它们在运动时都具有这样的共同特征：物体运动时，其上各点的运动轨迹都是平面曲线，且这些平面曲线所在的平面彼此平行。亦即刚体运动时，其上各点与某一固定平面的距离始终不变。或者说，刚体运动时，其上各点都在与某固定平面平行的某一平面内运动。把具有这种特征的刚体运动，称为刚体的平面运动。同时也容易看到，刚体绕定轴转动及刚体在平面内的平动，也都是刚体平面运动的特殊情况。

由于刚体做平面运动时，各点只能在与某固定平面平行的平面内运动，则刚体内任一条与该固定平面垂直的直线 A_1A_2（图 13.13），在运动过程中其方位始终不变，亦即此直线垂直于固定平面 P 做平动。根据刚体平动的特征，此直线上各点的运动，用其上的任一点的运动来代表。若用任一与平面 P 平行的另一固定平面 P' 来切割刚体，则得到一平面图形 S，当刚体做平面运动时，此图形 S 将始终在平面 P' 内运动。

于是，直线 A_1A_2 上各点的运动，可用此直线与截面 S 的交点 A 在 P' 平面内的运动来代表。而整个刚体的运动，则可由平面图形 S 在平面 P' 中的运动来代表。这样一来，我们就可将刚体的平面运动，简化为平面图形在其自身平面内的运动来研究。

2. 平面运动分解为牵连平动和相对转动

设平面图形 S 在定平面 Oxy 内运动。图形 S 的位置，可由图形内任一线段 AB 的位置

来表示。而线段 AB 在任一瞬时的位置,可由此线段上的一点 A 的坐标(x_A, y_A),以及此线段与 x 轴的夹角 φ 来决定(图13.14)。当图形运动时,坐标 x_A 和 y_A 及角 φ,都将随时间而改变,并可表示为时间 t 的单值连续函数

$$x_A = f_1(t), \quad y_A = f_2(t), \quad \varphi = f_3(t) \tag{13.21}$$

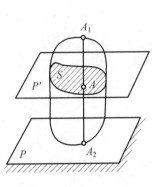

图 13.13　　　　　　　　　　　图 13.14

这组方程称为刚体平面运动方程,A 点称为基点。于是由式(13.21)就能确定平面运动刚体的整体运动。显然,基点 A 和线段 AB,都可在平面图形 S 内任意选择。如果在研究平面图形 S 的运动时,以任选的基点 A 为原点建立一动坐标系 $Ax'y'$,并使其坐标轴在图形的运动过程中始终与固定坐标系的坐标轴保持一个固定的交角或平行(图13.14中就是使两个坐标系的坐标轴保持平行),亦即让动坐标系 $Ax'y'$ 成为随基点 A 平动的坐标系,即可仿照前述复合运动方法来研究平面图形的运动:平面图形对定坐标系的运动为绝对运动;平面图形对动坐标系 $Ax'y'$ 的运动为相对运动,它是图形绕基点 A 的转动,其运动方程就是式(13.21)中的第三式;而动坐标系 $Ax'y'$ 对定坐标系 Oxy 的运动则是牵连运动,由于动坐标系的运动是平动,因此可用基点 A 的运动来代替,代表牵连运动的运动方程就是式(13.21)中的第一、二式。因此,平面图形在任一瞬时的运动,可以分解为随任选基点平动的牵连运动,以及绕此基点转动的相对运动。

13.3.2　平面图形上任一点的速度

1. 速度合成法(基本法)

设在平面图形 S 上任取一点 A 为基点,且 A 点的速度 v_A 和图形的角速度 ω 均为已知(图13.15),则图形上任一点 M 的速度 v_M 可用点的速度合成定理求得。为此,以基点 A 为原点建立一随基点平动的动坐标系,则动点 M 的牵连速度 v_e 必等于基点 A 的速度 v_M;而其相对速度则等于图形绕基点 A 相对转动时 M 点的速度,其大小等于相对转动角速度(即图形的角速度)ω 与相对转动半径 AM 的乘积。在平面运动中,通常用 v_{MA} 表示 M 点对 A 点的相对速度,即有

$$v_r = v_{\overline{MA}} = \overline{AM}\omega \tag{13.22}$$

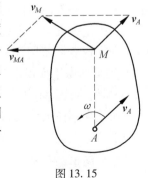

图 13.15

v_{MA} 方向与 AB 垂直,指向由 ω 的转向确定(图 13.15)。至于点 M 的速度 v_M,就是其绝对速度 v_a。于是点的速度合成公式 $v_a = v_e + v_r$ 在平面运动中可写成

$$v_M = v_A + v_{MA} \tag{13.23}$$

即平面图形内任一点的速度,等于任选基点的速度与该点相对于基点的速度的矢量和。这种将点的复合运动中速度合成定理具体用于求平面图形上任一点速度的方法,称为速度合成法,亦称求速度的基点法。

【例 13.6】　如图 13.16 所示的四连杆机构,曲柄 AB 的角速度 $\omega_1 = 8$ rad/s,求图示位置时摇杆 CD 的角速度 ω_2,尺寸如图 13.16 所示。

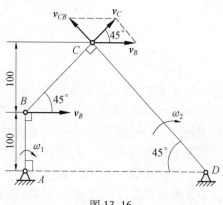

图 13.16

解　本题中,曲柄 AB 的运动,是通过做平面运动的连杆 BC 传给摇杆 CD 的。当 C 点的速度求得后,即可求得 CD 杆的角速度 ω_2。

在做平面运动的连杆 BC 上,B 点的速度可由曲柄 AB 的转动而求得,即 B 为速度已知的点,故可以选它为基点,用式(13.23),即可求得 C 点的速度。

由题设条件可得 v_B 的大小

$$v_B = \overline{AB} \cdot \omega_1 = 100 \times 8 \text{ mm/s} = 800 \text{ mm/s}$$

v_B 的方向与 AB 垂直,指向如图 13.16 所示。

以 B 为基点,按式(13.23)作出 C 点的速度矢量图,则得

$$v_C = v_B \cos 45° = 800 \text{ mm/s} \times 0.707 = 566 \text{ mm/s}$$

由图可知

$$CD = \frac{200 \text{ mm}}{\cos 45°} = 282.8 \text{ mm}$$

故摇杆的角速度

$$\omega_2 = \frac{v_C}{CD} = \frac{566}{283} \text{ rad/s} = 2 \text{ rad/s}$$

2. 速度投影定理

若将式(13.15)的两端分别向 A 和 M 两点的连线 AM 上投影,因 v'_{MA} 总是与 MA 垂直,它在 AM 上的投影必为零(参见图 13.15),于是得

$$(v_M)_{AM} = (v_A)_{AM} \tag{13.24}$$

这就是速度投影定理:平面图形上任意两点的速度,在此两点连线上的投影必定相等。

速度投影定理虽然仅从平面图形的运动中导出,但它不仅对平面运动刚体适用,对任何其他运动的刚体也都是适用的,因为这一定理所表明的物理意义是,刚体上任意两点间的距离在任何时刻都是不会改变的,这实质上反映了刚体不可变形的性质。从应用的角度看,在平面图形上两点速度方向均已知,当其中一个点的速度大小也已知而需求另一点

的速度大小时,用这一定理特别方便。

【例 13.7】 用速度投影定理求解例 13.6。

解 本题中由于 B、C 两点的速度方向均已知,且 B 点的速度大小亦易求得,故可将两点速度按式(13.24)在 BC 上投影,于是得

$$v_C = v_B \cos 45° = \overline{AB}\omega_1 \cos 45° = 100 \times 8 \times 0.70 = 566 \text{（mm/s）}$$

所以

$$\omega_2 = \frac{v_C}{CD} = \frac{566}{283} \text{ rad/s} = 2 \text{ rad/s}$$

3. 速度瞬心法

如前所述,速度合成法对于任选的基点都是适用的。因此,若能在平面图形(或其延伸部分)上选取某瞬时速度等于零的点为基点,则该瞬时,图形的运动就只有绕此基点的瞬时纯转动,于是图形上各点的速度就易于求得,且其分布规律也很明显。这种某瞬时平面图形上速度为零的点,称为瞬时速度中心,简称速度瞬心。用速度瞬心作为基点来求图形上各点速度的方法,称为速度瞬心法。

几种常见条件下速度瞬心的确定如下。

由于 ω 和 v_A 均随时间而变,因而在不同的瞬时,速度瞬心将有不同的位置。如何确定每瞬时图形的速度瞬心位置,是应用速度瞬心法的关键。

(1)已知某瞬时图形的角速度和图形上任一点的速度。

设某瞬时图形的角速度为 ω,图形上某点 A 的速度为 v_A(图 13.17(a))。根据前面的讨论,此时可由 A 点沿 v_A 作半径直线 AN,再将此顺着 ω 的转向绕 A 转过 $90°$ 至 AN_1 的位置,然后在此线上截取线段 $\overline{AC} = v_A/|\omega|$,则 C 点就是此瞬时图形的速度瞬心。

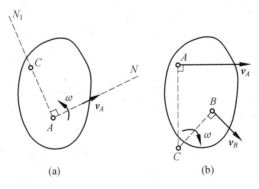

(a)　　　　　　　　　　(b)

图 13.17

(2)已知图形上两点的速度方向。

① 两点速度不平行。

设已知图形在某瞬时其上两点 A 和 B 的速度方向(图 13.17(b))。由于任一瞬时,图形的运动是绕速度瞬心的瞬时纯转动,故速度瞬心至图形上各点的连线,均与各该点的速度垂直。故当任意两点的速度方向已知时,只要过这两点分别作出两点速度的垂线,则此两条垂线的交点 C,就是该瞬时平面图形的速度瞬心。

② 两点速度平行。

这种情况可分别按这两点的连线与速度方向是否垂直而定。当两点连线与点的速度不垂直时,由速度投影定理可知此两点速度必相等(图 13.18(a))。此时,图形上各点也都有相同的速度,故该图形此时为瞬时平动,速度瞬心在无穷远处,其角速度此时应为零。当两点连线与速度方向垂直时,若两点速度大小已知,则可将两速度矢量末端连一直线,此直线与该两点连线(或其延长线)的交点 C,就是图形此时的速度瞬心(图 13.18(b)、(c))。

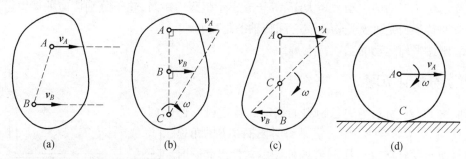

图 13.18

③ 平面图形沿固定面做纯滚动。

当一平面图形沿固定面无滑动地滚动时,图形与固定面的接触点 C 相对于固定面无滑动,故显然有 $v_C = 0$,因而此接触点就是图形的速度瞬心(图 13.18(d))。

【例 13.8】　图 13.19 为一椭圆规。设 $OD = AD = BD = l$,曲柄 OD 以匀角速度 ω 绕 O 轴转动。试求图示位置($OD \perp AB$)时,滑块 A 和 B 及 AB 杆上与 A 点相距 $l/2$ 处的 M 点的速度。

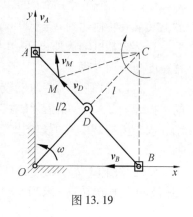

图 13.19

　　解　AB 杆为平面运动,其上两滑块 A、B 的速度方向及 D 点速度的大小和方向均已知,故可从这些点中任选两点作其速度的垂线,其交点 C 即为 AB 杆的速度瞬心。从而可由 D 点的速度求得 AB 杆的角速度为

$$\omega_{AB} = \frac{v_D}{\overline{CD}} = \frac{\overline{OD}\omega}{\overline{CD}} = \frac{l\omega}{l} = \omega$$

由此,即可求得 A、B 和 M 点的速度大小是

$$v_A = \overline{AC}\omega_{AB} = (\sqrt{l^2 + l^2})\omega = 1.414l\omega$$

$$v_B = \overline{BC}\omega_{AB} = (\sqrt{l^2 + l^2})\omega = 1.414l\omega$$

$$v_M = \overline{MC}\omega_{AB} = \left(\sqrt{l^2 + \frac{l^2}{4}}\right)\omega = \frac{\sqrt{5}}{2}l\omega = 1.12l\omega$$

各点速度方向如图 13.19 所示。

【提示】　基本法可以算平面运动刚体上任意点的速度。速度投影法和速度瞬心法则有限制,速度投影法要已知两个速度的方向,速度瞬心法必须先找到刚体的速度瞬心才能计算。

思考与练习

一、分析简答题

1. 计算手表分针和秒针的角速度。

2. 若 $\omega > 0, \varepsilon < 0$,则刚体将怎样转动?

3. 当轮子转动的主动力矩大于、等于或小于阻碍力矩时,轮子分别按何种规律运动?

4. 回转半径是否就是物体质心到转轴的距离?

5. 刚体平面运动的基本特点是什么?

二、分析计算题

1. 图 13.20 所示为输送物料的摆动式输送机。已知 $O_1O_2 = AB, O_2B = O_1A = r$。设某瞬时曲柄 O_2B 的角速度和角加速度分别为 ω 及 ε,转向如图示。标出此瞬时料槽中物料颗粒 M 的速度和加速度,以及曲柄 O_1A 的角速度和角加速度。

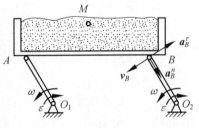

图 13.20

2. 已知某电动机转轴在启动阶段的转动方程为 $\varphi = 5t^2$(φ 的单位为 rad,t 的单位为 s),求其角加速度。又求其转速达到 $n = 500$ r/min 时需要的时间。

3. 已知某机轴从静止开始以不变的角加速度 ε 转动(即做匀变速转动)。求飞轮的角速度和转动方程。

4. 图 13.21 所示为一电动绞车简图。设齿轮 1 的半径为 r_1,鼓轮半径 $r_2 = 1.5r_1$,齿轮 2 的半径 $R = 2r_1$。已知齿轮 1 在某瞬时的角速度和角加速度分别为 ω_1 和 ε_1,转向如图所示。求与齿轮 2 固连的鼓轮边缘上的 B 点的速度和加速度,以及所吊起的重物 A 的速度和加速度。

5. 已知图 13.22 所示机构尺寸 $O_1A = O_2B = AM = 0.2$ m,$O_1O_2 = AB$。若 O_1 按 $\varphi = 15\pi t$ rad 的规律转动,求当 $t = 0.5$ s 时,AB 杆上 M 点的速度和加速度。

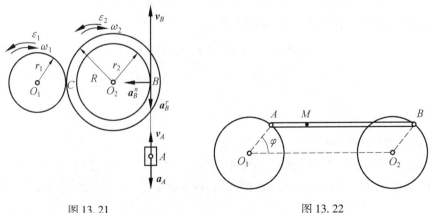

图 13.21　　　　　　　　　　　　　　图 13.22

6. 如图 13.23 所示,飞轮转动时,已知边缘上的 A 点的速度 $\nu_A = 50$ cm/s,另一与边缘相距 20 cm 的 B 点的速度 $\nu_B = 10$ cm/s,求飞轮的角速度 ω 和直径 d。

7. 如图 13.24 所示,搅拌机的主动轮 O_1 同时驱动齿轮 O_2 和 O_3。已知轮 O_1 的转速 $n = 960$ r/min,$AB = O_2O_3$,$O_3A = O_2B = 25$ cm,各轮半径 $r_2 = r_3 = 1.5r_1$,求搅拌杆端 C 点的轨迹、速度和加速度。

8. 如图 13.25 所示,升降机由半径 $R = 50$ cm 的鼓轮带动,被吊重物的运动方程为 $x = 5t^2$(t 以 s 计,x 以 m 计)。求鼓轮的 ω 和 ε,以及任一瞬时轮缘上 M 点的全加速度 a。

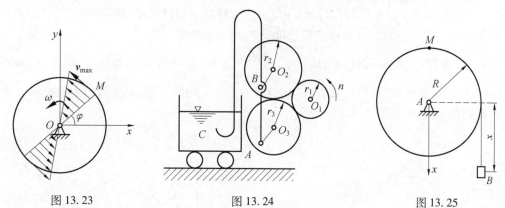

图 13.23　　　　　　　　　　图 13.24　　　　　　　　　　图 13.25

9. 如图 13.26 所示,某飞轮绕定轴 O 转动,轮缘上任一点 M 的全加速度在某段运动过程中与轮半径的交角 α 恒为 60°。当运动开始时,角坐标 $\varphi_0 = 0$,角速度为 ω_0,求飞轮的转动方程及其角速度与转角 φ 的关系。

10. 电动绞车由皮带轮 1 和 2 及与轮 2 固连的鼓轮 3 所组成。设各轮半径为 $r_1 = 30$ cm,$r_2 = 75$ cm,$r_3 = 40$ cm;轮 1 的转速 $n_1 = 100$ r/min,皮带与轮间无滑动。求重物 Q 的速度,以及皮带 AB 段和 AD 段上点的加速度。

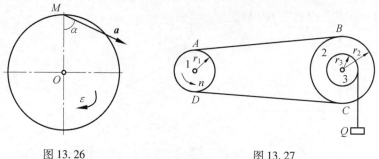

图 13.26　　　　　　　　　　　图 13.27

11. 如图 13.28 所示,行星轮机构中,曲柄 OA 以等角速度 ω 绕轴 O 转动。固定轮的半径为 R,行星轮半径为 r,求行星轮的角速度 ω_1 及图示位置时 M 点的速度。

12. 如图 13.29 所示,曲柄连杆机构中,曲柄 OA 长 40 cm,连杆 AB 长 100 cm。曲柄匀速转动,转速 $n = 180$ r/min。求图示位置时连杆的角速度 ω_{AB},以及其中点 M 的速度大小。

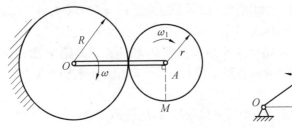

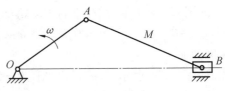

图 13.28   图 13.29

13. AB 杆的 A 端沿水平面以等速 $\boldsymbol{v}$ 向右滑动,杆在运动过程中始终与半径为 R 的固定半圆周相切(图 13.30)。试求杆的角速度 ω 与角 θ 的关系。

14. 四连杆机构 O_1ABO_2 中,$O_1A = O_2B = \frac{1}{2}AB$,曲柄 O_1A 的角速度 $\omega_1 = 3$ rad/s(图 13.31)。求 O_1A 与 O_1O_2 垂直时(此时 O_1O_2 与 O_2B 成一直线),AB 杆的角速度 ω_2 及 O_2B 杆的角速度 ω_3。

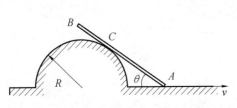

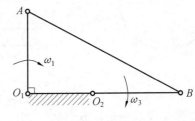

图 13.30   图 13.31

15. 车轮半径 $R = 0.5$ m,在沿垂直面内沿直线轨道只滚不滑(图 13.32)。某瞬时,轮心 O 的速度 $v_0 = 1$ m/s,加速度为 $a_0 = 3$ m/s^2,求与地面垂直的直径两端点 M_1 和 M_2 的加速度。

16. 图 13.33 所示机构中,滑块 A 的速度 $v_A = 20$ cm/s,$AB = 40$ cm。在图示位置时,$AC = BC$,角 $\alpha = 30°$,求此时 CD 杆速度。

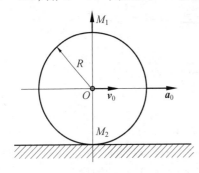

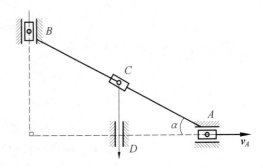

图 13.32   图 13.33

17. 如图 13.24 所示为重力大小为 Q,半径为 R 的偏心轮,在主动力偶矩 m 作用下绕其转轴 O 转动,C 为质心,偏心距 $OC = e$。不计算重力对转动的影响,求其角加速度。已知 $I_C = \frac{1}{2}MR^2$。

18. 如图 13.35 所示,在高炉上料系统中,已知启动时料车加速度为 $\boldsymbol{a}$,料车及矿石的

质量为 m_1，斜面倾角为 α，卷筒的质量为 m_2，可视为分布在半径为 R 的边缘上，忽略摩擦阻力。求启动时加在卷筒上的力矩。

19. 一摆锤在铅垂面内绕 O 轴做自由摆动。摆杆长 l，重力大小为 G，在摆杆 A 端点的两侧有两个相同的圆盘，每个圆盘重力大小为 $4G$、半径为 $l/3$。求图 13.36 所示位置时，摆杆的角加速度。

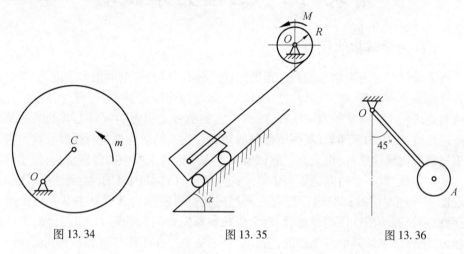

图 13.34　　　　　　　　　图 13.35　　　　　　　　　图 13.36

附录 I　工程力学试验

一、工程力学试验的任务

工程力学试验是工程力学课程的重要组成部分,工程力学中的很多结论及定律,都是首先通过试验观察现象,建立假设,把试验中的问题简化以后,再进行理论分析的,因此,进行试验是研究工程力学的重要手段之一;学生在学习工程力学时对主要的结论及公式也必须进行验证,以加深印象,巩固所学到的知识。当人们对构件进行强度计算时需要了解所用材料的机械性质时,也只有依靠试验来解决。近代工程中的许多结构,由于形状及其受力的复杂性,有不少的问题仅仅依靠理论来解决往往是困难的,甚至是不可能的,通常要借助于一些专门的试验进行研究。通过试验也可使学生获得基本试验的技能与技巧,正确地选择和使用常用的设备,培养学生观察和发现问题的能力,获得分析和解决问题的能力,培养严肃认真的科学态度,为学生将来从事专业工作打下必要的基础。

二、试验报告的填写

(1) 试验名称、日期、班级及姓名等。

(2) 试验目的。

(3) 使用的机器及其他用具的名称、型号、精度。绘制必要的简图。

(4) 试验数据及其处理,注意测量单位。

(5) 结果的表示。有些试验用数据表示即可,有些试验要求既用数据又用图表或曲线来表示。

(6) 对试验结果进行分析,说明本试验的精确度,主要结论是否正确。

(7) 回答试验报告中指定的或指导试验教师提出的问题。

试验 1　材料的拉伸和压缩试验

1. 试验目的

(1) 测定材料拉伸或压缩的应力 – 应变曲线。

(2) 测定低碳钢在拉伸时的屈服极限 σ_s、强度极限 σ_b、断裂后的延伸率 δ 和断面收缩率 ψ。

(3) 测定铸铁的抗拉强度。

(4) 测定铸铁的抗压强度。

2. 试验设备及量具

万能材料试验机、游标卡尺、刻划机。

3. 试件

本试验采用的试件是圆形截面试件,拉伸时试件分为 $L_0 = 10d_0$ 和 $L_0 = 5d_0$ 两种标准,在拉伸试验中采用的是 $L_0 = 10d_0$ 试件,压缩试验中采用的是 $L_0 = 2d_0$ 试件。

4. 试验原理

(1)拉伸图和应力 – 应变曲线的绘制。

材料在拉伸和压缩时的力学性能,可通过计算机或自动记录装置绘制,以拉伸力大小 F 为纵坐标、试件伸长 ΔL 为横坐标的拉伸图来表示。

① 低碳钢的 F – ΔL 图。其是塑性材料的典型代表,整个拉伸变形分为四个阶段:弹性阶段、屈服阶段、强化阶段和局部变形阶段。

② 铸铁的 F – ΔL 图。铸铁是典型的脆性材料,其拉伸和压缩的 F – ΔL 图相近,不存在屈服阶段,也不存在强化阶段和局部变形阶段,断裂破坏是突然发生的,拉伸和压缩时的破坏力不同。

F – ΔL 曲线形象地体现了材料的变形特点,以及力和变形的关系,但 F – ΔL 曲线与材料的几何尺寸有关. 为消除尺寸影响,将其转化为 σ – ε 曲线。

A_0、L_0 是试件变形前的横截面面积和原始标距,低碳钢在常温静载时的拉伸图和应力 – 应变图相近。

(2)低碳钢的屈服极限 σ_s 和抗拉强度极限 σ_b 的测定。

低碳钢的屈服极限采用是屈服阶段的最小值,即下屈服点的应力值,可采用计算机的计算结果,也可从拉伸图中读出 F_s,由 $\sigma_s = F_s/A_0$ 求出 σ_s。试件拉至断裂,从拉伸图上确定试验过程中的最大的拉力值 F_b,或从仪器上读取最大的拉力值 F_b,由 $\sigma_b = F_b/A_0$,求出 σ_b。

(3)低碳钢拉断后延伸率 δ 和断面收缩率 ψ 的测定。

试件拉断后,将其断裂部分在断裂处紧密对接在一起,尽量使其轴线位于同一直线上,然后测量断后标距——用以测量试件伸长的两端点标记间的长度 L_1 及颈缩处的最小横截面面积 A_1(用两相互垂直方向上直径的平均值求 A_1),如拉断处形成缝隙,则此缝隙应计入拉断后标距内。

计算拉断后延伸率 δ 和断面收缩率 ψ。

延伸率为

$$\delta = \left[(L_1 - L_0)/L_0 \right] \times 100\%$$

断面收缩率

$$\psi = \left[(A_0 - A_1)/A_0 \right] \times 100\%$$

(4)铸铁拉伸时的抗拉强度 σ_b。

试件拉断后,确定试验过程中的最大拉力值 F_b,由公式 $\sigma_b = F_b/A_0$,求得 σ_b 值。

(5)铸铁压缩时的抗拉强度 σ_b^-。

试件压断后,确定试验过程中的最大拉力值 F_b^-,由公式 $\sigma_b^- = F_b^-/A_0$ 求 σ_b^- 值。

5. 试验步骤

(1)用游标卡尺,在低碳钢试件两夹持部分之间的平行长表面测出标距 L_0,并用刻划机做出标记,标记的深浅以清晰可见又不影响试件断裂为宜。

（2）用游标卡尺在不同位置上三次测量试件的直径,取三次测量的平均值 d_0。

（3）调整试验机及计算机至待测状态。

（4）装夹低碳钢试件时,夹持部分要足够长且注意对中。

（5）打开试验机进行加载,要控制加载速度在一定范围内,注意观察试验中出现的现象及相应的数据。

（6）试件拉断后,取下试件,测量断裂后的标距 L_1 及断后直径 d_1,并观察断口截面的形状。

（7）重新调整试验机及计算机至待测状态,安装铸铁拉伸试件,然后开机加载直至试件被拉断,记下拉断时的荷载值。

（8）调整试验机至压缩试验状态,安装铸铁压缩试件,再开机进行加载。记下试件被压断时的荷载值。

（9）观察铸铁的拉伸和压缩试件的断口截面形状。

（10）整理数据。

6. 数据处理

（1）求低碳钢的 $\sigma_s, \sigma_b, \delta, \psi$；

（2）求铸铁拉伸时的 σ_b；

（3）求铸铁压缩时的 σ_b^-；

（4）画低碳钢的拉伸图。

7. 低碳钢的拉伸实例

L_0/mm	d_0/mm	A_0/mm^2	L_1/mm	d_1/mm	A_1/mm^2	F_s/N	F_b/N
100	10	78.54	128.25	6	28.26	19.24	38.73

$$\sigma_s = \frac{F_s}{A_s} = \frac{19.24}{78.54} = 245 \text{（MPa）}$$

$$\sigma_b = \frac{F_b}{A_0} = \frac{38.73}{78.54} = 493 \text{（MPa）}$$

$$\delta = \frac{L_1 - L_0}{L_0} = \frac{128.25 - 100}{100} \times 100\% = 28.25\%$$

$$\psi = \frac{A_0 - A_1}{A_0} = \frac{78.54 - 28.26}{78.54} \times 100\% = 64\%$$

8. 分析讨论

（1）画出各试件的断口形状并比较其区别。

（2）拉伸图与应力应变图有何区别?

（3）试件尺寸对材料的力学性能有无影响? 为什么?

试验 2 测 E 值

1. 试验目的

（1）熟悉千分表、测 E 值试验台等有关仪器的使用。

（2）掌握测量 E 值的基本原理。

（3）掌握测量 E 值的基本方法。

2. 仪器设备

测 E 值试验台（附图1）、千分表、引伸仪。

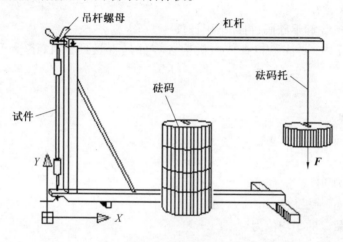

附图 1 测 E 值试验台

3. 试验原理

根据胡克定律 $\sigma = E\varepsilon$，可导出 $\Delta\sigma = E\Delta\varepsilon$，利用此式可将 E 值求出，即 $E = \Delta\sigma/\Delta\varepsilon$。本试验中，可分别计算出 $\Delta\sigma$、$\Delta\varepsilon$，后求出 E 值，其中由于每次加载增量均为 1 000 N，因此 $\Delta\sigma$ 可直接利用公式 $\Delta\sigma = \Delta F/A$ 求出，再利用引伸仪及千分表将每次加载后千分表的格数增加值测出，并换算成长度的改变量 ΔL。利用公式 $\Delta\varepsilon = \Delta L/L$，求出 ΔL 值，最终求出材料的 E 值。

本试验采用的试验台利用 1 ∶ 40 杠杆比放大荷载，使加在试件的荷载比砝码值增大 40 倍。引伸仪直接固定在试件上并与千分表相连，在荷载的作用下，试件伸长，引伸仪同步伸长，其伸长量可从千分表中读出，千分表的指针转过一圈，对应的引伸仪长度的改变为 0.1 mm，而千分表上对应的刻度（格数）为 200，即千分表的指针转过一格对应的长度改变量为 5/10 000 mm。利用千分表指针转过的格数 ΔN，即可换算出试件长度的改变量 $\Delta L = \Delta N \cdot 5/10\ 000$ mm。

4. 主要技术指标

（1）试件：Q235 钢，直径 $d = 8$ mm，标距 $L = 100$ mm。

（2）荷载增量 $\Delta F = 1\ 000$ N（砝码四级加载，每个砝重 25 N；初荷载砝码1个16 N。采用 1 ∶ 40 杠杆比放大）。

5. 操作步骤及注意事项

（1）调节吊杆螺母,让杠杆尾端上翘一些,使之在满载时处于水平位置。注意:调节前,必须使两垫刀刃对正 V 形沟槽底,否则垫刀将由于受力不均而被压裂。

（2）把引伸仪装到试件上,必须使引伸仪不打滑。对于容易打滑的引伸仪,要在试件被夹处用粗砂布沿圆周方向打磨一下。

（3）挂上砝码托。

（4）加上初荷载砝码。

（5）记下引伸仪的初始读数。

（6）分四次加砝码,每加一次记一下引伸仪读数,注意加砝码时要缓慢放手,并注意防止跌落而砸伤人、物。

（7）试验完毕,先卸下砝码,再卸下引伸仪。

（8）加载过程中,要注意检查传力机构各零件是否受到干扰,若受干扰,需卸载调整。

6. 计算

（1）有关公式。

① 试件横截面面积为

$$A = \pi d^2 / 4$$

② 应力增量为

$$\Delta \sigma = \Delta F / A$$

③ 引伸仪读数差的平均值为

$$\Delta \overline{N} = \frac{\sum\limits_{i=1}^{4} \Delta N_i}{4}$$

④ 试件长度增量的平均值为

$$\Delta L = \Delta \overline{N} \cdot \frac{5}{10\,000}$$

⑤ 应变增量为

$$\Delta \varepsilon = \Delta L / L$$

⑥ 材料的弹性模量为

$$E = \Delta \sigma / \Delta \varepsilon$$

（2）实例。

如试验中测得 ΔN_i 分别为 18、19、20、19。

则得

$$\Delta \overline{N} = \frac{\sum\limits_{i=1}^{4} \Delta N_i}{4} = \frac{18 + 19 + 20 + 19}{4} = 19$$

$$\Delta L = \Delta \overline{N} \cdot \frac{5}{10\,000} = 9.5 \times 10^{-3} (\text{mm})$$

$$\Delta \varepsilon = \frac{\Delta L}{L} = \frac{9.5 \times 10^{-3}}{100} = 9.5 \times 10^{-5}$$

$$\Delta \sigma = \frac{\Delta F}{A} = \frac{1\ 000 \times 4}{\pi \cdot 8^2} = 19.9 \times 10^6 (\text{Pa})$$

$$E = \frac{\Delta \sigma}{\Delta \varepsilon} = \frac{19.6 \times 10^6}{9.5 \times 10^{-5}} = 212\ (\text{GPa})$$

7. 分析与讨论

（1）试验时为什么要在荷载达到一定值时再读数？

（2）试件的尺寸和形状对测定 E 值有无影响？

试 验 3 扭 转 试 验

1. 试验目的

（1）测定低碳钢的剪切弹性模量 G。

（2）验证材料受扭时在比例极限内的剪切胡克定律。

（3）熟悉扭转时测 G 值的仪器使用及试验方法。

2. 仪器设备

NY—4 型扭转测 G 仪、百分表。

3. 试验原理

圆轴受扭时，试件各点处于纯剪切状态，当剪应力在比例极限以内，圆轴横截面上的剪应力 τ 与相应剪应变 γ 成正比，符合剪切胡克定律：

$$\tau = G\gamma$$

附图 2 为测 G 值试验台简图。

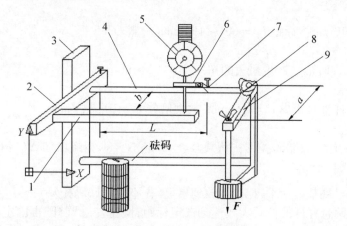

附图 2　测 G 值试验台简图

1—左横杆；2—左悬臂杆；3—固定支座；4—试件；5—百分表；
6—右横杆；7—右悬臂杆；8—可动支座；9—力臂；10—砝码

由工程力学理论可得,圆轴受扭时的扭转角 ϕ 的表达式为

$$\phi = \frac{TL}{GI_P}$$

式中,T 为扭矩;L 为圆轴两端面间的距离;I_P 为圆截面的极惯性矩。

如果两次加载后,算出扭矩的改变量 ΔT,则有

$$\Delta\phi = \frac{\Delta TL}{GI_P}$$

式中,$\Delta\phi$ 为两次加载扭转角的增量。

将此式变形后,则可求出材料的切变模量 G 值:

$$G = \frac{\Delta TL}{\Delta\phi I_p}$$

4. 仪器的工作原理

NY—4 型扭转测 G 仪利用砝码加载,每个砝码重 5 N,力臂长为 200 mm,则每次加载后的扭矩增量为 $\Delta T = 1$ N · m,标距 L 用游标卡尺测定,I_p 根据截面尺寸,可用公式计算求得。

$\Delta\phi$ 值可由百分表读数通过数据转换而得到,如附图 3 所示,b 为百分表触点离试件轴线距离,$b = 100$ mm,当圆轴扭转时,百分表触点转过弧长 AB,则 $\Delta\phi b = \overset{\frown}{AB}$。百分表的放大倍数,指针转过一格对应的长度为 $\frac{1}{100}$ mm,即 $\frac{1}{K}$ mm,则弧长 $AB = \Delta\overline{N} \cdot \frac{1}{K}$。

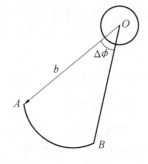

$$\Delta\phi b = \Delta\overline{N} \cdot \frac{1}{K}, \quad \Delta\phi = \frac{\Delta\overline{N}}{Kb}。$$

附图 3　测 G 值原理简图

5. 主要技术指标

(1)试件。

直径 $d = 10$ mm,标距 $L_e = 60 \sim 150$ mm,材料 Q235 钢。

(2)力臂。

长度 $a = 200$ mm。产生最大的扭矩 $T = 4$ N · m。

(3)百分表。

触点离试件轴线距离 $b = 100$ mm,放大倍数 $K = 100$ 格 /mm。

(4)砝码。

4 块,每块重 5 N;砝码托作初荷载,$T_0 = 0.26$ N · m,扭矩增加 $\Delta T = 1$ N · m。

6. 操作步骤

(1)桌面目视基本水平,把仪器放到桌上(先不要加砝码托及砝码)。

(2)调整两悬臂杆的位置大致达到选定标距;固定左悬臂杆,再固定右悬臂杆,调整右横杆,使百分表触头至试件轴线距离 $b = 100$ mm,并使表针预先转过去 10 格以上。b 值也可不调,而按实际值计算。

(3)用游标卡尺准确测量标距,作为实际计算用。

(4)挂上砝码托,记下到百分表的初读数。

（5）分 4 次加砝码，每加一块，记录一次表的读数。加砝码时要缓慢放手。

（6）试验完毕，卸掉砝码。

7. 计算

$\Delta \bar{N}$ 为百分表的平均格数增量。扭转角增量：

$$\Delta \phi = \frac{\Delta \bar{N}}{Kb}$$

试件横截面对中心的极惯性矩：

$$I_\text{p} = \frac{\pi d^4}{32}$$

材料的剪切弹性模量：

$$G = \frac{\Delta T L_\text{e}}{\Delta \varphi I_\text{p}}$$

8. 实例

$$L_\text{e} = 140 \text{ mm}$$

$$\Delta \bar{N} = \frac{\sum\limits_{i=1}^{4} \Delta N_i}{4} = 16.5$$

$$\Delta \varphi = \frac{\Delta \bar{N}}{Kb} = \frac{16.5}{100 \times 100} = 16.5 \times 10^{-4} (\text{rad})$$

$$I_\text{p} = \frac{\pi d^4}{32} = 10^3 \text{ mm}^4$$

$$\Delta T = 5 \times 200 = 1\ 000\ (\text{N} \cdot \text{m})$$

$$G = \frac{\Delta T L_\text{e}}{\Delta \phi I_\text{p}} = \frac{1\ 000 \times 140}{16.5 \times 10^{-4} \times 10^3} = 85\ (\text{GPa})$$

9. 分析与讨论

G 值误差的产生有哪些原因？

试验 4　纯弯曲正应力试验

1. 试验目的

（1）测定直梁弯曲时，横截面上正应力的分布规律。

（2）验证直梁弯曲时的正应力公式。

2. 试验设备及主要技术指标

（1）试验设备。

弯曲正应力试验台、预调平衡箱、电阻应变仪。

（2）主要技术指标。

① 试件。

材料 45 钢，$E = 208 \times 10^9$ Pa，跨度 $L = 600$ mm，$a = 200$ mm。

② 副梁跨度。$L_1 = 200$ mm。

③ 高度。$h = 28$ mm,厚度 $b = 10$ mm。

④ 荷载增量。$\Delta F = 200$ N(砝码四级加载,码重 10 N,采用 1∶20 杠杆比放大);砝码托作初荷载,$F_0 = 26$ N。

3. 试验原理

如附图 4 所示,CD 段为纯弯曲段,其弯矩为 $M = F \cdot a/2$,则 $M_0 = 2.6$ N·m,$M = 20$ N·m。根据弯曲理论,梁横截面上各点的正应力增量为

$$\Delta \sigma_{理} = \frac{\Delta M \cdot Y}{Iz} \tag{1}$$

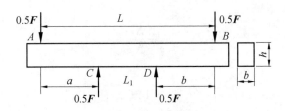

附图 4　弯曲试件简图

式中,Y 为点到中性轴的距离;I_z 为横面对中性轴 z 的惯性矩,对于矩形截面:

$$I_z = \frac{bh^3}{12} \tag{2}$$

由于 CD 段是纯弯曲的,纵向各纤维间互不挤压,只产生伸长或缩短,因此各点为单向应力状态,只要测出各点应变增量 $\Delta \varepsilon$,即可按胡克定律算出正应力增量:

$$\Delta \sigma_{实} = E \Delta \varepsilon \tag{3}$$

如附图 5 所示,在 CD 段任取一截面,沿不同高度贴五片应变片,1、5 片距中性轴 z 的距离为 $h/2$,2、4 片距中性轴 z 的距离为 $h/4$,3 片就在中性轴的位置上。

测出各点的应变后,即可按式(3)算出正应力增量 $\Delta \sigma_{1实}$,并画出 $\Delta \sigma_{1实}$ 沿截面高度的分布规律图。从而可与式(1)算出的理论值 $\Delta \sigma_{1理}$ 进行比较。

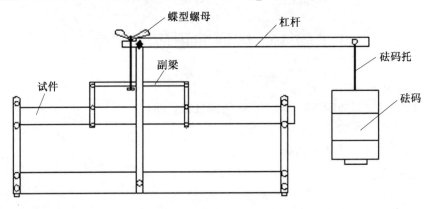

附图 5　纯弯曲正应力试验

4. 试验步骤

（1）在 CD 段的中间截面处贴五片应变片与轴线平行，各片相距 $h/4$，作为工作片；另在一块与试件相同的材料上贴一片应变片，作为补偿片，放到试件被测截面附近。应变片要采用窄而长的如 $1 \text{ mm} \times 5 \text{ mm}$ 较好。贴片时可把试件取下，贴好片，焊好固定导线，再小心装上。

（2）调动蝶形螺母，使杠杆尾稍翘起一些。

（3）把工作片和补偿片用导线接到预调平衡箱的相应接线柱上，将预调平衡箱和电阻应变仪联接，接通电源，调平应变仪。

（4）先挂砝码托，再使按钮切换到第一点，记录应变仪显示出的读数，然后分四次加砝码，记下应变仪每次显示出的读数，测量完毕卸下砝码。注意加砝码时要缓慢放手。重复前点的测量过程。

（5）取 4 次测量的平均增量作为测量平均应变代入式(3)，得出各点的弯曲正应力，并画出测量正应力分布图。

（6）加载过程中，要注意检查各传力零件是否受到干扰（如卡、别等），若受干扰，应卸载调整。

4. 实例

以第一点为例。

理论值为

$$\Delta\sigma_{1理} = \frac{\Delta M Y}{I_z} = \frac{\frac{\Delta F}{2} \times \frac{L}{3} \times 14}{\frac{bh^3}{12}} = \frac{\frac{200}{2} \times 200 \times 14}{\frac{10 \times 28^3}{12}} = 15.31 \text{（MPa）}$$

试验值为

$$\Delta\bar{\varepsilon}_N = \frac{\sum\limits_{i=1}^{4}\Delta\varepsilon_i}{4} \times 10^{-6} = \Delta\bar{\varepsilon}_1 \times 10^{-6} = 72.3 \times 10^{-6} \quad (n = 1,2,\cdots,5)$$

$$\Delta\sigma_{1实} = E\Delta\bar{\varepsilon}_1 \times 10^{-6} = 208 \times 10^9 \times 72.3 \times 10^{-6} = 15.04 \text{（MPa）}$$

误差为

$$\Delta\sigma_{1理} - \Delta\sigma_{1实} = 0.27 \text{ MPa}$$

5. 分析与讨论

（1）分别画出横截面上 $\sigma_{理}$ 和 $\sigma_{实}$ 的分布图。

（2）分析 $\sigma_{理}$ 与 $\sigma_{实}$ 误差产生的原因。

附录 Ⅱ 型钢规格表

1. 热轧普通工字钢（GB 706—65）

符号意义：h—高度；b—腿宽；d—腰厚；t—平均腿厚；r—内圆弧半径；r_1—腿端端圆弧半径；I—惯性矩；W—截面系数；i—惯性半径；S—半截面的面距。

| 型号 | 尺寸/mm | | | | | | 截面面积 /cm² | 理论重量 /(kg·m⁻¹) (1 kg= 9.8 N) | 参考数值 | | | | | | |
| | h | b | d | t | r | r_1 | | | x—x | | | | y—y | | |
									I_x /cm⁴	W_x /cm³	i_x /cm	$I_x:S_x$ /cm⁴	I_y /cm⁴	W_y /cm³	i_y /cm
10	100	68	4.5	7.6	6.5	3.3	14.3	11.2	245	49	4.14	8.59	33	9.72	1.52
12.6	126	74	5	8.4	7	3.5	18.1	14.2	488.43	77 529	5.195	10.85	46.906	12.677	1.609
14	140	80	5.5	9.1	7.5	3.8	21.5	16.9	712	102	5.76	12	64.4	16.1	1.73
16	160	88	6	9.9	8	4	26.1	20.5	1 130	141	6.58	8	93.1	21.2	1.89
18	180	94	6.5	10.7	8.5	4.3	30.6	24.1	1 660	185	7.36	15.4	122	26	2
20a	200	100	7	11.4	9	4.5	35.5	21.9	2 370	237	8.15	17.2	158	31.5	2.12
20b	200	102	9	11.4	9	4.5	39.5	31.1	2 500	250	7.96	16.9	169	33.1	2.06
20a	220	110	7.5	12.3	9.5	4.8	42	33	3 400	309	8.99	18.9	225	40.9	2.31
20b	220	112	9.5	12.3	9.5	4.8	46.4	36.4	3 570	325	8.78	18.7	239	42.7	2.27
25a	250	116	8	13	10	5	48.5	38.1	5 023.54	401.88	10.18	21.58	280.046	48.283	2.403
25b	250	118	10	13	10	5	53.5	42	5 283.96	422.72	9.938	21.27	309.297	52.423	2.404
28a	280	122	8.5	7	10.5	5.3	55.45	43.4	7 114.14	508.15	11.32	24.62	345.051	56.565	2.495
28b	280	124	10.5	7	10.5	5.3	61.05	47.9	7 480	534.29	11.08	24.24	379.496	61.209	2.493

续表

型号	尺寸/mm						截面面积 /cm²	理论重量 /(kg·m⁻¹) (1 kg= 9.8 N)	参考数值						
									x-x				y-y		
	h	b	d	t	r	r_1			I_x /cm⁴	W_x /cm³	i_x /cm	$I_x:S_x$ /cm	I_y /cm⁴	W_y /cm³	i_y /cm
32a	320	130	9.5	15	11.5	5.8	67.05	52.7	11 075.5	692.2	12.84	27.46	459.93	70.758	2.619
32b	320	132	11.5	15	11.5	5.8	73.45	57.7	11 621.4	726.33	12.58	27.09	501.53	75.989	2.614
32c	320	134	13.5	15	11.5	5.8	79.95	62.8	12 167.5	760.47	12.34	26.77	543.81	81.166	2.608
36a	360	136	10	15.8	12	6	76.3	59.9	15 760	875	14.4	30.7	552	81.2	2.69
36b	360	138	12	15.8	12	6	83.5	65.6	16 530	919	14.1	30.3	582	84.3	2.64
36c	360	140	14	15.8	12	6	90.7	71.2	17 310	962	13.8	29.9	612	87.4	2.6
40a	400	142	10.5	16.5	12.5	6.3	86.1	67.6	21 720	1 090	15.9	34.1	660	93.2	2.77
40b	400	144	12.5	16.5	12.5	6.3	94.1	73.8	22 780	1 140	15.6	33.6	692	96.2	2.71
40c	400	146	14.5	16.5	12.5	6.3	102	80.1	23 850	1 190	15.2	33.2	727	99.6	2.65
45a	450	150	11.5	18	5	6.8	102	80.4	32 240	1 430	17.7	38.6	855	114	2.89
45b	450	152	13.5	18	5	6.8	111	87.4	33 760	1 500	17.4	38	894	118	2.84
45c	450	154	15.5	18	5	6.8	120	94.5	35 280	1 570	17.1	37.6	938	122	2.79
50a	500	158	12	20	14	7	119	93.6	46 470	1 860	19.7	42.8	1 120	142	3.07
50b	500	160	14	20	14	7	129	101	48 560	1 940	19.4	42.4	1 170	146	3.01
50c	500	162	16	20	14	7	139	109	50 640	2 080	19	41.8	1 220	151	2.96
56a	560	166	12.5	21	14.5	7.3	135.25	106.2	65 585.6	2 342.31	22.02	17.73	1 370.16	165.08	3.182
56b	560	168	14.5	21	14.5	7.3	146.45	115	68 512.5	2 446.69	21.63	17.17	1 486.75	174.25	3.162
56c	560	170	16.5	21	14.5	7.3	157.85	123.9	71 439.4	2 551.41	21.27	46.66	1 558.39	183.34	3.158
63a	630	176	13	22	15	7.5	154.9	121.6	93 916.2	2 981.47	24.62	54.17	1 700.55	193.24	3.314
63b	630	178	15	22	15	7.5	167.5	131.5	98 083.6	3 163.98	24.2	54.51	1 812.07	203.6	3.289
63c	630	180	17	22	15	7.5	180.1	141	102 251.1	3 298.42	23.82	52.92	1 924.91	288	3.268

注:1. 工字钢长度:10~18号,5~19 m;20~63号,6~19 m。
2. 一般采用材料:Q215,Q235,Q275,Q235F。

2. 热轧普通槽钢（GB 706—65）

符号意义：h—高度；b—腿宽；d—腰厚；t—平均腿厚；r—内圆弧半径；r_1—腿端圆弧半径；W—截面系数；I—惯性矩；i—惯性半径；z_0—y-y 轴与 y_0-y_0 轴线间距离。

型号	尺寸/mm						截面面积 /cm²	理论重量 /(kg·m⁻¹) (1 kg= 9.8 N)	参考数值							
									x-x				y-y		y_0-y_0	z_0 /cm
	h	b	d	t	r	r_1			W_x /cm³	I_x /cm⁴	i_x /cm	W_x /cm³	I_y /cm⁴	i_y /cm	I_{y0} /cm⁴	
5	50	37	4.5	7	7	3.5	6.93	5.44	10.4	26	1.94	3.55	3.3	1.1	20.9	1.35
6.3	63	40	4.8	7.5	7.5	3.75	8.444	6.63	16.123	50.786	2.453		11.875	1.185	28.38	1.36
8	80	43	5	8	8	4	10.24	8.04	25.3	101.3	3.15	5.79	16.6	1.27	37.4	1.43
10	100	48	5.3	8.5	8.5	4.25	12.74	10	39.7	198.3	3.95	7.8	25.6	1.41	54.9	1.52
21.6	126	53	5.5	9	9	4.5	15.69	12.37	62.137	391.466	4.953	10.242	37.99	1.567	77.09	1.59
14a	140	58	6	9.5	9.5	4.75	18.51	14.53	80.5	563.7	5.52	01	53.2	1.7	107.1	1.71
14b	140	60	8	9.5	9.5	4.75	21.31	16.73	87.1	609.4	5.35	14.12	61.1	1.69	120.6	1.67
16a	160	63	6.5	10	10	5	21.95	17.23	108.3	866.2	6.28	16.3	73.3	1.83	144.1	1.8
16b	160	65	8.5	10	10	5	25.15	19.74	116.8	934.5	6.1	17.55	83.4	1.82	160.8	1.75
18a	180	68	7	10.5	10.5	5.25	25.69	20.17	141.4	1 272.7	7.04	20.03	98.6	1.96	189.7	1.88
18b	180	70	9	10.5	10.5	5.25	29.29	22.99	152.2	1 369.9	6.84	21.52	111	1.95	210.1	1.84
20a	200	73	7	11	11	5.5	28.83	22.63	178	1 780.4	7.86	24.2	128	2.11	244	2.01
20b	200	75	9	11	11	5.5	32.83	25.77	191.4	1 913.7	7.64	25.88	143.6	2.09	268.4	1.95
22a	220	77	7	11.5	11.5	5.75	31.84	24.99	217.6	2 393.9	8.67	28.17	157.8	2.23	298.2	2.1
22b	220	79	9	11.5	11.5	5.75	36.24	28.45	233.8	2 571.4	8.42	30.05	176.4	2.21	326.3	2.03

续表

| 型号 | 尺寸/mm | | | | | | 截面面积 /cm² | 理论重量 /(kg·m⁻¹) (1 kg= 9.8 N) | 参考数值 | | | | | | | |
| | h | b | d | t | r | r₁ | | | x—x | | | | y—y | | y₀—y₀ | |
									W_x /cm³	I_x /cm⁴	i_x /cm	W_x /cm³	I_y /cm⁴	i_y /cm	i_{y0} /cm⁴	z_0 /cm
25a	250	78	7	12	12	6	34.91	27.47	269.597	3 369.62	9.823	30.607	175.529	2.243	322.256	2.065
25b	250	80	9	12	12	6	39.91	31.39	282.402	3 530.04	9.405	32.657	196.421	2.218	353.187	1.982
25c	250	82	11	12	12	6	44.91	35.32	295.236	3 690.45	9.065	35.926	218.415	2.206	384.133	1.921
28a	280	82	7.5	12.5	12.5	6.25	40.02	31.42	340.328	4 764.59	10.91	35.718	217.989	2.33	387.566	2.097
28b	280	84	9.5	12.5	12.5	6.25	45.62	35.81	366.460	5 130.45	10.6	37.929	242.144	2.304	427.589	2.016
28c	280	86	11.5	12.5	12.5	6.25	51.22	40.21	392.594	5 496.32	10.35	40.301	267.602	2.286	462.597	1.951
32a	320	88	8	14	14	7	48.7	38.22	474.879	7 598.06	12.49	46.473	304.787	2.502	552.31	2.242
32b	320	90	10	14	14	7	65.1	43.25	509.012	8 144.20	12.15	49.157	336.332	2.471	592.933	2.158
32c	320	92	12	14	14	7	61.5	48.28	543.145	8 690.33	11.88	52.642	374.175	2.467	643.299	2.092
36a	360	96	9	16	16	8	60.89	47.8	659.7	11 874.2	97	63.54	455	2.73	818.4	2.44
36b	360	98	11	16	16	8	68.09	53.45	702.9	12 651.8	63	66.85	496.7	2.7	880.4	2.37
36c	360	100	13	16	16	8	75.29	50.1	746.1	13 429.4	36	70.02	536.4	2.67	947.9	2.34
40a	400	100	10.5	18	18	9	75.05	58.91	878.9	17 577.9	15.30	78.83	592	2.81	1 067.7	2.49
40b	400	102	12.5	18	18	9	83.05	65.19	932.2	18 644.5	14.98	82.52	640	2.78	1 135.6	2.44
40c	400	104	14.5	18	18	9	91.05	71.47	985.6	19 711.2	14.71	86.19	687.8	2.75	1 220.7	2.42

注:1. 槽钢长度:5~8号,5~12 m;10~18号,5~19 m;20~40号,6~19 m。

2. 一般采用材料:Q215,Q235,Q275,Q235F。

工 程 力 学

3. 热轧等边角钢(GB 700—79)

符号意义：b—边宽；d—边厚；r—内圆弧半径；I—惯性矩；i—惯性半径；W—截面系数；r_0—顶端圆弧半径；r_1—边端内弧半径；r_2—边端外弧半径；z_0—重心距离。

角钢号数	尺寸/mm			截面面积 /cm²	理论重量 /(kg·m⁻¹) (1 kg=9.8 N)	外表面积 /(m²·m⁻¹)	参考数值											
	b	d	r				$x-x$			x_0-x_0			y_0-y_0			x_1-x_1	z_0
							I_x /cm⁴	i_x /cm	W_x /cm³	I_{x0} /cm³	i_{x0} /cm	W_{x0} /cm³	I_{y0} /cm⁴	i_{y0} /cm	W_{y0} /cm³	I_{x1} /cm⁴	/cm
2	20	3	3.5	1.132	0.889	0.078	0.40	0.59	0.29	0.63	0.75	0.45	0.17	0.39	0.20	0.81	0.60
		4		1.459	1.145	0.077	0.50	0.58	0.36	0.78	0.73	0.55	0.22	0.38	0.24	1.09	0.64
2.5	25	3	3.5	1.432	1.124	0.098	0.82	0.76	0.46	1.29	0.95	0.73	0.34	0.49	0.33	1.57	0.72
		4		1.859	1.459	0.097	1.03	0.74	0.59	1.62	0.93	0.92	0.43	0.48	0.40	2.11	0.76
3.0	30	3	4.5	1.749	1.373	0.117	1.46	0.91	0.68	2.31	1.15	1.09	0.61	0.59	0.51	2.71	0.85
		4		2.276	1.786	0.117	1.84	0.90	0.87	2.92	1.13	1.37	0.77	0.58	0.62	3.63	0.89
3.6	36	3	4.5	2.109	1.656	0.141	2.58	1.11	0.99	4.09	1.39	1.61	1.07	0.71	0.76	4.68	1.00
		4		2.756	2.163	0.141	3.29	1.09	1.28	5.22	1.38	2.05	1.37	0.70	0.93	6.25	1.04
		5		3.382	2.654	0.141	3.95	1.08	1.56	6.24	1.36	2.45	1.65	0.70	1.09	7.84	1.07
4.0	40	3	5	2.359	1.852	0.157	3.59	1.23	1.23	5.69	1.55	2.01	1.49	0.79	0.96	6.41	1.09
		4		3.086	2.422	0.157	4.60	1.22	1.60	7.29	1.54	2.58	1.91	0.79	1.19	8.56	1.13
		5		3.791	2.976	0.156	5.53	1.21	1.96	8.76	1.52	3.10	2.30	0.78	1.39	10.74	1.17

续表

角钢号数	b	d	r	截面面积/cm²	理论重量/(kg·m⁻¹)(1 kg=9.8 N)	外表面积/(m²·m⁻¹)	I_x/cm⁴	i_x/cm	W_x/cm³	I_{x0}/cm⁴	i_{x0}/cm	W_{x0}/cm³	I_{y0}/cm⁴	i_{y0}/cm	W_{y0}/cm³	I_{x1}/cm⁴	z_0/cm
4.5	40	3	5	2.659	2.088	0.177	5.17	1.40	1.58	8.20	1.76	2.58	2.14	0.90	1.24	9.12	1.22
		4		3.486	2.736	0.177	6.65	1.38	2.05	10.56	1.74	3.32	2.75	0.89	1.54	12.13	1.26
		5		4.292	3.369	0.176	8.04	1.37	2.51	12.74	1.72	4.00	3.33	0.88	1.81	15.25	1.30
		6		5.076	3.985	0.176	9.33	1.36	2.95	14.76	1.70	4.64	3.89	0.88	2.06	18.36	1.33
5	50	3	5.5	2.971	2.332	0.197	7.18	1.55	1.96	11.37	1.96	3.22	2.98	1.00	1.57	12.50	1.34
		4		3.897	3.059	0.197	9.26	1.54	2.56	14.70	1.94	4.16	3.82	0.99	1.96	16.69	1.38
		5		4.803	3.770	0.196	11.21	1.53	3.13	17.79	1.92	5.03	4.64	0.98	2.31	20.90	1.42
		6		5.688	4.465	0.196	13.05	1.52	3.68	20.68	1.91	5.85	5.42	0.98	2.63	25.14	1.46
5.6	56	3	6	3.343	2.624	0.221	10.19	1.75	2.48	16.14	2.20	4.08	4.24	1.13	2.02	17.56	1.48
		4		4.390	3.446	0.220	13.18	1.73	3.24	20.92	2.18	5.28	5.46	1.11	2.52	23.43	1.53
		5		5.415	4.251	0.220	16.02	1.72	3.97	25.42	2.17	6.42	6.61	1.10	2.98	29.33	1.57
		8		8.367	6.568	0.219	23.63	1.68	6.03	37.37	2.11	9.44	9.89	1.09	4.16	47.24	1.63
6.3	63	4	7	4.978	3.907	0.248	19.03	1.96	4.13	30.17	2.46	6.78	7.89	1.26	3.29	33.35	1.70
		5		6.143	4.822	0.248	23.17	1.94	5.08	36.77	2.45	8.25	9.57	1.25	3.90	41.73	1.74
		6		7.288	5.721	0.247	27.12	1.93	6.00	43.03	2.43	9.66	11.20	1.24	4.46	50.14	1.78
		8		9.515	7.469	0.247	34.46	1.90	7.75	54.56	2.40	12.25	14.33	1.23	5.47	67.11	1.85
		10		11.657	9.151	0.246	41.09	1.88	9.39	64.85	2.36	14.56	17.33	1.22	6.36	84.31	1.93

续表

角钢号数	尺寸/mm b	d	r	截面面积/cm²	理论重量/(kg·m⁻¹)(1 kg=9.8 N)	外表面积/(m²·m⁻¹)	I_x/cm⁴	i_x/cm	W_x/cm³	I_{x0}/cm³	i_{x0}/cm	W_{x0}/cm³	I_{y0}/cm⁴	i_{y0}/cm	W_{y0}/cm³	I_{x1}/cm⁴	z_0/cm
							x−x			x0−x0			y0−y0			x1−x1	
7 (70)	70	4	8	5.570	4.372	0.275	26.39	2.18	5.14	41.80	2.74	8.44	10.99	1.40	4.17	45.74	1.86
		5		6.875	5.397	0.275	32.21	2.16	6.32	51.08	2.73	10.32	34	1.39	4.95	57.21	1.91
		6		8.160	8.406	0.275	37.77	2.15	7.48	59.93	2.71	12.11	15.61	1.38	5.67	68.73	1.93
		7		9.424	7.398	0.275	43.09	2.14	8.59	68.35	2.69	81	17.82	1.38	6.34	80.29	1.99
		8		10.667	8.373	0.274	48.17	2.12	9.68	76.37	2.68	15.43	19.98	1.37	6.98	91.92	2.03
(7.5)	75	5	9	7.367	5.818	0.295	39.97	2.33	7.32	63.30	2.92	11.94	16.63	1.50	5.77	70.56	20.4
		6		8.797	6.905	0.294	46.95	2.31	8.64	74.38	2.90	14.02	19.51	1.49	6.67	84.55	2.07
		7		10.160	7.976	0.294	53.57	2.30	9.93	84.96	2.89	16.02	22.18	1.48	7.44	98.71	2.11
		8		11.503	9.030	0.294	59.96	2.28	11.20	95.07	2.88	17.93	24.86	1.47	8.19	112.97	2.15
		10		14.126	11.089	0.293	71.98	2.26	64	192	2.84	21.48	30.05	1.46	9.56	141.71	2.22
8	80	5		7.912	6.211	0.315	48.79	2.48	8.34	77.33	3.13	67	20.25	1.60	6.66	85.36	2.15
		6		9.397	7.376	0.314	57.35	2.47	9.87	90.98	3.11	16.08	23.72	1.59	7.65	102.50	2.19
		7		10.860	8.525	0.314	65.58	2.46	11.37	104.07	3.10	18.40	27.09	1.58	8.58	119.70	2.23
		8		12.303	9.658	0.314	73.49	2.44	12.83	116.60	3.08	20.61	30.39	1.57	9.46	136.97	2.27
		10		15.126	11.874	0.313	88.43	2.42	15.64	140.09	3.04	24.76	36.77	1.56	11.08	171.74	2.35

续表

角钢号数	尺寸/mm b	d	r	截面面积 /cm²	理论重量 /(kg·m⁻¹) (1 kg=9.8 N)	外表面积 /(m²·m⁻¹)	参考数值 x−x I_x/cm⁴	i_x/cm	W_x/cm³	$x_0−x_0$ I_{x0}/cm⁴	i_{x0}/cm	W_{x0}/cm³	$y_0−y_0$ I_{y0}/cm⁴	i_{y0}/cm	W_{y0}/cm³	$x_1−x_1$ I_{x1}/cm⁴	z_0/cm
9	90	6	10	10.637	8.350	0.354	82.77	2.79	12.61	131.26	3.51	20.63	34.28	1.80	9.95	145.87	2.44
		7		12.301	9.656	0.354	94.83	2.78	14.54	150.47	3.50	23.64	39.18	1.78	11.19	170.30	2.48
		8		944	10.946	0.353	106.47	2.76	16.42	168.97	3.48	26.55	43.97	1.78	12.35	194.80	2.52
		10		17.167	476	0.353	128.58	2.74	20.07	203.90	3.45	32.04	53.26	1.76	14.52	244.07	2.59
		12		20.306	15.940	0.352	149.22	2.71	23.57	236.21	3.41	37.12	62.22	1.75	16.49	293.76	2.67
10	100	6	12	11.932	9.366	0.393	114.95	3.01	15.68	181.98	3.90	25.74	47.92	2.00	12.69	200.07	2.67
		7		796	10.830	0.393	131.86	3.09	18.10	208.97	3.89	29.55	54.74	1.99	14.26	233.54	2.71
		8		15.638	12.276	0.393	148.24	3.08	20.47	235.07	3.88	33.24	61.41	1.98	15.75	267.09	2.76
		10		19.261	15.120	0.392	179.51	3.05	25.06	284.68	3.84	40.26	74.35	1.96	18.54	334.48	2.84
		12		22.800	17.898	0.391	208.90	3.03	29.48	330.95	3.81	46.80	86.84	1.95	21.08	402.34	2.91
		14		26.256	20.611	0.391	236.53	3.00	33.73	374.06	3.77	52.90	99.00	1.94	23.44	470.75	2.99
		16		29.627	23.257	0.390	262.53	2.98	37.82	414.16	3.74	58.57	110.89	1.94	25.63	539.80	3.06
11	110	7	12	15.196	11.928	0.433	177.16	3.41	22.05	280.94	4.30	36.12	73.38	2.20	17.51	310.64	2.96
		8		17.238	532	0.433	199.46	3.40	24.95	316.39	4.28	40.69	82.42	2.19	19.39	355.20	3.01
		10		21.261	16.690	0.432	242.19	3.38	30.60	384.39	4.25	49.42	99.98	2.17	22.91	444.65	3.09
		12		25.200	19.782	0.431	282.55	3.35	36.05	448.17	4.22	57.62	116.93	2.15	26.15	534.60	3.16
		14		29.056	22.809	0.431	320.71	3.32	41.31	508.01	4.18	65.31	133.40	2.14	29.14	625.16	3.24

续表

角钢号数	尺寸/mm			截面面积 /cm²	理论重量 /(kg·m⁻¹) (1 kg=9.8 N)	外表面积 /(m²·m⁻¹)	参考数值											
							$x-x$			x_0-x_0			y_0-y_0			x_1-x_1	z_0
	b	d	r				I_x /cm⁴	i_x /cm	W_x /cm³	I_{x0} /cm³	i_{x0} /cm	W_{x0} /cm³	I_{y0} /cm⁴	i_{y0} /cm	W_{y0} /cm³	I_{x1} /cm⁴	/cm
12.5	125	8	14	19.750	15.504	0.492	297.03	3.88	32.52	470.89	4.88	53.28	123.16	2.50	25.86	521.01	3.37
		10		24.373	19.133	0.491	361.67	3.85	39.97	573.89	4.85	64.93	149.46	2.48	30.62	651.93	3.45
		12		28.912	22.696	0.491	423.16	3.83	41.17	671.44	4.82	75.96	174.88	2.46	35.03	783.42	3.53
		14		33.367	26.193	0.490	481.65	3.80	54.16	763.73	4.78	86.41	199.57	2.45	39.13	915.61	3.61
14	140	10		27.373	21.488	0.551	514.65	4.34	50.58	817.27	5.46	82.56	212.04	2.78	39.20	915.11	3.82
		12		32.512	25.522	0.551	603.68	4.31	59.80	958.79	5.43	96.85	248.57	2.76	45.02	1 099.28	3.90
		14		37.567	29.490	0.550	688.81	4.28	68.75	1093.56	5.40	110.47	284.06	2.75	50.45	1 284.22	3.98
		16		42.539	33.393	0.549	770.24	4.26	77.46	1221.91	5.36	123.42	318.67	2.74	55.55	1 470.07	4.06
16	160	10	16	31.502	24.729	0.630	779.53	4.98	66.70	1 237.30	6.27	109.36	321.76	3.20	52.76	1 365.33	4.31
		12		37.411	29.391	0.630	916.58	4.95	78.98	1 455.68	6.24	128.67	377.49	3.18	60.74	1 639.57	4.39
		14		43.296	33.987	0.629	1 048.36	4.92	90.95	1 665.02	6.20	147.17	431.70	3.16	68.244	1 914.68	4.47
		16		49.067	38.518	0.629	1 175.08	4.89	102.63	1 865.57	6.17	164.89	484.59	3.14	75.31	2 190.82	4.55
18	180	12		42.241	33.159	0.710	1 321.35	5.59	100.82	2 100.10	7.05	165.00	542.61	3.58	78.41	2 332.80	4.89
		14		48.896	38.383	0.709	1 514.48	5.56	116.25	2 407.42	7.02	189.14	621.53	3.58	88.38	2 723.48	4.97
		16		55.467	43.542	0.709	1 700.99	5.54	131.13	2 703.37	6.98	212.40	698.60	3.55	97.83	3 115.29	5.05
		18		61.955	43.634	0.708	1 875.12	5.50	145.64	2 988.24	6.94	234.78	762.01	3.51	105.14	3 502.43	5.13

续表

角钢号数	尺寸/mm			截面面积 /cm²	理论重量 /(kg·m⁻¹) (1 kg=9.8 N)	外表面积 /(m²·m⁻¹)	参考数值												
							$x-x$			x_0-x_0			y_0-y_0			x_1-x_1	z_0 /cm
	b	d	r				I_x /cm⁴	i_x /cm	W_x /cm³	I_{x0} /cm⁴	i_{x0} /cm	W_{x0} /cm³	I_{y0} /cm⁴	i_{y0} /cm	W_{y0} /cm³	I_{x1} /cm⁴	
20	200	14		54.642	42.894	0.788	2 103.55	6.20	144.70	3 343.26	7.82	236.40	863.83	3.98	111.82	3 734.10	5.46
		16		62.013	48.680	0.788	2 366.15	6.18	163.65	3 760.89	7.79	265.93	971.41	3.96	123.69	4 270.39	5.54
		18	18	69.301	54.401	0.787	2 620.64	6.15	182.22	4 164.54	7.75	294.48	1 076.74	3.94	135.52	4 808.13	5.62
		20		76.505	60.056	0.787	2 867.30	6.12	200.42	4 554.55	7.72	322.06	1 180.04	3.93	146.55	5 347.51	5.69
		24		90.661	71.168	0.785	2 338.25	6.07	236.17	5 294.97	7.64	374.41	1 381.53	3.90	166.55	6 457.16	5.87

注:1. $r_1=\dfrac{1}{3}d,r_2=0,r_0=0$;

2. 角钢长度:2~4号,3~9 m;4.5~8号,4~12 m;9~14号,4~19 m;16~0号,6~19 m。

3. 一般采用材料:Q215,Q235,Q275,Q235F。

4. 热轧不等边角钢(GB 701—79)

符号意义:B—长边宽度;b—短边宽度;d—边厚;r—内圆弧半径;r_1—边端内弧半径;a—u—u 轴与 y—y 轴的夹角;
r_2—边端外弧半径;r_0—顶端圆弧半径;x_0—重心距离;y_0—重心距离。I—惯性矩;i—惯性半径;W—截面系数;

角钢号数	尺寸/mm				截面面积/cm²	理论重量/(kg·m⁻¹)(1 kg=9.8 N)	外表面积/(m²·m⁻¹)	x-x			y-y			x₀-x₀		y₁-y₁		u-u			tan α
	B	b	d	r				I_x/cm⁴	i_x/cm	W_x/cm³	I_y/cm⁴	i_y/cm	W_y/cm³	I_{x1}/cm⁴	y_0/cm	I_{y1}/cm⁴	x_0/cm	I_u/cm⁴	i_u/cm	W_u/cm³	
2.5/1.6	25	16	3	3.5	1.162	0.912	0.080	0.70	0.78	0.43	0.22	0.44	0.19	1.56	0.86	0.43	0.42	0.14	0.34	0.16	0.392
			4		1.499	1.176	0.079	0.88	0.77	0.55	0.27	0.43	0.24	2.09	0.90	0.59	0.46	0.17	0.34	0.20	0.381
3.2/2	32	20	3		1.492	1.171	0.102	1.53	1.01	0.72	0.46	0.55	0.30	3.27	1.08	0.82	0.49	0.28	0.43	0.25	0.382
			4		1.939	1.522	0.101	1.93	1.00	0.93	0.57	0.54	0.39	4.37	1.12	1.12	0.53	0.35	0.42	0.32	0.374
4/2.5	40	25	3	4	1.890	1.484	0.127	3.08	1.28	1.15	0.93	0.70	0.49	6.39	1.32	1.59	0.59	0.56	0.54	0.40	0.386
			4		2.467	1.936	0.127	2.93	1.26	1.49	1.18	0.69	0.63	8.53	1.37	2.14	0.63	0.71	0.54	0.52	0.381
4.5/2.8	45	28	3	5	2.149	1.687	0.143	4.45	1.44	1.47	1.34	0.79	0.62	9.10	1.47	2.23	0.64	0.80	0.61	0.51	0.383
			4		2.806	2.203	0.143	5.69	1.42	1.91	1.70	0.78	0.80	12.13	1.51	3.00	0.68	1.02	0.60	0.68	0.380
5/3.2	50	32	3	5.5	2.431	1.908	0.161	6.24	1.60	1.84	2.02	0.91	0.82	12.49	1.60	3.31	0.73	1.20	0.70	0.68	0.404
			4		3.177	2.494	0.160	8.02	1.59	2.39	2.53	0.90	1.06	16.65	1.65	4.45	0.77	1.53	0.69	0.87	0.402
5.6/3.6	56	36	3	6	2.743	2.153	0.181	8.88	1.80	2.32	2.92	1.03	1.05	17.54	1.78	4.70	0.80	1.73	0.79	0.87	0.408
			4		3.590	2.818	0.180	11.45	1.79	3.03	3.76	1.02	1.37	23.39	1.82	6.33	0.85	2.23	0.79	1.13	0.408
			5		4.415	3.466	0.180	86	1.77	3.71	4.49	1.01	1.65	29.25	1.87	7.94	0.88	2.67	0.78	1.36	0.404

续表

角钢号数	尺寸/mm B	b	d	r	截面面积/cm²	理论重量/(kg·m⁻¹)(1 kg=9.8 N)	外表面积/(m²·m⁻¹)	参考数值 x-x I_x/cm⁴	i_x/cm	W_x/cm³	y-y I_y/cm⁴	i_y/cm	W_y/cm³	x_0-x_0 I_{x1}/cm⁴	y_0/cm	y_1-y_1 I_{y1}/cm⁴	x_0/cm	u-u I_u/cm⁴	i_u/cm	W_u/cm³	tan α
6.3/4	63	40	4	7	4.058	3.185	0.202	16.49	2.02	3.87	5.23	1.14	1.70	33.30	2.04	8.63	0.92	3.12	0.88	1.40	0.398
			5		4.993	3.920	0.202	20.02	2.00	4.74	6.31	1.12	2.71	41.63	2.08	10.86	0.95	3.76	0.87	1.71	0.396
			6		5.908	4.638	0.201	23.36	1.96	5.59	7.29	1.11	2.43	49.98	2.12	12	0.99	4.34	0.86	1.99	0.393
			7		6.802	5.339	0.201	26.53	1.98	6.40	8.24	1.10	2.78	58.07	2.15	15.47	1.03	4.97	0.86	2.29	0.389
7/4.5	70	45	4	7.5	4.547	3.570	0.226	23.17	2.26	4.86	7.55	1.29	2.17	45.92	2.24	12.26	1.02	4.40	0.93	1.77	0.410
			5		5.609	4.403	0.225	27.95	2.23	5.92	9.13	1.28	2.65	57.10	2.28	15.39	1.06	5.40	0.98	2.19	0.407
			6		6.647	5.218	0.225	32.54	2.21	6.95	10.62	1.26	3.12	68.35	2.32	18.58	1.09	6.35	0.98	2.59	0.404
			7		7.657	6.011	0.225	37.22	2.20	8.03	12.01	1.25	3.57	79.99	2.36	21.84	1.13	7.16	0.97	2.94	0.402
(7.5/5)	75	50	5	8	6.125	4.808	0.245	34.86	2.39	6.83	12.61	1.44	3.30	70.00	2.40	21.04	1.17	7.41	1.10	2.74	0.435
			6		7.260	5.699	0.245	41.12	2.38	8.12	14.70	1.42	3.88	84.30	2.44	25.37	1.21	8.54	1.08	3.19	0.435
			8		9.467	7.431	0.244	52.39	2.35	10.52	18.53	1.40	4.99	112.50	2.52	34.23	1.29	10.87	1.07	4.10	0.429
			10		11.590	9.098	0.244	62.71	2.33	12.79	21.96	1.38	6.04	140.80	2.60	43.43	1.36	10	1.06	4.99	0.423
8/5	80	50	5	8	6.375	5.005	0.255	41.96	2.56	7.78	12.82	1.42	3.32	85.21	2.60	21.06	1.14	7.66	1.10	2.74	0.388
			6		7.560	5.935	0.255	49.49	2.56	9.25	14.95	1.41	3.91	102.53	2.65	25.41	1.18	8.85	1.08	3.20	0.387
			7		8.724	6.848	0.255	56.16	2.54	10.58	16.96	1.39	4.48	119.33	2.69	29.82	1.21	10.18	1.08	3.70	0.384
			8		9.867	7.745	0.254	62.83	2.52	11.92	18.85	1.38	5.03	136.41	2.73	34.32	1.25	11.38	1.07	4.16	0.381

续表

角钢号数	尺寸/mm B	b	d	r	截面面积/cm²	理论重量/(kg·m⁻¹)(1 kg=9.8 N)	外表面积/(m²·m⁻¹)	I_x/cm⁴	i_x/cm	W_x/cm³	I_y/cm⁴	i_y/cm	W_y/cm³	I_{x1}/cm⁴	y_0/cm	I_{y1}/cm⁴	x_0/cm	I_u/cm⁴	i_u/cm	W_u/cm³	$\tan\alpha$
9/5.6	90	56	5	9	7.212	5.661	0.287	60.45	2.90	9.92	18.32	1.59	4.21	121.32	2.91	29.53	1.25	10.98	1.23	3.49	0.385
			6		8.557	6.717	0.286	71.03	2.88	11.74	21.42	1.58	4.96	145.59	2.95	35.58	1.29	12.90	1.23	4.13	0.384
			7	9	9.880	7.756	0.286	81.01	2.86	49	24.36	1.57	5.70	169.66	3.00	41.71	1.33	14.67	1.22	4.72	0.382
			8		11.183	8.779	0.286	91.03	2.85	15.27	27.15	1.56	6.41	194.17	3.04	47.93	1.36	16.34	1.21	5.29	0.380
10/6.3	100	63	6	10	9.617	7.550	0.320	99.06	3.21	14.64	30.94	1.79	6.35	199.71	3.24	50.50	1.43	18.42	1.38	5.25	0.394
			7		11.111	8.722	0.320	145	3.29	16.88	35.26	1.78	7.29	233.00	3.28	59.14	1.47	21.00	1.38	6.02	0.393
			8		12.584	9.878	0.319	127.37	3.18	19.08	39.39	1.77	8.21	266.32	3.32	67.88	1.50	23.50	1.37	6.78	0.391
			10		15.467	12.142	0.319	153.81	3.15	23.32	47.12	1.74	9.98	333.06	3.40	85.73	1.58	28.33	1.35	8.24	0.387
10/8	100	80	6	10	10.637	8.350	0.354	107.04	3.17	15.19	61.24	2.40	10.16	199.83	2.95	102.68	1.97	31.65	1.72	8.37	0.627
			7		12.301	9.656	0.354	122.73	3.16	17.52	70.08	2.39	11.71	233.20	3.00	119.98	2.01	36.17	1.72	0.60	0.626
			8		944	10.946	0.353	137.92	3.14	19.81	78.58	2.37	21	266.61	3.04	137.37	2.05	40.58	1.71	12	0.625
			10		17.167	476	0.353	166.87	3.12	24.24	94.65	2.35	16.12	333.63	3.12	172.48	2.13	49.10	1.69	10.80	0.622
11/7	110	70	6	10	10.637	8.350	0.354	133.37	3.54	17.85	42.92	2.01	7.90	265.78	3.53	69.08	1.57	25.36	1.54	6.53	0.403
			7		12.301	9.656	0.354	153.00	3.53	20.60	49.01	2.00	9.09	310.07	3.57	80.82	1.61	28.95	1.53	7.50	0.402
			8		944	10.946	0.353	172.04	3.51	23.30	54.87	1.98	10.25	354.39	3.62	92.70	1.65	32.45	1.53	8.45	0.401
			10		17.167	476	0.353	208.39	3.48	28.54	65.88	1.96	12.48	443.13	3.70	116.83	1.72	39.20	1.51	10.29	0.397

参考数值

续表

角钢号数	尺寸/mm				截面面积/cm²	理论重量/(kg·m⁻¹) (1 kg=9.8 N)	外表面积/(m²·m⁻¹)	参考数值														
	B	b	d	r				$x-x$			$y-y$			x_0-x_0		y_1-y_1		$u-u$			
								I_x /cm⁴	i_x /cm	W_x /cm³	I_y /cm⁴	i_y /cm	W_y /cm³	I_{x1} /cm⁴	y_0 /cm	I_{y1} /cm⁴	x_0 /cm	I_u /cm⁴	i_u /cm	W_u /cm³	$\tan\alpha$
12.5/8	125	80	7	11	14.096	11.066	0.403	227.98	4.02	26.86	74.42	2.30	12.01	454.99	4.01	120.32	1.80	43.81	1.76	9.92	0.408
			8		15.989	12.551	0.403	256.77	4.01	30.41	83.49	2.28	56	519.99	4.06	137.85	1.84	49.15	1.75	11.18	0.407
			10		19.712	15.474	0.402	312.04	3.98	37.33	100.67	2.26	16.56	650.09	4.14	173.40	1.92	59.45	1.74	64	0.404
			12		23.351	18.330	0.402	364.41	3.95	44.01	116.67	2.24	19.43	780.39	4.22	209.67	2.00	69.35	1.72	16.01	0.400
14/9	140	90	8	12	18.038	14.160	0.453	365.64	4.50	38.48	120.69	2.59	17.34	730.53	4.50	195.79	2.04	70.83	1.98	14.31	0.411
			10		22.261	17.475	0.452	445.50	4.47	47.31	146.03	2.56	21.22	920	4.58	245.92	2.12	85.82	1.96	17.48	0.409
			12		26.400	20.724	0.451	521.59	4.44	55.87	169.79	2.54	24.95	1 096.09	4.66	296.89	2.19	100.21	1.95	20.54	0.406
			14		30.456	23.908	0.451	594.10	4.42	64.18	192.10	2.51	28.54	1 279.26	4.79	348.82	2.27	114.13	1.94	23.52	0.403
16/10	160	100	10	13	25.315	19.872	0.512	668.69	5.14	62.13	205.03	2.85	26.56	1 362.89	5.24	336.59	2.28	121.74	2.19	21.92	0.390
			12		30.054	23.592	0.511	784.91	5.11	73.49	239.06	2.82	31.28	1 635.56	5.32	405.94	2.36	142.33	2.17	25.79	0.388
			14		34.709	27.247	0.510	896.30	5.08	84.56	271.20	2.80	35.83	1 908.50	5.40	476.42	2.43	162.23	2.16	29.56	0.385
			16		39.281	30.835	0.510	1003.04	5.05	95.33	301.60	2.77	40.24	2 181.79	5.48	548.22	2.51	182.57	2.16	33.44	0.382

续表

角钢号数	尺寸/mm				截面面积/cm²	理论重量/(kg·m⁻¹)(1 kg=9.8 N)	外表面积/(m²·m⁻¹)	参考数值														
								$x-x$			$y-y$			x_0-x_0		y_1-y_1		$u-u$			
	B	b	d	r				I_x/cm⁴	i_x/cm	W_x/cm³	I_y/cm⁴	i_y/cm	W_y/cm³	I_{x1}/cm⁴	y_0/cm	I_{y1}/cm⁴	x_0/cm	I_u/cm⁴	i_u/cm	W_u/cm³	$\tan \alpha$
18/11	180	110	10	14	28.373	22.273	0.571	956.25	5.80	78.96	278.11	3.13	32.49	1 940.40	5.89	447.22	2.44	166.50	2.42	26.88	0.376
			12		33.712	26.464	0.571	1124.72	5.78	93.53	325.03	3.10	38.32	2 328.38	5.98	538.94	2.52	194.87	2.40	31.66	0.374
			14		38.967	30.589	0.570	1 286.91	5.75	107.76	369.55	3.08	43.97	2 716.60	6.06	631.95	2.59	222.30	2.39	36.32	0.372
			16		44.139	34.649	0.569	1 443.06	5.72	121.64	411.85	3.06	49.44	3 105.15	6.14	726.46	2.67	248.94	2.38	40.87	0.369
20/12.5	200	125	12	14	37.912	29.761	0.641	1 570.90	6.44	116.73	483.16	3.57	49.99	3 193.85	6.54	787.74	2.83	285.79	2.74	41.23	0.392
			14		43.867	34.436	0.640	1 800.97	6.41	134.65	550.83	3.54	57.44	3 726.17	6.62	922.47	2.91	326.58	2.73	47.34	0.390
			16		49.739	39.045	0.639	2 023.35	6.38	152.18	615.44	3.52	64.69	4 258.86	6.70	1 058.86	2.99	366.21	2.71	53.32	0.388
			18		55.526	43.588	0.639	2 238.30	6.35	169.33	677.19	3.49	71.74	4 792.00	6.78	1 197.13	3.06	404.83	2.70	59.18	0.385

注:1. $r_1 = \frac{1}{3}d$, $r_2=0$, $r_0=0$;

2. 角钢长度:2.5/1.6~5.6/3.6号,3~9 m;6.3/4~9/5.6号,4~12 m;10/6.3~14/9号,4~19 m;16/10~20/12.5号,6~19 m。

3. 一般采用材料:Q215,Q235,Q275,Q235F。

参 考 文 献

[1] 赖玲.工程力学[M].北京:北京理工大学出版社,2021.

[2] 孔七一.工程力学[M].5版.北京:人民交通出版社,2020.

[3] 范钦珊.工程力学[M].3版.北京:机械工业出版社,2019.

[4] 冯立富.工程力学[M].北京:西安交通大学出版社,2020.

[5] 吴昌聚.工程力学[M].杭州:浙江大学出版社,2023.

[6] 李龙堂.工程力学[M].北京:高等教育出版社,2021.

[7] 刘鸿文.材料力学[M].6版.北京:高等教育出版社,2020.

[8] 张红艳.工程力学[M].北京:高等教育出版社,2020.

[9] 祝瑛,蒋永利.工程力学[M].2版.西安:西安电子科技大学出版社,2021.

[10] 贺威.工程力学[M].北京:中国水利水电出版社,2021.

[11] 王晶,孙伟,王单,等.材料力学[M].3版.北京:高等教育出版社,2019.

[12] 刘思俊.工程力学[M].5版.北京:机械工业出版社,2020.

[13] 朱永甫,刘衍香.工程力学[M].2版.武汉:武汉理工大学出版社,2021.

[14] 屈本宁.工程力学[M].3版.北京:科学出版社,2021.